WALTER HESS

# DIE PRAXIS DER PAPIERVERARBEITUNG

## EIN PRAKTISCHES HANDBUCH

über den Umgang mit Papier für alle Berufssparten der Papierverarbeitung, des graphischen und schmückenden Gewerbes

Unter Mitarbeit namhafter Berufspraktiker

Mit 34 Textabbildungen, 6 Tabellen und 48 Tafeln

TECHNISCHER VERLAG HERBERT CRAM

BERLIN 1960

Für den Einband wurde verwendet VELAMENT Nr. VII von der
Fa. Viktor Bausch & Co. K.G., Berlin-Rudow.


Satz und Druck: F. A. Günther & Sohn A.G., Berlin SW 11.

## Geleitwort

Anfang 1958 erschien im Technischen Verlag Herbert Cram, Berlin W 35, das praktische Handbuch „Die Papierverarbeitung“, das im In- und Ausland eine gute Aufnahme gefunden hat. Es ist das ein Beweis dafür, daß dieses Buch seine Aufgabe erfüllt hat, die wichtigsten Arbeitsvorgänge sachlich richtig dargestellt zu haben.

Es ist im Rahmen eines Fachbuches, dessen Umfang aus verlagstechnischen Gründen beschränkt bleiben muß, nicht immer möglich, alle Gebiete restlos zu erschließen. Die vorliegende Ausgabe als II. Band der „Papierverarbeitung“ gedacht, schließt nach Möglichkeit die Lücken des ersten Buches. Das Inhaltsverzeichnis dieses neuen Fachbuches läßt erkennen, daß einige Gebiete behandelt worden sind, die im I. Band noch fehlten bzw. einer gewissen Ergänzung bedurften.

Das Gebiet der Papierverarbeitung ist heute so umfangreich geworden, daß es eine dankbare Aufgabe für mich war, dem I. Teil noch einen Ergänzungsband folgen zu lassen.

Über die Blockbodenbeutelfabrikation habe ich, wenn auch nur in gedrängter Form, im 1. Band meiner „Papierverarbeitung“ berichtet, wobei die Großpapiersackherstellung leider überhaupt nicht behandelt wurde. In diesem Band nimmt die Beutelfabrikation einen großen Raum ein mit Rücksicht auf die Bedeutung, welche diese Erzeugnisse im Verpackungsgewerbe derzeitig haben und weitergewinnen werden in dem Maß, wie die Selbstbedienungsläden für Lebensmittel an Zahl zunehmen, in denen nur noch abgepackte Erzeugnisse in wirkungsvollen, meist farbig bedruckten Packungen angeboten werden.

Ich habe in Verbindung mit den bekanntesten Lieferfirmen für die einschlägigen Maschinen diese selbst zu Worte kommen lassen, um eine sachlich richtige Darstellung der maschinellen Heranarbeitung dieser modernsten Verpackungserzeugnisse zu gewährleisten.

Mit der fabrikatorischen Herstellung von Tüten und Beuteln geht Hand in Hand auch die Entwicklung und der Einsatz von Verpackungsmaschinen, um durch deren Verwendung die manuelle Tätigkeit bei der Warenverpackung mehr und mehr auszuschließen. Ausschlaggebend dafür sind nicht nur hygienische, sondern vor allem auch wirtschaftliche Gründe.

Ich bin den führenden Firmen des Maschinenbaues besonders verbunden, die es mir nach meinen geäußerten Wünschen ermöglicht haben, die wesentlichsten maschinellen Vorgänge auf ihren neuzeitlichen Maschinen in sachlich richtiger Darstellung den Lesern zugänglich zu machen, um dadurch einmal den Gesichtskreis der dafür interessierten Fachleute zu erweitern und im weiteren Sinne auch denen, die es einmal werden wollen.

Dieses Buch enthält u. a. auch Kurzabhandlungen über Themen, die erschöpfend behandelt wurden im papiertechnischen Teil des 1955 in zweiter vermehrter und verbesserter Auflage erschienenen praktischen Handbuches „Aus der Betriebspraxis der Druck- und Papierverarbeitung"[1]).

Es wird in diesem neuen Fachbuch berichtet über die Druckpapiere, soweit deren Oberfläche durch die Veredelung für die Weiterverarbeitung vorbereitet wird, sei es durch Satinage, durch das Streichen oder die Beschichtung mit Kunststoffen.

Die Frage der Raumluftgestaltung ist von sehr vielen Firmen in der Nachkriegszeit seitens des graphischen Gewerbes als eine Notwendigkeit erkannt worden. Die Klimatisierung in den Betriebs- und Lagerräumen der papierverarbeitenden Industrie ist von besonderer Wichtigkeit für die Pflege und Behandlung des Werkstoffes Papier.

Bei der Themengestaltung wurde aus diesem Grunde der Klimatisierung ein Kapitel (zwei Beiträge) eingeräumt, um einigen Firmen Gelegenheit zu geben, über ihre Erfahrungen auf diesem Gebiet zu berichten und diese in sachlichen Darstellungen dem Interesse der Papier- und Druckfachleute näherzubringen.

In einer Berliner Abendzeitung fand ich eine Notiz „Auf das Klima kommt's an" folgenden Inhalts: „Amerikanische Unternehmen, die den Bau von Klima-Anlagen betreiben, haben in den letzten Jahren eine stürmische Entwicklung genommen. — Seit wir aufgehört haben, über das Wetter zu schimpfen und angefangen haben, etwas dagegen zu tun, hat die Klima-Anlagen-Industrie sich um 6000 Prozent vergrößert", erklärten amerikanische Wirtschaftsfachleute. Wesentlich beigetragen zu dieser Entwicklung hat die Erkenntnis, daß in wohltemperierten Räumen viel schneller und besser gearbeitet wird.

Eine Empfehlung klimatechnischer Hilfsmittel und Anlagen scheint mir für den großen und vielseitigen Interessentenkreis der gesamten Papierverarbeitung einschließlich des graphischen Gewerbes von besonderem Wert zu sein.

Die Lektüre dieses Fachbuches sei allen unseren Papierfachleuten und denen empfohlen, die es noch werden wollen. Mögen recht viele daraus die erwünschte Nutzanwendung für die eigene Praxis ziehen und zwar alle, die in enger Verbindung stehen mit dem Werkstoff Papier, der das Ausgangsmaterial ist für die vielseitigen Sparten der Papierverarbeitung.

---

[1]) Das 1954 erschienene praktische Handbuch von Walter Hess „Aus der Betriebspraxis der Druck- und Papierverarbeitung" brachte der Technische Verlag Herbert Cram, Berlin W 35, Genthiner Straße 13, heraus. Das Buch enthält 144 Seiten, DIN A 5, ist in Halbleinen gebunden und kostet DM 7,80. Es erschien bereits als zweite, vermehrte und verbesserte Auflage.

Ich möchte nicht versäumen den Herren, die im Textteil als Mitarbeiter genannt sind, sowie auch den ungenannten, meinen Dank auszusprechen für die wertvollen Beiträge zu diesem Fachbuch.

Die ständige Bereitschaft, an allen Erscheinungen der Technik unvermindert Anteil zu nehmen, ist als eine glückliche Voraussetzung dafür anzusehen, auch den Nachfolgenden von dem aufgespeicherten Reichtum an Wissen freigebig abzugeben.

Berlin 1960 WALTER HESS

## Inhaltsverzeichnis

## 1. Kapitel

# Druckpapiere — behandle und pflege sie richtig

### Die Lagerung gestrichener Papiere

Von der Lagerung des Papiers ist ein guter Teil des Gelingens der Arbeit abhängig. Jede Druckerei sollte einen oder mehrere, ihrem Betrieb angemessene Lagerräume für Papier besitzen.

Druckpapiere, insbesondere gestrichene Sorten, müssen trockene Lagerräume haben. Das ist eine unabdingbare Forderung. Die Luft in dem Lagerraum darf nicht zu viel Feuchtigkeit enthalten. Es ist deshalb notwendig, besonders im Winter und in den Übergangszeiten auf eine geordnete Temperaturregelung zu sehen. Vor der Verarbeitung auf der Maschine muß das Papier unbedingt einige Zeit der Temperatur des Maschinensaales zur klimatischen Angleichung ausgesetzt werden. Das Anbringen von instrumentalen Hilfsmitteln zwecks Feststellung von Temperaturschwankungen ist dringend geboten.

Da Stein ein schlechter Wärmeleiter ist, empfiehlt es sich, in Lagerräumen die Wände aus diesem Material mit Holz zu verschalen. Doch genügt es auch bei Lagerung von Papier, dieses nicht bis dicht an die Wand zu packen, sondern vielmehr 1/2 Meter Spielraum zu lassen. Dadurch wird vermieden, daß die Feuchtigkeit aus der Wand, insbesondere bei gestrichenen Papieren, in den Strich des Papiers übergeht.

Gestrichene Papiere wird man nicht ohne weiteres auf den Fußboden des Lagerraumes auflegen, ohne vorher als isolierte Schicht einige starke ebene Bretter darauf gelegt zu haben, weil dadurch dem Eindringen der Feuchtigkeit in den Papierstoff vorgebeugt wird. Die Bogen, die im Stoß oben und unten liegen, sind ohnehin dem Drucker als Störenfriede in puncto Passen wohlbekannt. Ein Unterstellen dieser flachliegenden Bretter mit starken Eckklötzen ist zu empfehlen, weil das wichtig ist für gleichmäßige Temperierung des Papiers.

Es empfiehlt sich bei gestrichenen Papieren, von denen 100 Bogen in die Pakete gepackt sind, je 50 mit der Stirnseite gegeneinander zu legen, weil dadurch eine bessere Lage des Papiers erzielt wird. Die Pakete sollen so gepackt werden, daß ihre Schmalseite offen (also unverklebt) bleibt, damit das Papier sich gleichmäßig dehnen kann. Die Feuchtigkeit im Papier verdunstet bei den unausbleiblichen Temperaturschwankungen im Lager, und die Folge davon ist, daß sich das Papier zu dehnen beginnt. Wenn nun alle Seiten der Packpapierumhüllung verklebt sind, so hat das Papier keinen Spielraum. Die Folge ist, daß sich die Bogen werfen, wodurch die Papierstöße in eine schlechte Lage kommen. Da hilft zuweilen selbst Zwischenlegen von starken, ebenen Brettern nicht. Als logische Folgerung zu dem soeben Gesagten sei hier die Lehre gezogen, die Schmalseite unverklebt zu lassen. Es genügt vollkommen, wenn an der Stirnseite (Schmalseite) der Pakete ein unverklebter Papierüberschlag vorhanden ist. Wenn das Umschlagpapier zu fest ist, kommt es zuweilen bei empfindlichen Papieren vor, daß sich durch das Aufeinanderlegen vieler Pakete die verklebten Papierenden auf den Inhalt abdrücken und einen störenden Grat hervorrufen.

An jedes Paket sollte schon in der Papierfabrik — Sortier- und Packraum — ein Zettel geklebt werden, der die Herkunft, das Gewicht des Papiers, Sortenbezeichnung, Format, Laufrichtung und vor allen Dingen das Datum der Herstellung erkennen läßt.

Um bei doppelseitig gestrichenen Papieren die druckfähige, meist zweimal gestrichene Seite leicht kenntlich zu machen, ist es zweckmäßig, auf die Vorderseite der Pakete entsprechende Vermerke zu kleben „Vorderseite liegt oben“, dann weiß der Drucker sofort, welches die zur Aufnahme der Druckfarbe geeignete Seite ist .„Zweite Wahl“, die bestimmungsgemäß prozentual der angefertigten Menge mitgeliefert wird, sollte als solche ebenfalls gleich an der Außenseite der Pakete kenntlich gemacht werden, vielleicht durch Aufkleben farbiger, knallroter Zettel.

Bei größeren Anfertigungen, die in Teillieferungen an den Besteller gelangen, ist es durchaus zweckmäßig, stets einen Teil der zweiten Wahl bei den Teilsendungen mitzuliefern. Dem Besteller ist dadurch die Möglichkeit gegeben, bei seinem Verbrauch einen bestimmten Prozentsatz abzustoßen. Das ist schwer möglich, wenn er schließlich mit der letzten Sendung die gesamte zweite Wahl mitgeliefert erhält.

Die Lagerung gummierter Papiere ist besonders zu beachten. Diese Papiere werden heute meistens als „nicht rollend“ angeboten, was sie auch nicht tun, wenn sie in einem Lagerraum aufbewahrt werden, in dem gleichmäßiger Feuchtigkeitsgehalt und Temperatur sind. Bei ihnen wird die Luftfeuchtigkeit wie im Maschinensaal eher gering als reichlich angenommen. Gummierte Papiere lagert man am besten, indem man die einzelnen Lagen Schicht gegen Schicht oder Papier gegen Papier legt; man begegnet auf diese Weise dem Einkrümmen der Kanten am besten. Wenn also auf die Lagerung der Papiere besonders geachtet wird, lassen sich von vornherein Schwierigkeiten durch schlechte Passer während des Druckes vermeiden.

Der Transport der Papiere in den Maschinensaal muß mit aller Sorgfalt vorgenommen werden. Es ist verwerflich, die Pakete zusammenzulegen und sie in

gerolltem Zustand an ihren Bestimmungsort gelangen zu lassen. Man lade sie bei etwaiger Fahrstuhlbenutzung so ein, daß sie gut übereinander liegen und ein Bestoßen der Ecken ausgeschlossen erscheint. Bei der Herausnahme des Papiers aus dem Fahrstuhl und bei Weiterbeförderung lasse man die gleiche Vorsicht walten wie beim Einladen.
Es empfiehlt sich, zu der Besorgung dieser Arbeiten nicht ungeübte Leute zu nehmen, da diese mehr Schaden anrichten, als sie dem Betrieb nützen können. Eingearbeitetes Personal zu haben, ist selbst bei solchen anscheinend unwichtigen Arbeiten von nicht zu unterschätzendem Werte. Das Einreihen in die Regale ist zuweilen mit Schwierigkeiten verbunden. Bei großen Formaten werden stets zwei Mann zur Verfügung stehen müssen, die das Papier an Ort und Stelle bringen. Bei kleinen Formaten wird eine Person genügen. Diese muß aber mit den Papieren umzugehen verstehen, weil sonst leicht mit der Möglichkeiten gerechnet werden muß, daß die Papiere Kniffe bekommen. Es ist sehr zweckmäßig, nicht jedes Paket umzuschlagen, sondern es auf ein flaches Brett zu legen und das Paket so in das Regal zu tun.
Das Brett wird dann wieder fortgezogen und zur weiteren Benutzung verwendet. Dadurch ist die Möglichkeit, Kniffe in das Papier zu bekommen, ausgeschlossen, wodurch der glatte Verlauf der Verdruckbarkeit der Auflagebogen günstig beeinflußt wird.

## Papier auf Reisen

In einer nicht gar zu lange zurückliegenden Zeit, während der wir wirtschaftlich nicht gerade in hohen Tönen sprachen, nämlich während der ausgesprochenen Papierknappheit, damals erschien es hochtrabend von „Papier unterwegs“ zu sprechen. Wir waren heilfroh, wenn die amtlichen Zuteilungsstellen wenigstens einige tausend Bogen durch den Großhandel bewilligten.
Wir messen aber heute, eineinhalb Jahrzehnte später, wieder mit der großen Elle, denn der „Engpaß Papier“ dürfte als überwunden gelten, wenn auch zeitweilig gewisse Schwierigkeiten der Fabrikation — wie z. B. die Knappheit an Zellulose am Inlandsmarkt — auftreten, die zum Teil längere Anfertigungszeiten bedingen, als den Abnehmern genehm ist.
Aber auch die auf mannigfache Ursachen zurückzuführenden nicht seltenen Preisschwankungen sind in wirtschaftlicher Beziehung Hindernisse im sonst reibungslosen Ablauf der Produktionsfluktuation.
Im Sortiersaal der Papierfabrik werden die fertiggestellten Papiere auf Fehler durchgesehen und verpackt, die Rollen versandfertig gemacht. Die beste Fertigung verliert an Wert, wenn nicht der weiteren Behandlung der fertigen Erzeugnisse genügende Sorgfalt gewidmet wird. Es ist falsch, gerade beim Papier an der Verpackung sparen zu wollen. Nachstehende, der Praxis entstammende Ausführungen sollen Anregungen geben, Formatpapiere ordnungsgemäß zu verpacken, zu versenden und zu lagern.

Packt man zu viele Papierbogen in ein Paket, so besteht immer die Gefahr, Kniffe in die Lagen zu bekommen, abgesehen davon, daß der Transport größerer Pakete womöglich noch in außergewöhnlichen Formaten immer mit besonderen Schwierigkeiten verbunden ist.

Kisten mit Papieren sollen, wenn flachliegendes Lagern nicht möglich ist, so gestellt werden, daß sie nach einer Schmalseite hin reichlich freien Raum vor sich haben. Dann kann sich das Papier besser dehnen und kann sich nicht werfen.

Beim Auspacken lockert man den Deckel der Kiste, verbindet ihn mit einem Strick mit dieser, stürzt die Kiste vorsichtig um, so daß der Deckel auf den Boden zu liegen kommt und hebt die Kiste vorsichtig ab.

So können selbst ungeübte Leute das Papier, ohne es zu beschädigen, auspacken. Große gefüllte Kisten sollte man stets flach von dem Wagen, der den Transport besorgt, abheben.

Beim Auspacken findet man den Inhalt häufig an den Ecken des Papiers beschädigt. Ist dann noch der Beschnitt etwas knapp, so entstehen leicht unliebsame Papierverluste, zumal bei Ballenpackungen, wenn man sie der Einfachheit halber gekantet hat, so daß das ganze Gewicht des Ballens auf einer Stelle ruht. Man sollte daher auch die Ecken der Ballen mit einem Schutz versehen und einen Zettel anbringen „Vorsicht beim Entladen, Ecken und Kanten schonen!"

Auch vor Wetterschäden ist eine Papiersendung zu schützen. Selbst bei trübem, feuchtem Wetter sollte die Sendung immer auf den Fahrzeugen zugedeckt sein.
Rote Zettel „Achtung, Papier, das vor Nässe zu schützen ist" unterstützen solche Bestrebungen.

Trifft man einen unzweckmäßig verpackten Ballen, der feucht geworden ist, so läßt man ihn zunächst unaufgeschnürt in einem trockenen, nicht zu warmen Raum austrocknen. Dennoch kann man auch durch diese Hilfsmaßnahmen ein Welligwerden nicht immer vermeiden.

Hochwertige Papiere versendet man am besten in festen, verschraubten, notfalls vernagelten Kisten. Wenn diese Transportkisten immer wieder der Papierfabrik zur Neufüllung zugeschickt werden, so wird ein solcher Kistentransport selbst für mittelfeine Papiere wirtschaftlich lohnend. Gestrichene Papiere sollte man aber ausschließlich in dauerhafte Kisten vernagelt versenden.

Die Papierfabriken können die erzeugten Stoffe wegen Raummangels meist nur kurze Zeit bei sich behalten. So kommt es, daß nicht selten das Papier bei einem Spediteur am Ort des Empfängers eingelagert wird, bis das Papier in Benutzung genommen wird.

Man sollte immer daran denken, daß der Verschiedenartigkeit der Güter, mit denen Spediteure zu tun haben, kaum deren Kenntnis für die Empfindlicheit von Papieren gegenüber Feuchtigkeits- und Temperaturwechsel voraussetzen kann. Laufende Aufklärung der Spediteure über die Einflüsse von Witterung, insbesondere von Nässe auf Papier, ist am Platze.

Über den Zustand der Papiere bei den Verarbeitungswerken sollten sich auch die Vertreter der Papierfabriken einmal Rechenschaft ablegen, nicht immer nur dann, wenn eine Klage geäußert wird, sie sollten auch in Fällen ordnungsmäßiger Lieferung sich einmal von dem Zustand der Ware nach Ankunft im Verarbeitungswerk überzeugen.

Papiere, die von der Fabrik in Kisten verschickt werden, sollen nicht sogleich wieder in zurückgekommene leere Kisten verpackt werden. Man muß die mit dem Versand betreuten Personen anweisen, keinesfalls etwa feucht gewordene Kisten sofort wieder zu verwenden. Wenn nasse Kisten zurückkommen, so kann das daran liegen, daß sie schon beim Spediteur und dann vielleicht noch nach Entnahme des Inhalts ungebührlich lange auf den Höfen der Druckereien herumstanden.

Beanstandungen von Lieferungen besonders wegen schlechter Lage des Papiers sind leider nur zu oft auf das Verschulden der Abnehmer zurückzuführen.

Demgegenüber liegt der Fehler bei der Papierfabrik oft darin, daß die Versandkisten zu groß gewählt werden, so daß sie dann mit Ausstopfmaterial, Pappe und Papierspänen gefüllt werden, wo es bestimmt angebracht wäre, lieber noch fünfzig Bogen des Auflagepapiers mit hineinzupacken, was jeder Abnehmer gewiß mit in Kauf nehmen würde. Gerade die Folgen des Ausstopfens an den Seiten der Kisten können recht unangenehm werden.

Durch längeres Stehen der Kisten „versteht sich“ das Papier. Die Ecken stauen sich, weil die Papierpakete nicht immer bis zum Kistenrand reichen. Das ist eine für den Verarbeiter recht unangenehme Erscheinung.

2. Kapitel

## Klimatisierung in Druckereien

### Bedeutung der Luftfeuchtigkeit im graphischen Gewerbe[1])

Wir wollen uns mit einigen Ihrer wichtigsten Betriebsschwierigkeiten befassen:

elektrostatische Aufladung des Papiers
schlechtes Funktionieren des Anlageapparates
Anliegen der frischen Farbe auf der Rückseite des Druckbogens
Passerdifferenzen bei Mehrfarbendruck
sich verändernde Walzendurchmesser
mangelhafter Durchlauf in der Falzmaschine
welliges Papier
brüchiger Karton
ungenügende Reißfestigkeit der Papierbahn bei Rotationsdruck
zu hoher Staubgehalt der Luft
Winterabsenzen des Personals

und zeigen, wie und warum diese Schwierigkeiten durch eine richtige Luftbefeuchtung vermieden oder behoben werden können.

Als Grundlage der Ausführungen müssen wir in erster Linie den Mechanismus der Luftfeuchtigkeit und deren Verhältnis zur Temperatur erklären. Wenn wir dabei schon vielfach Bekanntes wiederholen, so können wir vielleicht doch noch dieses oder jenes Wissenswerte erklären.

---

[1]) Die vorstehende Ausarbeitung zu dem Thema „Klimatisierung" wurde mir als Herausgeber von der deutschen Generalvertretung der „Defensor, Aktiengesellschaft, Zürich", der Elektrizitätsgesellschaft Alfred Kaut & Co., Wuppertal-Elberfeld, für mein Buch zur Verfügung gestellt.
In meinem 1954 in zweiter, vermehrter und verbesserter Auflage erschienenen Fachbuch „Aus der Betriebspraxis der Druck- und Papierverarbeitung" wurde das Thema „Klimatisierung in der Papier- und Druckindustrie" aus sachkundiger Kenntnis der Verfasser ausführlich behandelt.
Das Buch erschien im Technischen Verlag Herbert Cram, Berlin W 35, 144 Seiten, DIN A 5, Halbleinen, Preis DM 7,80.
Im übrigen sei auf die Anzeigen einschlägiger Firmen für dieses Sondergebiet in dem vorliegenden Fachbuch hingewiesen.

Im Zusammenhang mit der Luftfeuchtigkeit sind folgende Begriffe und physikalische Gegebenheiten von Bedeutung:

F e u c h t i g k e i t — Darunter wird der effektive Wassergehalt eines Stoffes verstanden. Die in einem Raum vorhandenen S t o f f e , z. B. Papier, wie auch der L u f t , haben die Tendenz, ihren Feuchtigkeitsgehalt einander anzugleichen, d. h. in das Feuchtigkeitsgleichgewicht zu bringen. Papier wie Luft sind hygroskopisch und haben entsprechend ein mit der Temperatur zusammenhängendes Wasseraufnahmevermögen und wenn dieses ungedeckt ist, einen entsprechenden Sättigungshunger. Ist also z. B. der Sättigungshunger der Raumluft größer als der des darin gelagerten Papiers, so wird die Luft dem Papier den Überschuß an Feuchtigkeit entziehen, bis das Gleichgewicht erreicht ist. Dies ist der einfache Mechanismus des Trocknens und Austrocknens. Wenn daher ein Austrocknen des Lagergutes unerwünscht ist, wie ganz besonders in Ihrem Gewerbe, muß der Feuchtigkeitsgehalt der Luft so hoch gehalten werden, daß dieser mit dem gewünschten Feuchtigkeitsgehalt des Lagergutes bereits im Gleichgewicht ist und diesem somit keine Feuchtigkeit mehr entziehen kann.
Von ebenfalls wesentlicher Bedeutung ist nun, daß dieses Feuchtigkeitsgewicht durch Temperaturveränderungen, wie sie sich schon allein durch klimatische oder Betriebsverhältnisse ergeben, gestört werden kann. Da durch eine Temperaturerhöhung das Aufnahmevermögen und damit der Sättigungshunger der Luft ansteigt, wird ohne zusätzliche Befeuchtung der Luft, diese ihren Sättigungshunger aus dem Lagergut decken und dieses entsprechend austrocknen.
Der allgemein gültige Maßstab des Feuchtigkeitsgehaltes der Luft ist die sogenannte r e l a t i v e L u f t f e u c h t i g k e i t , indem mit „X% relative Luftfeuchtigkeit" der in der Luft effektiv vorhandene Wassergehalt im Verhältnis zur Wasserdampfmenge angegeben wird, die bei der gegebenen Temperatur zur völligen Sättigung der Luft notwendig ist. Wenn also z. B. bei 10° C die gesättigte Luft maximal 9,4 g Wasserdampf pro m³ Luft enthalten kann, und effektiv nur 4,7 g darin enthalten sind, so beträgt die relative Luftfeuchtigkeit 50%. Wird nun diese Luft auf 20° C erwärmt und damit der Sättigungshunger dieser Luft bis auf 17,31 g pro m³ erhöht, so fällt bei gleichbleibendem effektivem Wasserdampfgehalt von 4,7 g die relative Luftfeuchtigkeit auf ca. 25%.

Zur Illustration diene folgendes:
In eine Stulpschachtel wird ein kleiner Würfel oder eine Kugel gelegt und die Stulpschachtel völlig geschlossen (1). Das innere Volumen der Stulpschachtel stellt das Wasseraufnahmevermögen der Luft bei der Temperatur X dar und das Volumen des kleinen Würfels die effektiv vorhandene Wasserdampfmenge. Das Verhältnis der beiden Volumen zueinander ist die relative Luftfeuchtigkeit. Wenn Sie nun die beiden Teile der Stulpschachtel auseinander ziehen, bis sie sich nur noch berühren (2), so illustriert das den wachsenden Sättigungshunger der Luft bei steigender Temperatur. Das Volumen des kleinen Würfels ist gleich geblieben,

doch hat sich das Verhältnis zum Schachtelvolumen geändert und damit die relative Luftfeuchtigkeit.

Bei steigender Temperatur und gleichem Wasserdampfgehalt sinkt also die relative Luftfeuchtigkeit und steigt der Sättigungshunger der Luft. Bei Abkühlung der Luft und gleichbleibendem Wasserdampfgehalt hingegen, steigt die relative Luftfeuchtigkeit und zwar bis der Taupunkt erreicht ist. Mit Taupunkt wird dabei derjenige Temperaturgrad bezeichnet, bei welchem vorher ungesättigte Luft durch Abkühlung zu gesättigter Luft wird und bei weiterer Abkühlung unter den Taupunkt Wasserdampf frei wird und in Form von Nebel ausfällt.

Abb. 1

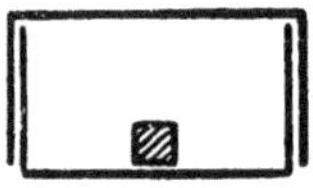

Abb. 2

Aus diesem Feuchtigkeitsmechanismus ergeben sich daher für die Luftbefeuchtung von Herbst bis Frühling folgende praktische Folgerungen:

K a l t e A u ß e n l u f t, auch mit hoher relativer Feuchtigkeit, die durch Fensterlüftung oder ein Ventilationssystem in den Raum gelangt, wird durch die nachherige Beheizung zu warmer Luft mit niedrigerer relativer Feuchtigkeit und höherem Sättigungshunger, also zu sogenannter trockener Luft.

Daraus erklärt sich auch die Illusion, daß im Winter durch Öffnen der Fenster und das Einströmenlassen von selbst sehr feuchter Außenluft die relative Luftfeuchtigkeit im Raum erhöht werden könnte. Das Gegenteil ist der Fall, indem nämlich bei einem „Lüften“ des Raumes mit Außenluft von 0° C und 100% relativer Luftfeuchtigkeit (Nebel), beim Erwärmen der Luft auf eine Raumtemperatur von 20° C die relative Luftfeuchtigkeit auf ca. 25% fallen wird!

Um also die für den Fabrikationsprozeß und die für das Wohlbefinden des Personals nötige relative Luftfeuchtigkeit von 55—65% zu erreichen, muß nach einem Luftwechsel der Raumluft zusätzlich Wasserdampf zugeführt werden.

Dieser Bedarf an zusätzlichem Wasserdampf ist überraschend hoch und beträgt z. B. bei einer Temperatur von 20° C und einer gewünschten Steigerung der relativen Luftfeuchtigkeit um 20% allein pro 100 m³ L u f t nicht weniger als ½ Liter Wasser.

Für die Sommer-Luftbefeuchtung gilt analog:

Heiße, trockene Außenluft muß durch zusätzliche Wasserzufuhr auf die notwendige relative Luftfeuchtigkeit gebracht werden. Gleichzeitig kann durch den Übergang des zerstäubten Wassers in die Dampfform eine Abkühlung des Raumes um einige ° C erreicht werden. Es ist allerdings darauf zu achten, daß die relative Feuchtigkeit ca. 65% nicht übersteigt, da sonst „tropische Verhältnisse" entstehen, die für das Personal unangenehm sind.

Diese Zusammenhänge werden Ihnen sicherlich die Ursachen der während vielen Monaten des Jahres mit der Natur Ihres Gewerbes verbundenen „zu trockenen Luft" erklären und damit auch die Ursache der oben erwähnten Arbeitsschwierigkeiten.

Schon bei der Fabrikation erhält das Papier in der Trockenpartie der Papiermaschine *eine elektrostatische Aufladung*, die es in zu trockenen Lagerräumen nicht ableiten kann. Die Druckmaschine selbst wird dann dem Papier nochmals eine Aufladung geben und das Resultat sind die „klebenden Druckbogen", Störungen beim Anlageapparat, ein Ablegen der frischen Farbe auf der Rückseite des Druckbogens, weil diese zu stark aneinander haften, Spuk in der Falzmaschine und anderes mehr.

Bei schwankenden Luftfeuchtigkeitsverhältnissen entstehen *Passerdifferenzen* im Mehrfarbendruck, indem sich das Papier je nach dem Feuchtigkeitsgehalt in den Dimensionen verändert.

Die lästige *Veränderung der Druckwalzendurchmesser* hat die gleiche Ursache.

*Welliges Papier* stammt vom mangelnden Feuchtigkeitsgleichgewicht von Papierstapel und umgebender Luft her.

*Brüchiger Karton* ist zu stark ausgetrocknet.

Eine *ungenügende Reißfestigkeit* des Papiers wird durch zu geringen Feuchtigkeitsgehalt gefördert.

Ein *zu hoher Staubgehalt* der Luft hat zur Ursache, daß die Partikel durch Austrocknung zu leicht und deshalb durch jede Luftbewegung aufgewirbelt werden und sich dann lange Zeit in der Luft schwebend halten können.

Mangelndes Wohlbefinden, ungenügende Leistungsfähigkeit, Husten, benommener Kopf, nervöse Unruhe und erhöhte Erkältungsgefahr des Personals sind auf die *ausgetrocknete Nasen- und Halsschleimhäute* zurückzuführen.

Alle diese Übel sind durch eine genügende Luftfeuchtigkeit zu beheben, wobei sich nach eingehenden Untersuchungen eine relative Luftfeuchtigkeit von ca. 65% als für Ihre Industrie am zweckmäßigsten erwiesen hat.

Die elektrostatische Aufladung wird abgeleitet und vernichtet
Anlage und Falzapparat laufen einwandfrei
Papier und Druckwalzen behalten ihre Dimensionen
Im Feuchtigkeitsgleichgewicht gelagertes Papier wellt nicht
Karton bricht nicht beim Rillen und Stanzen
Papierbahnen haben selbst bei hoher Zugsbeanspruchung eine genügende Festigkeit
Die Staubpartikel werden beschwert und sinken ab
Der Feuchtigkeitshaushalt des Menschen bleibt im Gleichgewicht, wodurch das Wohlbefinden und die Leistungsfähigkeit gesteigert werden.

Für die somit als absolute Notwendigkeit erwiesene Luftbefeuchtung stehen grundsätzlich 3 Möglichkeiten zur Verfügung:

1. Die Klimaanlage
Eine solche kann natürlich ziemlich ideale Verhältnisse schaffen, indem sie nicht nur die Feuchtigkeit, sondern auch die Temperatur der Raumluft reguliert und durch Vorschaltung geeigneter Filter auch den Staub aus der Luft entfernt. Diese Anlagen sind aber sehr kostspielig und um so teurer, je höher die relative Luftfeuchtigkeit in den klimatisierten Räumen sein muß. Über die Anlagen hinaus muß mit sehr hohen Installationskosten gerechnet werden, die bei Altbauten meist sogar prohibitiv sind.
Überdies wird bei Klimaanlagen oft für eine Anzahl Räume eine mittlere Luftfeuchtigkeit und Temperatur gewählt werden müssen, was dann in einzelnen Fabrikationsstellen infolge ungenügender Luftfeuchtigkeit zu Unzulänglichkeiten führen kann. Selbst in solchermaßen klimatisierten Betrieben wird daher ein kleiner, handlicher Befeuchtungsapparat eine unumgänglich notwendige Ergänzung sein.

2. Verdunstergeräte
Durch eine Vergrößerung der Wasseroberfläche mittelst z. B. Kieselgur, einem Ventilator und allfällig einem Heizelement, wird Wasser als kalter Dampf in die Raumluft ausgestoßen. Trotz sehr hohem Energieverbrauch ist die Leistungsfähigkeit dieser Geräte aber nur sehr beschränkt und übersteigt in der Regel 1 Liter pro Stunde nicht. Überdies nimmt die Leistungsfähigkeit des Verdunsters auch proportionell zur ansteigenden relativen Luftfeuchtigkeit ab und über 60% relativer Luftfeuchtigkeit ist der Wirkungsgrad praktisch Null. Diese Geräte haben auch den Nachteil, daß die oberflächenvergrößernden Einsätze durch Staub, Kalk und andere Luftunreinigkeiten leicht verstopfen und der Wirkungsgrad sehr rasch stark reduziert wird. Weiterhin können sich an den Oberflächen dieser Einsätze leicht Bakterien und Pilzkulturen entwickeln.

3. Zerstäubergeräte
Dieses sind die für die Industrie einzig wirtschaftlichen Befeuchtungsapparate, da die Vernebelung des Wassers rein mechanisch erfolgt und die Leistung daher von der bestehenden Raumluftfeuchtigkeit praktisch unabhängig ist. Am vorteilhaftetesten sind düsenlose Zentrifugalzerstäuber, wie sie DEFENSOR-Luftbefeuchter darstellen.
Bei diesen wird das Wasser aus dem Behälter auf eine Turbine aufgesogen und über einem patentierten Schleuderrechen zerrissen, wobei durch die nachfolgende Windsichtung nur die feinsten Tröpfchen von 1—5 $\mu$ aus dem Apparat ausgeblasen werden. Wassertröpfchen dieser Größenordnung werden als sogenannte „trockene“ Aerosole bezeichnet, da sie an Oberflächen abprallen und daher nicht netzen können. Solche Aerosole haben auch eine Eigenbewegung und können sich

im Raum gleichmäßig verteilen, bis sie dann durch Verdampfung in den Molekularzustand übergehen.
Bei einem Energieverbrauch von nur 75 Watt beträgt die Aerosolleistung 3 bis 4 Liter pro Stunde.
Mit einer Stundenleistung von 2—4 Liter Wasser wird in der Regel eine ausreichende Befeuchtung von Räumen bis zu ca. 500 $m^3$ möglich sein. Die Kapazität dieses Apparates ist jedoch nicht nur von der Raumgröße abhängig, sondern auch von der Temperatur, von der Häufigkeit des Luftwechsels, den Einrichtungen, den Wandmaterialien und selbstverständlich der Art und Menge der im Raum gelagerten Papiere und Kartons.
Bei Bedarf kann die Leistung mit einem zur Standardausrüstung gehörenden Einsatzkragen reduziert werden. Falls die Aerosole in eine bestimmte Raumrichtung geblasen werden sollen, wie z. B. bei der Montage eines Apparates an der Wand oder an einer Säule, gelangt ein Richtaufsatz zur Verwendung.
Selbstverständlich kann der Apparat auch hygrostatisch gesteuert werden, wobei entweder ein Apparat direkt oder mehrere Apparate über ein Relais geschaltet werden. Diese nur geringe Mehrkosten verursachende automatische Steuerung bietet den Vorteil einer konstant gleichmäßigen Raumluftfeuchtigkeit.
Zusammen mit einer hygrostatischen Steuerung wird der Apparat zweckmäßigerweise auch mit einer kontinuierlichen Wasserzufuhr versehen. Es stehen hierfür verschiedene Varianten zur Verfügung, um den örtlichen Verhältnissen gerecht werden zu können. In der Regel wird eine der folgenden 3 Möglichkeiten in Betracht kommen:
1. Becken mit Einlauf und Überlauf, wo genügend billiges Wasser und ein Ablauf zur Verfügung steht. 2. Becken mit Schwimmerventil und Überlauf, wo mit Wasser gespart werden muß und ein Wasserablauf nicht zur Verfügung steht und zu hohe Installationskosten verursacht würden.
Selbstverständlich kann eine ganze Batterie von Apparaten über 1 solches Spezialbecken gespeist und gesteuert werden, indem man die Apparate auf Niveau stellt und mit dem Steuerbecken durch kommunizierende Röhren verbindet. Eine solche Anordnung wird die geringsten Installationskosten verursachen.
Der besprochene Apparat leistet gute Dienste in kleineren Betriebs- und Lagerlokalen direkt vor einer Bogendruckmaschine, wo ein Papier besondere Schwierigkeiten macht, bei der Falzmaschine, direkt beim Papierrollen - Ablauf, wo das Papier eine ungenügende Reißfestigkeit hat, vor Stanztiegeln, wo der zu verarbeitende Karton spröde ist, vor Kaschiermaschinen, wo das zu kaschierende Papier zu trocken ist, in der Ausrüsterei von gestanzten Kartonagen zur Staubbekämpfung, als Zusatzgerät in klimatisierten Betrieben u. a. m., oder als Befeuchtungsanlage ganzer Betriebe und Lagerräume, wo die dezentralisierte Aufstellung der einzelnen Apparate entweder eine gleichmäßige Befeuchtung auch großer Räumlichkeiten oder dann eine allfällig gewünschte Zonenbefeuchtung ermöglicht.

Ein Wort zur Feuchtigkeitskontrolle! Diese erfolgt landläufig mit den bekannten Haarhygrometern, die aber leider die Eigenschaft haben, nach einiger Betriebszeit eine höhere Feuchtigkeit anzuzeigen, als im Raum effektiv herrscht und durch Umschlagung mit einem feuchten Tuch von Zeit zu Zeit regeneriert werden müssen.

Lassen Sie sich daher durch einen Blick auf Ihr Hygrometer nicht täuschen, auch wenn es 70% anzeigt.

Es war mein Bestreben als Herausgeber technischer Fachbücher, in jedem neuen Werk so aktuell wie möglich zu sein. Aus diesem Grund möchte ich noch im Anschluß an die vorstehenden Ausführungen über einen neuen Industrie-Luftbefeuchter berichten, der unter der Bezeichnung „DEFENSOR-6000" Vorteile besitzt, da er infolge seines zweifachen Luftstromes gegen Staub aus der Raumluft unempfindlich ist.

Dieser neue Apparat ist auf dem Aerosol-Prinzip aufgebaut, d. h. das Wasser wird durch Zentrifugalschleuderung und einen besonderen Prallring in Partikel von nur ca. 5 bis 10 $\mu$ zerrissen, die dank ihrer großen Oberfläche im Verhältnis zu ihrem Gewicht sehr rasch verdunsten und in Kaltdampf, also Luftfeuchtigkeit, übergehen. Der DEFENSOR-6000 arbeitet mit zwei Luftströmen. Der mit Aerosolen gesättigte Luftfeuchtstrom steigt innen an der Außenwand des Gerätes hoch; der Hauptluftstrom, der die Aerosole und die Luftfeuchtigkeit wegträgt und im Raum verteilt, kreuzt den Feuchtluftstrom im Apparat und steigt an der Innenwand hoch. Die Vermischung des Feucht- und Trockenluftstromes erfolgt knapp über dem Apparat. Der Motor liegt also in einem trockenen Frischluftstrom und ist damit vor Feuchtigkeitsschäden geschützt.

Der für die Zerstäubung notwendige Luftstrom kann über ein Filter angesogen werden, womit das Zerstäubungsaggregat vor Staub und Verschmutzung geschützt ist.

Der trockene Hauptluftstrom passiert lediglich den Apparateoberteil. Bei staubreicher Luft kann dieser zur Reinigung ohne Werkzeug abgehoben werden.

Die Wasserspeisung erfolgt kontinuierlich über ein separates Steuerbecken. Mit einem Steuerbecken können bis zu 6 Apparate über ein kommunisierendes System gespeist werden.

Zur gelegentlich nötigen Reinigung und zum allgemeinen Unterhalt kann das Gerät ohne Werkzeug in wenigen Sekunden in seine Hauptbestandteile zerlegt und wieder montiert werden. Der Tragring bleibt fest montiert, Oberteil und Zerstäuberaggregat werden herausgehoben und das Wasserbecken ausgehängt. In gleicher Weise ist auch das Luftfilter in Sekunden zerlegbar.

Der Apparat ist ohne Mühe und besondere Kosten montierbar. Die ganze Befeuchtereinheit — Gerät, Luftfilter und Steuerbecken — ist mit je einer Trägerkonsole ausgerüstet, die mit einigen Schrauben an der Wand oder an einem Pfeiler befestigt werden kann. Es sind lediglich noch Strom und Wasser anzuschließen.

Die Leistung ist von 1 bis 6 Liter über einen Drehknopf regulierbar. Der Apparat erzeugt keine überbefeuchteten Zonen in der Umgebung des Apparates; es besteht also keine Gefahr von Kondensation und einem Netzen der Einrichtungen und gelagerten Materialien. Mit ca. 600 m³ Luftumwälzung treten bei diesem Apparat keine Zuglufterscheinungen auf.

Zusammenfassung:
Der hier beschriebene Apparat, der auf Tafel II/1 gezeigt wird, hat eine optimale Leistung und erlaubt alle Annehmlichkeiten und Vorteile der Luftbefeuchtung — und dies ohne große Kosten. Er ist staubunempfindlich. Reinigung und Unterhalt sind sehr einfach; bei der Konstruktion wurde besonders darauf Bedacht genommen, daß bei Unterhalts-Arbeiten immer weniger Personal vorhanden ist und dieses immer weniger Zeit zur Verfügung hat.

## Dickenzunahme voluminös gearbeiteter Papiere infolge Klimatisierung bei hoher Luftfeuchte

Von Dipl.-Ing. Heinz Mack,
Dozent am Oskar-von-Miller-Polytechnikum, München

Die bei der Herstellung auf der Papiermaschine zwangsläufig im Papier entstehenden und verbleibenden Spannungen veranlassen im fertigen Papier zuweilen unerwünschte Erscheinungen wie z. B. unruhige Oberfläche, Wölben, wellige Ränder, seitliches Einrollen, Blasenbildung, Verziehen oder ungleichmäßige Flächenänderung u. ä. Der Papiermacher oder -verarbeiter hängt als Gegenmaßnahme Formatpapiere in feuchten, möglichst gleichmäßig klimatisierten Räumen aus, lagert Rollenpapiere im Kellergeschoß bei entsprechender Luftfeuchtigkeit, oder — am besten — er konditioniert Format- und Rollenpapiere in entsprechenden Geräten und Maschinen. Bis zu einem gewissen Grade verliert das Papier dadurch seine Fehler, soweit diese auf Spannungen in der Papierbahn zurückzuführen sind, die sich bei Feuchtigkeitsaufnahme mehr oder weniger verlieren. Daß sich das Papier bei der Aufnahme von Feuchtigkeit in seinen Längen- und Breitenabmessungen verändert, ist bekannt. Weniger, weil nur bei bestimmten Sorten von Interesse, wird die Tatsache beachtet, daß sich hierbei auch die Papierdicke ändert.
Aus den Veröffentlichungen zahlreicher Forscher (Rance, Pritchard, Fisher u. a.) über die Vorgänge in der Zellstoffaser und im Papierblatt beim Trocknen durch Wärme und beim Wiederbefeuchten, lassen sich folgende wesentliche Gesichtspunkte zusammenfassen:
Beim Trocknen verstärkt sich die Oberflächenspannung des im Papier befindlichen Wassers. Die „Wasserbrücken“ verkürzen sich, die Fasern rücken einander näher,

das Papierblatt verdichtet sich. Nun setzt aber noch eine zweite Phase der Papierbahnkontraktion ein, wenn nämlich das innerhalb der Faser selbst „gebundene" Quellungswasser zu verdampfen beginnt. Dann setzt der Schrumpf des Faserdurchmessers ein. Die Faserlänge bleibt praktisch unverändert. Gleichzeitig versuchen die Fasern sich unter dem Einfluß der Schrumpfkräfte zu verdrillen. Die an der Bahnoberfläche liegenden Fasern werden gleichsam in den Stoff hineingezogen. Beträgt das Maximum der auf die Eigenschrumpfung der Faser zurückzuführende Blattkontraktion 19% des Papierblattvolumens und verteilt sich diese Volumenschrumpfung gleichmäßig auf die drei Dimensionen, dann würde die lineare Schrumpfung in der Fläche und in der Blattdicke je etwa 7% betragen (Rance).

Ein Blatt aus ungemahlenen Fasern schrumpft während des Trocknens gewöhnlich um 1 bis 2%. Diese Kontraktion geht beim Wiederbefeuchten des Papieres voll zurück. Dies ist darauf zurückzuführen, daß die beim Trocknen sich verdrillende und damit sich zugleich verkürzende Faser („Pseudoverkürzung") sich wieder aufdrillt und zurücktordiert, sobald sie vom Wasser befeuchtet wird. Natürlich darf die Faser in einem solchen Papierblatt durch keine Bindungen an anderen Fasern festgehalten werden, wie dies z. B. bei schmierig gemahlenem Stoff der Fall ist. Es scheint, daß der auf die Schrumpfung der Einzelfaser zurückgehende Anteil reversibel ist, wohingegen der auf die Oberflächenschrumpfung zurückzuführende Schrumpfungsanteil nur teilweise reversibel ist. Der letztgenannte Schrumpfungsanteil äußert sich bei Wiederbefeuchten vornehmlich in einer Quellung der Papierdicke, nicht aber in einer Längs- und Querausbreitung (Pritchard).

Eine der Druckpapiersorten, bei denen die Dicke des Blattes besondere Bedeutung hat, ist das sogenannte *Dickdruckpapier.* Im Handel hat sich als Maß für derartige voluminös gearbeitete Papiersorten der Kehrwert des Raumgewichtes eingebürgert, der unter Bezeichnung „Volumen" ein im Verkehr zwischen Drucker und Papiermacher üblicher, wenn auch nicht sehr glücklich gewählter Ausdruck geworden ist.

Dieses „Volumen" wird errechnet aus

$$V = \frac{\text{Dicke des Papiers in mm}}{\text{Gewicht in kg/qm}}$$

und stellt die Beziehung dar zu einem nicht auftragenden Papier von 10 g/qm bei einer Dicke von 0,100 mm. Die holzfreien dickgriffigen Papiere werden bei rösher Stoffmahlung aus auftragenden Rohstoffen hergestellt.

Nachfolgende Studie soll zur Klärung beitragen, inwieweit sich durch Klimatisieren von Dickdruckpapieren Feuchtigkeitgehalt und Dicke der Papierproben ändern und welchen Einfluß das Alter solcher Papiere bzw. eine Lagerdauer von rd. 17 Jahren auf diese Vorgänge hat. Ist die eingangs erwähnte Kontraktion der Papierbahn während des Trockenvorganges zum Teil reversibel, so muß bei Feuchtigkeitsaufnahme auch eine Dickenzunahme des Papiers zu erkennen sein.

Die Ermittlung der Papierdicke mit dem Dickenmesser „Automatik“ nach Schopper schreibt einen spezifischen Tasterdruck von 1 (± 0,02) kg/qcm vor. Um das reine Aufquellen des Papiers feststellen zu können, erschien es deshalb zweckmäßig, zunächst zur Bestimmung der Blattdicke eine Meßmethode zu verwenden, bei der die Papierdicke ohne Pressung und unbeeinflußt durch den Tasterdruck gemessen werden konnte. Nach zahlreichen Versuchen erwies sich die Dickenermittlung unter dem Mikroskop mit Hilfe eines Zeiss-Okularmikrometers mit sechsfacher Vergrößerung und eines Objektivs mit 24facher Vergrößerung bei Ausleuchtung des Blickfeldes durch zwei 30-Watt-Birnen unter ganz bestimmten Lichteinfallswinkeln als geeignet. Dabei wurden die Papierproben auf harter Unterlage mit der Rasierklinge geschnitten und die Breite der Schnittfläche an dem senkrecht im Rahmen stehenden Papierblatt unter dem Mikroskop gemessen. Die nachfolgenden Dickenangaben, soweit sie ohne Vermerk in den Tabellen verzeichnet sind, stellen Mittelwerte aus 20 mikroskopischen Einzelmessungen dar.

Als Papierproben wurden neun verschiedene Industriepapiere gewählt, davon drei (nämlich die Proben Nr. 7, 8 und 9) aus Anfertigungen in den Jahren 1938/39. Bei diesen letztgenannten drei Proben handelt es sich um Papiermuster, die also ca. 17 Jahre lang im Musterschrank bei üblichen Zimmertemperaturen aufbewahrt worden waren.

Sämtliche Papierproben wurden zunächst 48 Stunden lang im Normalklima bei 65% rel. Luftfeuchtigkeit und 20° C ausgehängt. Das Flächengewicht sowie die Dicke der Papierproben in diesem Zustand und das aus diesen beiden Messungen errechnete „Volumen“ sind in Tabelle 3 zusammengestellt. Anschließend wurden die Papierproben im Klimaraum einer Luftfeuchtigkeit von ca. 95% bei 30° C Temperatur ausgesetzt. Dabei wurden die Flächengewichtsänderungen der einzelnen Proben gegenüber dem Flächengewicht bei Normalklima nach einer, zwei, drei, vier, fünf, zehn, dreißig und sechzig Minuten, sowie nach 48 Stunden ermittelt.. Die Zunahme des Flächengewichts beruht im wesentlichen darauf, daß das Fasermaterial des Papiers Feuchtigkeit aufnimmt, aber auch auf der Bildung von

**Tabelle 1: Kennzeichnung der Proben durch die Hersteller der Papiere**

| Probe Nr. | Hersteller | Firmenbezeichnung | Soll-Gewicht | Handelsbez. „Volumen“ | Alter Jahr |
|---|---|---|---|---|---|
| 1 | A | mgl. h'fr. Daunendruckpapier | 80 g/qm | 1,5fach | 1 |
| 2 | A | „ | 80 „ | 1,75 „ | 1 |
| 3 | A | „ | 80 „ | 1,9 „ | 1 |
| 4 | B | mgl. h'fr. Werkdruck ½geleimt | 80 „ | 1,5 „ | 1 |
| 5 | B | „ | 80 „ | 1,75 „ | 1 |
| 6 | B | „ | 80 „ | 2,0 „ | 1 |
| 7 | C | „ | 80 „ | 1,75 „ | 17 |
| 8 | C | „ | 100 „ | 1,75 „ | 17 |
| 9 | C | dto. vollgeleimt | 100 „ | 2,0 „ | 16 |

**Tabelle 2: Stoffzusammensetzung der Proben 1 bis 9**

| Probe | 1 | 2 | 3 | 4 | 5 | 6 | 7 | 8 | 9 |
|---|---|---|---|---|---|---|---|---|---|
| Fi-Sulfitzellstoff | 65% | 65% | 65% | 95% | 85% | 80% | 50% | 60% | 70% |
| Buchenzellstoff | 15% | 15% | 15% | 5% | 15% | 20% | 50% | 40% | — |
| Strohzellstoff | 15% | 15% | 15% | — | — | — | — | — | — |
| Aspenzellstoff | 5% | 5% | 5% | — | — | — | — | — | 30% |
| Faserstoffe | | | | | | | | | |
| zusammen | 100% | 100% | 100% | 100% | 100% | 100% | 100% | 100% | 100% |
| Aschengehalt | 10,9% | 8,9% | 9,75% | 13,9% | 5,7% | 4,2% | 12,1% | 13,2% | 6,4% |

**Tabelle 3:**
**Flächengewicht, Dicke nach DIN 53 111 bei Normalklima, Dicke mikroskopisch gemessen und Dickenzunahme nach Klimatisierung der Papierproben bei 95% rel. Luftfeuchtigkeit und 30° C**

| | 1 | 2 | 3 | 4 | 5 | 6 | 7 | 8 | 9 |
|---|---|---|---|---|---|---|---|---|---|
| Flächengewicht in g/qm bei Normalklima | 83,8 | 82,0 | 79,5 | 84,0 | 86,5 | 84,5 | 84,0 | 97,0 | 100,5 |
| Dicke in mm DIN 53 111 | 0,129 | 0,153 | 0,160 | 0,138 | 0,156 | 0,184 | 0,156 | 0,170 | 0,205 |
| „Volumen" (errechnet) | 1,54 | 1,86 | 2,01 | 1,64 | 1,8 | 2,18 | 1,86 | 1,75 | 2,1 |
| Dicke in mm (mikroskopisch) bei Normalklima | 0,188 | 0,189 | 0,188 | 0,186 | 0,209 | 0,224 | 0,152 | 0,152 | 0,210 |
| Dicke in mm (mikroskopisch bei 95% rel. Luftfeuchte) | 0,210 | 0,198 | 0,205 | 0,201 | 0,220 | 0,229 | 0,156 | 0,154 | 0,215 |
| Dickenzunahme in mm | 0,022 | 0,017 | 0,017 | 0,015 | 0,011 | 0,005 | 0,004 | 0,002 | 0,005 |
| Dickenzunahme in % | 11,7% | 9,0% | 9,0% | 8,1% | 5,3% | 2,2% | 2,6% | 1,3% | 2,4% |

sehr feinem Kondenswasserniederschlag auf der Papieroberfläche. Auf dieser in der ersten Zeit der Klimatisierung beim Übergang von 20 auf 30° C Lufttemperatur auftretenden Kondenswasserbildung dürfte die Erscheinung zurückzuführen sein, daß bei den Proben Nr. 2, 3, 7 und 9 das Quadratmetergewicht nach 48-stündiger Klimatisierung bei hoher Luftfeuchtigkeit niedriger ermittelt wurde als nach einstündiger Klimatisierung. Bei diesen vier Papierproben handelt es sich um diejenigen Sorten, die gemäß Tabelle 4 Zeile c prozentual die geringsten Wassermengen aufgenommen haben. Die Meßergebnisse sind in Kurvenform in den Schaubildern Abb. 3 (1 a) und 4 (1 b) dargestellt. Der Wassergehalt der Papierproben ist aus Tab. 4 ersichtlich.

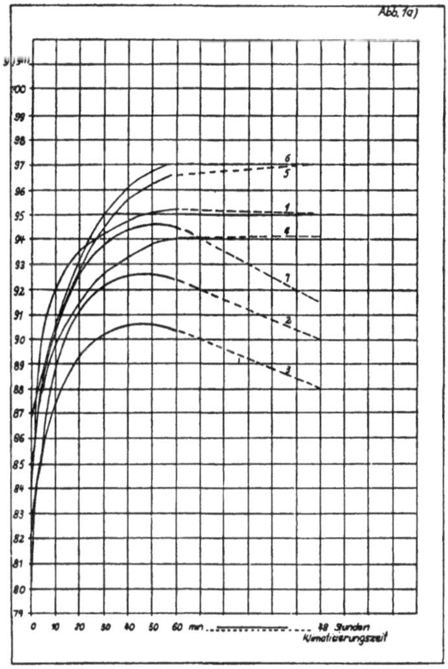

Abb. 3

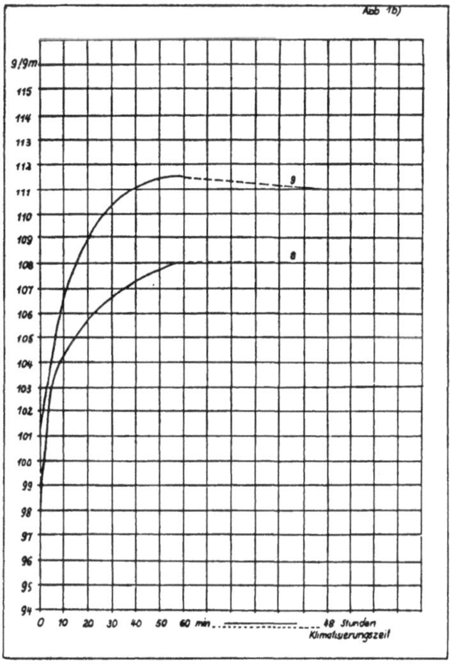

Abb. 4

Die Zunahme der Papierdicke infolge der Klimatisierung bei 95% relativer Luftfeuchtigkeit gegenüber der Dicke der Papierproben im Normalklima ist in der unteren Hälfte der Tabelle 3 zusammengestellt. Dabei wurde die Dicke in beiden Fällen mikroskopisch ermittelt. Bei den 17 Jahre alten Papieren der Probe Nr. 7 und 8 ist die mikroskopisch ermittelte Dicke im Normalklima geringer als die mit dem Schopper'schen Dickenmesser bei einem spezifischen Tasterdruck von 1 kg/qcm festgestellte Papierdicke. Ob dieser Unterschied in den Meßergebnissen bei den zwei verschiedenen Dickenmeßmethoden darauf zurückzuführen ist, daß die Schnittkante des Papiers durch den Schnitt mit der Rasierklinge etwas zusammengedrückt wurde und dann nicht mehr voll aufgequollen ist, oder ob andere Umstände hieran die Schuld tragen, konnte nicht klar erkannt werden. Die etwa 17 Jahre lang gelagerten Papiere weisen jedoch zweifellos eine geringere Elastizität auf, die sich auch darin ausdrückt, daß die Fasern bei Feuchtigkeitsaufnahme nicht mehr in gleichem Maße aufquellen, wie die aus den Papierproben Nr. 1—5.

Nimmt man an, daß der Ascheanteil jeder der neun Papierproben vollkommen unhygroskopisch ist, so ergibt sich die prozentuale Gewichtszunahme des reinen Fasermaterials der untersuchten Papiere infolge Feuchtigkeitsaufnahme, bezogen

auf das Fasergewicht bei Normalklima, nach 48stündiger Klimatisierung bei 95% rel. Luftfeuchte und 30° C gemäß Tabelle 5.
Hieraus ergibt sich, daß auch die Fasern der älteren Papiere (Proben 7 und 8) in fast gleich hohem Prozentsatz Feuchtigkeit aufnehmen, wie die vor kurzem gefertigten Papiere, eine Erscheinung, die in ähnlicher Weise auch an mehreren

**Tabelle 4:**
**Wassergehalt und Wasserzunahme der Papierproben nach 48stündiger Klimatisierung in Luft von 95% relativer Feuchtigkeit bei 30° C**

| Wassergehalt der Proben | 1 | 2 | 3 | 4 | 5 | 6 | 7 | 8 | 9 |
|---|---|---|---|---|---|---|---|---|---|
| a) bei 65% rel. Luftf. u. 20° C | 8,2% | 8,5% | 8,3 % | 8,3% | 9,2% | 9,3% | 7,3% | 6,8% | 8,4% |
| b) bei 95% rel. Luftf. u. 30° C | 19,0% | 16,6% | 17,15% | 18,0% | 19,0% | 21,0% | 14,9% | 16,3% | 13,0% |
| c) = b — a = Zunahme d. Wassergeh. um absolut | 10,8% | 8,1% | 8,85% | 9,7% | 9,8% | 11,7% | 7,6% | 9,5% | 4,6% |
| d) $= \frac{(b - a) \cdot 100\%}{a}$ Zunahme d. Wassergeh. um relativ | 132% | 95% | 106% | 116% | 106% | 126% | 104% | 139% | 55% |

**Tabelle 5:**
**Prozentuale Gewichtszunahme (absolut) des reinen Faseranteils der Proben 1—9 in Luft von 95% relativer Feuchte und 30° C nach 48stündiger Klimatisierung**

| Probe | 1 | 2 | 3 | 4 | 5 | 6 | 7 | 8 | 9 |
|---|---|---|---|---|---|---|---|---|---|
| Prozentuale Gewichts-zunahme des reinen Faser-anteils abs. | 15% | 10,7% | 11,7% | 13,8% | 12,9% | 15,5% | 10,2% | 13,1% | 6,1% |

hundert Jahre alten Hadernpapieren festgestellt werden kann. Aus den Abbildungen 1 a und 1 b ist zu erkennen, daß, auch über die Zeit aufgetragen, bei der Feuchtigkeitsaufnahme durchaus gleichartige Verhältnisse vorliegen. Zwischen der Feuchtigkeitsaufnahme und der Dickenquellung der untersuchten Papiere besteht keine zahlenmäßige Gesetzmäßigkeit. Zweifellos haben aber die Fasern der rd. 17 Jahre alten Papierproben nicht mehr dieselbe Fähigkeit, ihre Verdrillung rückgängig zu machen und damit die Papierdicke so stark aufquellen zu lassen, wie die der verhältnismäßig frisch hergestellten Papiere.
Zusammenfassung: Durch Klimatisieren bei hoher relativer Luftfeuchtigkeit und durch die dabei eintretende Feuchtigkeitsaufnahme des Fasermaterials quellen

voluminös gearbeitete Papiere in ihrer Dicke auf. Dabei ist den meisten Fällen die Dickenzunahme bei Papieren mit niedrigem „Volumen" (1½fach und 1¾fach) prozentual größer gegenüber solchen mit zweifachem „Volumen". Die Arbeitsweise auf der Papiermaschine dürfte hinsichtlich einer nachträglichen Dickenquellung von ausschlaggebender Bedeutung sein und kann Ausnahmen in dieser Beziehung (siehe Probe3) herbeiführen. Obwohl die älteren und die neu hergestellten Papiere dieser Art nahezu in gleicher Weise Feuchtigkeit aufnehmen, ist bei den neu gefertigten Papieren die Dickenzunahme größer als bei den älteren, über mehrere Jahre gelagerten Papierproben.

Zur Klima-Anlage selbst noch kurz das wesentlichste:

Nach einem allgemeinen Schema lassen sich die Probleme, die mit der Luftfeuchtigkeit, der Temperatur und der Lufterneuerung zusammenhängen, nicht lösen, vielmehr sind stets die örtlichen Verhältnisse und individuellen Voraussetzungen zu berücksichtigen. Wohl aber läßt sich sagen, daß die moderne Technik in der Lage ist, Anlagen zu schaffen, die den zu stellenden Anforderungen unter allen Umständen und in jedem Falle gerecht werden.

Beim „Wiessner"-Klima-Aggregat wird die vom Ventilator geförderte Luft — Raumluft, Frischluft oder Mischluft — in der Behandlungskammer (Wäscher' auf die den Verhältnissen entsprechende Taupunkt-Temperatur und Sättigung gebracht. Angenommen, die Luft soll mit 60%

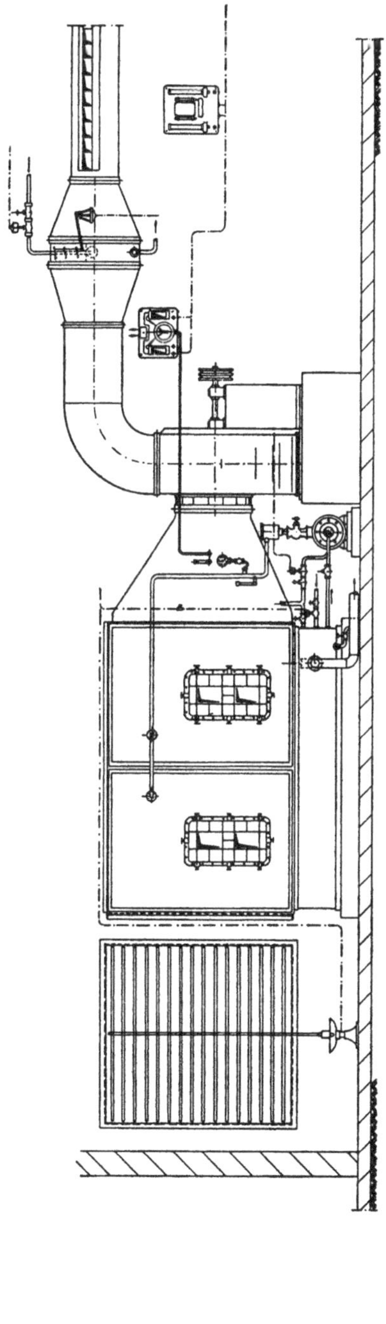

Abb. 5. Klima-Aggregat. Ausführung erfolgt stets den gegebenen Verhältnissen entsprechend. (Wiessner, Raumluftgesellschaft, Bayreuth)

bei einer Temperatur von 22° C gesättigt werden, so liegt der Taupunkt theoretisch bei ca. 13,8° C, wobei der Wassergehalt für 1 kg Luft 9,8 g beträgt. Je nach dem Zustand des angesaugten Luftgemisches wird kaltes oder angewärmtes Wasser im Wäscher zerstäubt.

Die Taupunkttemperatur wird vollkommen automatisch durch einen Spezialregler geregelt. Sinkt beispielsweise die Taupunkttemperatur unter 13,8° C, so wird die Frischluftklappe geschlossen, die Rückluftklappe und falls dies noch nicht ausreichen sollte, das automatische Ventil in der Dampfleitung zum Gegenstromapparat bzw. zur Dampfschlange geöffnet. Bei Überschreiten der eingestellten Taupunkttemperatur von 13,8° C, wird die Raumluftklappe geschlossen, die Frischluftklappe und gegebenenfalls das automatische Ventil in der Kaltwassserleitung geöffnet.

Die Wirkungsweise einer solchen Anlage sei an Hand eines Schemas näher erläutert, und zwar handelt es sich um das Klimatisierungssystem der Wiessner, Gesellschaft für Raumluftgestaltung mbH., Bayreuth, das im vorliegenden Fall nach der sog. Taupunktregler-Methode betrieben sein soll. Außer der Regelung, die hier besprochen wird und die pneumatisch arbeitet, kennt dieses Lieferwerk noch eine elektrische Regelung oder auch eine kombinierte elektropneumatische Regulierung und schließlich noch die elektronische Regelung.

Als Steuermittel für die automatische Regelanlage dient Druckluft von 1 atü. Um eine unbedingt gleichmäßige und zugfreie Verteilung der konditionierten Luft zu erreichen, werden Luftverteilungs- und Rücksaugkanäle angeordnet. Zur Regelung der Raumtemperatur ist ein Thermostat vorgesehen, der das automatische Ventil in der Dampfleitung zu dem Lufterhitzer steuert. Die Raumluftfeuchtigkeit wird durch einen Feuchtigkeitsregler in der Weise konstant gehalten, daß bei fallender Raumluftfeuchtigkeit die Jalousieklappen in den Luftausblasekanälen geöffnet und bei zu hoher Feuchtigkeit geschlossen werden.

Unerläßlich ist die Konstanz der Luftzustände in den verschiedenen Fertigungs- und Prüfräumen in der Papier- und der Papierverarbeitungs-Industrie. In einer großen Anzahl Papierfabriken des In- und Auslandes wird die Klimatisierung mit bestem Erfolg angewandt, um sich von den schwankenden Verhältnissen des Betriebes und der Witterung unabhängig zu machen, weil eben die Unbeständigkeit und die Schwankungen erfahrungsgemäß so groß sind, daß ihr Einfluß auf die Produktion und das Papier nicht mehr vernachlässigt werden kann.

**Schrifttum:**

H e r b e r t F. R a n c e, „Effect of Water Removal on Sheet Properties. The Water Evaporation Phase“, Tappi, Vol. 37, Nr. 12, Dez. 1954, 640 ff.

E. J. P r i t c h a r d, Brit. Paper and Board Makers' Assoc., Proc. Tech. Sect. 35, part I: 31—38 (Febr. 1954).

H. F. R a n c e, Brit. Paper and Board Makers' Assoc., Proc. Tech. Sect. 33, part I: 173—195; Discussion: 196—199 (Febr. 1952).

H. F. R a n c e , Paper Makers' Assoc., Gt. Brit. & Ireland, Proc. Tech. Sect. 29, part. II: 449—469; Discussion: 470—476 (Dez. 1948).

H. F. R a n c e , „Mechanical Properties of Paper", Amsterdam, North Holland Publishing Co., 1953.

A. S t a m m , Wise's „Wood Chemistry", Chap. 13, 449—550, New York, Reinhold Publishing Co., 1953.

I. J. B i s s e t and H. E. D a d s w e l l , Proc. 9th Ann. Pulp Paper Corp. Research Conf. Australia Vol. I, Seite 46, 1948.

H. D. F i s h e r , Tappi 34, No. 6: 276—288 (Juni 1951).

L. M. L y n e and W. G a l l a y , „Fiber Properties and Fiber-Water Relationships in Relation to the Strength and Rheology of Wet Webs". Tappi, Vol. 37, Nr. 12, Dez. 1954, 581 ff.

H. M a c k , „Klimatechnik in der Papierwirtschaft". Dr. Sändig-Verlag, Wiesbaden.

3. Kapitel

# Die Oberflächenbehandlung von Papier

## Die Oberflächenbehandlung von Druckpapieren*)

Die Oberflächenbehandlung von Druckpapieren kann einen verschiedenen Zweck haben. Sie dann dazu dienen, den Papieren eine besonders dichte und geschlossene Oberfläche zu geben, wie das bei gestrichenen, also Chromo-, Kunstdruck- und ähnlichen Papieren, der Fall ist. Zweck einer Oberflächenbehandlung kann es aber auch sein, dem Papier einen besonderen Charakter zu geben, wie das zum Beispiel bei der Oberflächenbehandlnug der Fall ist. Die Oberflächenbehandlung kann aber auch das Ziel haben, auf rein mechanischem Wege dem Papier besondere Eigenschaften zu geben. Das kann sich einmal auf eine besondere Glätte, dann aber auch auf eine besondere Rauhigkeit, Narbigkeit, Prägung usw. beziehen.

In allen Fällen wird diese Oberflächenbehandlung als nachträglicher Veredelungsvorgang an einem fertigen Rohpapier vorgenommen, das dem Zwecke entsprechend gearbeitet wurde. Zu diesen Handhabungen hat man zu rechnen: 1. die Satinage, 2. das Streichen, 3 die Oberflächenleimung, 4. das Prägen, Pressen, Gaufrieren.

### Die Satinage der Papiere

Diese dient dazu, den Papieren ein besondere Glätte zu geben, die von einer matten Glätte bis zu einem spiegelnden Hochglanz gehen kann. Auch sie setzt ein Rohpapier voraus, das dem Zweck entsprechend gearbeitet sein muß. Je höher die Glätte und der zu erzielende Glanz sein soll, desto härter müssen die verwendeten Fasern sein. Weiche Fasern lassen sich nicht mit befriedigendem Erfolg hochglanz glätten, sondern erhalten höchstens einen matten Glanz. Durch die Wahl besonderer Füllstoffe und deren Zusatz in größeren Anteilmengen kann man die Erzielung eines hohen Glanzes begünstigen. Es läßt sich also nicht jedes Rohpapier zufriedenstellend satinieren.

Die Satinage besteht bekanntlich darin, daß das Rohpapier durch einen entsprechenden Druck verdichtet wird. Um diese Verdichtung durchführen zu kön-

*) Entnommen der Zeitschrift „Der Grafische Betrieb, Berlin.

nen, sind vor allem zwei Einflüsse von Bedeutung: eine gewisse Geschmeidigkeit der Faser und ein entsprechender Druck. Unter Umständen kann ein Drittes hinzukommen, nämlich Wärme. Andere Hilfsmittel, wie Glättpasten und dergleichen, kommen bei der üblichen Satinage von Papieren nicht in Frage; sie dienen aber bei gewissen, durch Streichen ebenfalls oberflächenbehandelten Papieren zur Erzielung besonderen Hochglanzes. Für Druckpapiere im allgemeinen Sinne kommen solche Glättverfahren nicht in Betracht, sondern nur für Spezialpapiere, die wohl mitunter mit Aufdrucken versehen werden, bei denen der Druck aber nebensächlich ist und die auch sonst keine besonderen Druckeigenschaften aufweisen.

Das Feuchten des an sich dem späteren Zweck entsprechenden Rohpapiers hat den Zweck, die Fasern geschmeidig zu machen, damit sich das Fasergefüge unter dem Drucke entsprechend verdichten und satinieren läßt. Der Grad der Feuchtung hängt in erheblichem Maße von der Art des zu satinierenden Papiers ab, aber auch zu starke Feuchtung kann schädlich sein. Zunächst allerdings hängt der Grad der Feuchtung davon ab, ob es sich um dünne Papiere oder um dicke Papiere und Kartons handelt. Zuviel Feuchtung schadet dem Papier unter allen Umständen; es wird lappig und verliert an Griff, bekommt eine unreine Aufsicht und einen speckigen Glanz, mitunter leidet sogar die Leimung. Bei zu geringer Feuchtung erhält das Papier zu wenig Glätte. Im allgemeinen pflegt man die Feuchtung in der folgenden Weise auszuführen: Druck-, Schreib- und ähnliche Papiere 4—8%, Illustrationsdruck- und ähnliche Papiere 15—30%, Karton 7—12%. Es genügt aber nicht, daß man dem Rohpapier die erforderliche Feuchtigkeitsmenge zuführt, sondern die Feuchtigkeit muß auch im Fasergefüge vollkommen gleichmäßigkeit verteilt sein.

Die Satinage kann auf verschiedene Weise erfolgen, und zwar einmal als Bogensatinage, dann aber auch als Rollensatinage, bei der man normale und Friktionssatinage zu unterscheiden hat.

Bei der Bogensatinage läßt man die einzelnen Bogen durch das Satinierwerk gehen. Diese Satinierwerke können ebenfalls wieder verschieden sein, und zwar zweiwalzige, mit Hartgußwalzen ausgerüstete, und vielwalzige, mit Hartguß- und elastischen Walzen (Papierwalzen). Die ersteren dienen zur sogenannten Plattensatinage, bei der man die zu glättenden Bogen zwischen polierten Zinkplatten, Preßspan oder dergleichen durch die Walzen gehen läßt. Sie werden in der Hauptsache für Kartons, namentlich feine Kartons, wie Elfenbein-, Alabaster- und Bristolkartons angewendet. Man kann damit keinen hohen Glanz erzielen. Um eine gleichmäßige Glätte zu erreichen, muß man die Bogen mehrmals durch das Glättwerk gehen lassen, so daß diese Handhabung teuer ist. Heute ist daher die Plattensatinage durch die Bogensatinage auf vielwalzigen Kalandern, die den Rollenkalandern gleichen, verdrängt. Im allgemeinen kommen dazu die gleichen Bauarten zur Verwendung wie bei der Satinage von Rollenpapieren, sie sind nur mit einer besonderen Bogenführung ausgerüstet. Hier wird bei einmaligem Durch-

gang durch den Kalander eine Glätte in der erwünschten Weise und in vollkommener Gleichmäßigkeit erreicht.
Allgemein üblich ist heute allerdings die Rollensatinage, die man auch bei den meisten Kartons anwendet. Sie hat den Vorteil, daß mit großer Geschwindigkeit gearbeitet werden kann und daß wenig Bedienung erforderlich ist. Je nach dem angestrebten Zweck ist die Bauart der dazu verwendeten Kalander unterschiedlich. Papiere, die nur einseitig geglättet werden sollen, wie zum Beispiel Chromo- und ähnliche Papiere, velangen Kalander mit ungerader Walzenzahl, also 5, 7, 9 usw. Bei alllen zweiseitig zu glättenden Papieren muß die Walzenzahl hingegen gerade sein. Die Zahl der Walzen hat auf die Glätte einen wesentlichen Einfluß. Je höher der Glanz und die Glätte sein soll, desto größer muß die Walzenzahl sein, so daß man bei hochzusatinierenden Papieren bis zu 16, in einzelnen Fällen (Pergamin) bis zu 18 Walzen hat.
Aber auch der Druck, mit dem diese Walzen aufeinander arbeiten, ist je nach den Stoffen und der verlangten Glätte verschieden hoch. Er wird als Liniendruck bezeichnet und in Kilogramm je Zentimeter Walzenbreite angegeben. Er beträgt im allgemeinen bei den verschiedenen Sorten von Druckpapieren 100 bis 120 kg, bei Kunstdruckpapieren 100 bis 150 kg und steigt bis zu 300 kg bei Pergaminpapier und 400 bis 500 kg bei Kondensatorpapieren. Es ist also erklärlich, daß durch den hohen Druck eine mehr oder minder hohe Verdichtung des Papiers erfolgt; kleine Unebenheiten werden ausgeglichen, das Papier wird bei gleichem Flächengewicht dünner, das Raumgewicht nimmt zu, das Papier wird aber auch gestreckt.

Die Wirkung des Kalanders beruht auf folgenden Einflüssen: Beim Durchgang des Papiers durch den Kalander entsteht die Glätte ausschließlich durch den allmählich mit den Druckstellengesteigerten Druck auf die Papierflächen. Sie ist also die Folge einer gewaltsamen Pressung. Damit wird aber noch kein Glanz erzeugt. Glanz kann vielmehr nur dadurch hervorgerufen werden, daß hervorstehende Fäserchen und kleine Unebenheiten platt gelegt, beziehungsweise ausgeglichen werden, also durch Reibung. Um einen höheren Glanz zu erzielen, muß man also neben der Pressung noch eine gewisse Reibung erzeugen, und zwar mit einem sehr glatten Körper, der sich sehr schnell bewegt. Die hochpolierten, glatten Kalanderwalzen, die sich rasch drehen, stehen unter einem sehr hohen Druck, sie verbinden also die Pressung mit der Reibung.
Bei der Friktions- oder Reibungsglättung geht man dabei noch weiter, indem man die hochpolierten Hartgußwalzen mit größerer Geschwindigkeit laufen läßt als die elastischen Papierwalzen, so daß sie also auf diesen gleiten. Die Friktionsglätte kommt besonders für Spielkartenkarton und ähnliche Erzeugnisse in Frage. Die beiden Walzen müssen also mit verschiedener nud auch veränderlicher Geschwindigkeit umlaufen. Geglättet wird dabei mit der hochpolierten, mitunter auch geheizten Hartgußwalze. Beim Friktionieren hat die Feuchtigkeit des Papiers einen besonderen Einfluß, weil namentlich harte Stoffe nur dadurch die erforder-

liche Geschmeidigkeit erhalten. Belastungs- und relative Geschwindigkeit der Friktionswalzen stehen in einem gewissen Zusammenhang. Im allgemeinen kann man sagen, daß geringe Belastung und hohe relative Geschwindigkeit die gleichen Effekte ergeben wie hohe Belastung und geringe relative Geschwindigkeit. Je höher die relative Geschwindigkeit bei geringem Druck ist, desto glänzender und dickgriffiger wird das Papier.
Die Friktionsglätte hat besonders bei Pappen und Kartons die Achat- oder Steinglätte fast vollkommen verdrängt, mit der man grundsätzlich die gleiche Oberflächenwirkung wie bei der Friktionsglätte erreicht. Bei der Achat- oder Steinglätte wird die Pressung und Reibung durch einen eigenartig geformten Achatstein erreicht, der durch eine Vorrichtung in hin- und hergehende Bewegung versetzt und durch Feder- oder Gewichtsbelastung an die zu glättende Bahn gepreßt wird, die auf einer Holzunterlage ruht. Die Glättung erfolgt hier also strichweise. Die Achat- oder Steinglätte wird heute in der Hauptsache für Preßspan verwendet.
Es sei hier auf einige Nebenerscheinungen hingewiesen, die bei der Satinage auf vielwalzigen Kalandern mitunter auftreten. Die so stark gefürchtete „Elektrizität" des Papiers, die seine Verarbeitung auf den Druckmaschinen erheblich erschwert und die Verwendung von automatischen Bogenanlegern unmöglich machen kann, kann durch die Kalander hervorgerufen oder auch vermehrt werden. Diese statische Elektrizität entsteht durch Reibung des Papiers an den Kalanderwalzen. Sie kann allerdings schon von der Papiermaschine herrühren, wird dann aber auf dem Kalander durch neuerliche Reibung und die Verdichtung des Papiers erhöht. Eine andere nachteilige Erscheinung zeigt sich mitunter beim Papier, nachdem es satiniert ist, nämlich ein Zurückgehen der Leimung. Das hat seinen Grund darin, daß durch den hohen Druck, der durch die Walzen ausgeübt wird, der Leimfilm im Papiergefüge zerstört wird.

### Das Streichen des Papiers

Als weitere Oberflächenbehandlung, die namentlich auch für Druckpapiere in Frage kommen kann, ist das Streichen zu nennen. Hierbei wird ein entsprechendes, auf der Papiermaschine fertig getrocknetes Rohpapier auf besonderen Maschinen und in besonderem Arbeitsgang ein- oder beiderseitig mit einem Aufstrich versehen, wieder getrocknet und dann satiniert. Das Rohpapier kann holzfrei sein, wie zum Beispiel bei besseren Kunstdruckpapieren, es kann aber auch holzhaltig sein, wie bei geringeren Sorten und Chromopapier. Das Rohpapier kann weiß oder bei farbigen Strichen auch farbig sein. Der Aufstrich besteht aus feinsten geschlämmten Kaolin, Blancfixe oder dergleichen Bindemitteln und Farben. Der Zweck des Aufstriches ist in der Hauptsache der, dem Papier bessere Bedruckbarkeit zu geben, die der Verwendung besonderer Drucktechniken, wie Autotypien, Vielfarbendruck, Offsetdruck, Steindruck usw., gestattet. Bekanntlich erhöhen geeignete Füllstoffe die Druckeigenschaften eines Papiers. Man kann aber in einem Papiergefüge Füllstoffe nur bis zu einer gewissen Menge unterbringen. Wird diese

Menge überschritten, dann wird das Papier lappig und staubt, da das Fasergefüge eben den Füllstoff nicht mehr festhalten kann. Bei stark gefüllten Papieren besteht zudem noch die Gefahr, daß sie zweigesichtig werden, das heißt, sie haben auf der Siebseite einen wesentlich höheren Füllstoffgehalt als auf der Oberseite, da durch die Saugung bei der Entwässerung der Füllstoff nach unten gezogen wird.

Man arbeitet also ein Rohpapier mit den entsprechenden Eigenschaften und bringt den hohen Füllstoffgehalt ein- oder beiderseitig oberflächlich an. Durch die Bindemittel, bei denen Leim und Kasein eine Rolle spielen, werden die feinen Teilchen so fest auf dem Rohpapier gehalten, daß ein Stauben, Abblättern oder dergleichen unmöglich ist. Durch die Wahl des Striches, besonders seine Härte, das heißt Leimung, kann man dem Papier ganz besondere Eigenschaften geben, namentlich auch in Bezug auf Wasserfestigkeit. Man kann infolgedessen solches Papier fast vollkommen dehnungsfrei herstellen, was beim Vielfarbendruck, beim Steindruck und bei ähnlichen Druckverfahren von Bedeutung ist. Durch die nach der Trocknung des Striches folgende Satinage ist man weiterhin in der Lage, dem Papier eine besondere Oberflächenbeschaffenheit zu geben und es einem bestimmten Zweck anzupassen. Man kann nämlich die Satinage auf den Kalandern verschieden durchführen, und zwar vom matten Glanz bis zum Hochglanz. Daraus ergeben sich die weitesgehenden Möglichkeiten.

### Die Oberflächenleimung

Als Oberflächenbehandlung hat die Oberflächenleimung eines Papiers für Druckpapiere im allgemeinen kaum irgendwelches Interesse. Sie findet nur bei Sonderpapieren Anwendung, wie zum Beispiel Zeichenpapiere und dergleichen. Die Oberflächenleimung wird ebenfalls am fertigen Rohpapier vorgenommen und erfolgt dadurch, daß man dieses durch eine Tierleimlösung zieht und dann wieder trocknet.

### Das Prägen, Pressen, Gaufrieren

Als weitere Oberflächenbehandlung des Papiers ist das Pressen, Prägen, Gaufrieren usw. zu nennen. Diese Handhabungen werden ebenfalls am fertigen Papier vorgenommen; sie haben den Zweck, dem Papier eine gewollte rauhe, narbige oder ähnliche Oberfläche zu geben. Dieses Verfahren kann man auf verschiedene Weise durchführen, und zwar an dem in Bogen geschnittenen Papier und am Rollenpapier. Beide Arten werden angewendet, in der Hauptsache allerdings das Prägen usw. in Rollen, da es mit weniger Maschinen, Bedienung, Zeitaufwand und Kosten durchführbar ist. Namentlich bei der Leinenprägung von Papier ist die Rollenprägung üblich.

Hierzu werden einfache Prägekalander verwendet, die meistens nur zwei Walzen haben. Man hat dabei echte und imitierte Leinenprägung zu unterscheiden. Bei der echten Leinenprägung erfolgt das Prägen durch Leinen direkt, wobei man je nach dem angestrebten Zweck feines bis grobes Leinen verwendet. Das Prägen geschieht dabei in verschiedener Weise. Entweder wird die obere Walze mit Leinen überzogen, oder man läßt gleichzeitig mit dem Papier Leinen von einer Rolle ablaufen, zusammen mit dem Papier durch die Walzen gehen und rollt beide Bahnen getrennt wieder auf. Die untere Walze muß dabei elastisch sein. Bei der unechten Leinenprägung werden gravierte Walzen an Stelle des Leinens verwendet.

Gehämmerte und ähnliche Papiere werden meist mit Plattensatinage hergestellt. Hiebei wird das Papier in Formate geschnitten verwendet. Es wird aber dabei nicht jeder Bogen einzeln durch das Prägewerk geschickt, sondern jeweils ein ganzer Stoß. Das geschieht in der Weise, daß zunächst eine Zinkplatte, eine Matrize, meist ein starker Kartonbogen mit entsprechender Prägung, genommen wird, darauf folgt ein Bogen des zu prägenden Papiers, mitunter auch zwei, dann wieder eine Matrize, ein oder zwei Papierbogen und so fort, bis ein Stoß von etwa 2 cm Höhe erreicht ist. Zum Schluß kommt dann wieder eine Zinkplatte. Das ganze Paket wird dann zweimal durch ein schweres, zweiwalziges Walzwerk geschickt, dessen Walzen aus Hartguß bestehen. Das Verfahren ist also ziemlich umständlich und erfordert viel Handarbeit, man kann aber damit die verschiedensten Effekte und Prägungen erzielen.

Das zum Prägen verwendete Rohpapier muß eine gewisse Härte haben. Meist wird diese Oberflächenbehandlung bei Schreibpapier, Karton und Akzidenzdruckpapieren angewendet.

## Das Kalibrieren von Hollerithkarton

Von F. C. Grümer, Krefeld

Die moderne Technik hat nicht nur in der Produktion, sondern auch in der Verwaltung eine ungeahnte Entwicklung ausgelöst. So sind die Verwaltungen moderner Großbetriebe wie die öffentlichen Verwaltungen mit ihren großen Aufgaben z. B. auf statistischem Gebiet, heute ohne das Lochkartensystem kaum noch denkbar. Bei diesem genialen System werden komplizierte Arbeiten, die sonst viel Personal und Zeit erfordern würden, vollautomatisch in kürzester Frist bewältigt. Der Ablauf wichtigster Funktionen vollzieht sich also bei diesem System mit großer Geschwindigkeit, wobei Fehler, soweit sie nicht in der menschlichen Unzulänglichkeit des Bedienungspersonals ihre Ursache haben, ausgeschlossen sind. Der störungsfreie Ablauf all dieser elektrisch (Hollerith) oder mechanisch (Power) gesteuerten Vorgänge ist aber nur dann gegeben, wenn die Lochkarten den besonders hohen Anforderungen entsprechen, die dieses System nun einmal stellt.

Erste Voraussetzung ist eine vollkommen gleichmäßige Stärke des Kartons, wobei als Toleranz nur ganz wenige Tausendstel eines Millimeters zulässig sind. Hinzu kommt als zweite Bedingung eine vollkommene und unveränderliche Planlage.

Wichtig ist ferner noch folgendes: Die Lochkarten werden am Rande quadratisch ausgestanzt, und die stehenbleibenden Quadrate lösen dann bei den späteren Arbeitsgängen die entsprechenden Impulse aus. Der Karton darf deshalb nach dem Ausstanzen keine faserigen Ränder oder Grate zeigen. Aus diesen ungewöhnlich hohen Anforderungen geht klar hervor, daß vor allem auch der Kartonherstellung eine ganz besondere Bedeutung zukommt. Angesichts dieser Anforderungen darf man für die Herstellung nur weiße Zellulose ausgewählter Qualität verwenden. Aber auch die ganze Stoffaufbereitung und -verarbeitung stellen an den Papiermacher hohe Ansprüche. Die eigenen, von den Papierfabriken sorgfältig gehüteten Erfahrungen spielen hierbei eine besondere Rolle.

Im allgemeinen passiert der Karton nach dem Verlassen der Papiermaschine ein oder mehrere Glättwerke und hat dabei eine durchschnittliche Dicke von etwa 0,19—0,20 mm. Es folgt dann die Behandlung auf dem Kalibrierwalzwerk (Tafel III, Abb. 1). Beim Kalibrieren soll der Karton auf eine vollkommen gleichmäßige Stärke von 0,17 mm gebracht werden, wobei dann die Toleranz 0,005 mm nicht überschreiten sollte. Diese Werte können moderne Kalibrierwalzwerke erreichen und auch garantieren, wenn die erforderlichen Voraussetzungen in Bezug auf Herstellung und Aufbereitung des Stoffes erfüllt sind.

Als das Lochkartensystem in Europa eingeführt wurde, erfolgte die Lieferung der Lochkarten zunächst durch die Lieferanten der Hollerithmaschinen. Aber schon bald gelang es einer führenden deutschen Papierfabrik, in Zusammenarbeit mit einer Maschinenfabrik das Problem der Herstellung von Hollerithkarton zu lösen und Europa von der Einfuhr aus den USA unabhängig zu machen. In jahrzehntelanger Erfahrung hatte man, um eine genaue Kalibrierung zu erzielen, eine Maschine entwickelt, die höchsten Ansprüchen gerecht wird. Die Maschine ähnelt rein äußerlich einem Satinierwalzwerk, wie sie in allen Pappenfabriken üblich sind. Sie besitzt jedoch wesentliche Konstruktionsmerkmale, auf die hier näher eingegangen werden soll.

W a l z e n : Während man sich zu Beginn der ganzen Entwicklung darauf beschränkte, die Walzenbreite im Interesse einer möglichst exakten Kalibrierung so gering wie möglich zu halten, ist es inzwischen gelungen, Kalibrierwalzwerke in größerer Walzenbreite herzustellen, ohne daß dadurch die Genauigkeit der Kalibrierung beeinträchtigt wird. Im Anfang ging man über 900 mm Walzenbreite nicht hinaus. Man wollte damit erreichen, daß die Walzendurchbiegung, die natürlich die Kartongenauigkeit nachteilig beeinflußt, auf ein Minimum zurückgeführt oder nach Möglichkeit vollkommen ausgeschaltet bleibt. Die auch heute noch üblichen Walzendurchmesser betragen bei dieser Breite ca. 540 mm, während man bei größerer Breite entsprechend größere Durchmesser vorsieht.

Die Walzenhärte beträgt ca. 560/580° Brinell. Die Durchbiegung der Walzen, von der schon vorhin die Rede war, läßt sich aber in der Praxis nicht vermeiden. Sie muß durch Bombage ausgeglichen werden. Wie groß diese Bombage sein muß, richtet sich nach dem Karton und der erforderlichen Belastung. Sie schwankt zwischen 0,05 mm und 0,15 mm im Durchmesser. Um ein genaues Arbeiten der Maschine zu erreichen, müssen bei Inbetriebnahme erst Versuche gefahren werden, und auf Grund dieser Versuche sind dann die Walzen zur Erzielung der richtigen Bombage von Hand einzuschleifen.

Schräglage: Die einmal eingeschliffene Bombage stimmt natürlich nur für einen ganz bestimmten Arbeitsdruck. Muß dieser Druck aus irgendeinem Grunde, z. B. bei anderer Stoffzusammensetzung, geändert werden, so stimmt die Bombage nicht mehr und es ergeben sich Ungenauigkeiten in der Kartonstärke. Um die durch die Druckänderung verursachte Ungenauigkeit der Bombage in gewissen Grenzen ausgleichen zu können, kann die Unterwalze in zur Achse schräger Richtung verstellt werden. Es kann sich hierbei aber immer nur um den Ausgleich kleiner Unterschiede handeln, da eine größere bis maximale Anwendung der Schräglage die Genauigkeit des Kartons ungünstig beeinflussen würde. Ergeben sich größere Bombagedifferenzen, dann muß die bombierte Walze von Hand neu eingeschliffen werden.

Lager: Die Tendenz der modernen Technik ist durch eine ständig steigende Verwendung von Wälzlagern gekennzeichnet. Die zunehmende Verwendung von Pendelrollenlagern im Kalanderbau hat natürlich auch die Frage ihres Einbaues in Kalibrierwalzwerken aktuell werden lassen. Durch eingehende Studien und Versuche konnte jedoch nachgewiesen werden, daß Wälzlager im Kalibrierwalzwerk nicht ratsam sind, da die Toleranzen innerhalb der Wälzlager größer sind als die höchst zulässige Kartontoleranz. Die bei Kalibrierwalzwerken benutzten Gleitlager sind mit einer besonderen Einrichtung versehen, die genaue Nachstellung der Lagerschalen zur Herabminderung des Lagerspiels auf ein Minimum gestattet.

Schmierung: Die Schmierung der Lager besorgt eine Druckölumlaufschmierung in Sonderbauart, die absolut gleichmäßiges Arbeiten auf beiden Maschinenseiten garantiert.

Druck: Im Mittel beträgt der Arbeitsdruck etwa 80 000 kg und bei größeren Breiten entsprechend mehr. Es ist allerdings eine sehr hohe Druckreserve erforderlich, um je nach Art des Kartons die gewünschte Kalibriergenauigkeit mit Sicherheit erreichen zu können. Bei modernen Maschinen verwendet man hydropneumatische Druckaggregate, wodurch die erforderliche hohe Druckleistung mit Sicherheit erreicht werden kann (Tafel IV). Außerdem gewährleistet dieses System schnellste Reaktionsfähigkeit und genaueste Druckkontrolle. Die einmal durch Versuche als richtig ermittelten Drücke können jederzeit mit absoluter Sicherheit hergestellt werden. Bei größeren Breiten ist die Anordnung unabhängig voneinander arbeitender Druckaggregate für jede Maschinenseite erforderlich.

Heizung — Kühlung: Beim Kalibrieren von Lochkarten wird grundsätzlich nicht geheizt. Für den eigentlichen Kalibriervorgang genügt die Eigenerwärmung der Walzen. Eine Kühlung ist vorgesehen, damit die Erwärmung 40° C nicht überschreitet.

Kalibriervorrichtung: Der Kalibriervorrichtung an der Maschine kommt die größte Bedeutung zu. Ohne eine technisch gut durchdachte und präzis arbeitende Kalibriervorrichtung ist ein genaues Kalibrieren nicht möglich. Die modernsten Kalibrierwalzwerke sind mit einer Mikro-Einstellvorrichtung versehen, die über ein Spezialgetriebe die Walzen auf den gewünschten genauen Spalt einstellt; sie trägt eine Skalenscheibe mit 1/1000 und 1/100 mm Teilung. Es ist also für ein genaues Kalibrieren eine ganz präzise Spalteinstellung durch die Kalibriervorrichtung erforderlich. Die Druckleistung bzw. Druckreserve muß so bemessen sein, daß der eingestellte Spalt unter allen Umständen gehalten wird, da er der Sollstärke des Kantons entspricht.

Antrieb: Für den Antrieb ist unbedingt stufenloser Geschwindigkeitsregelung der Vorzug zu geben. Die Geschwindigkeit darf unter keinen Umständen lastabhängig sein. Bei Kommutatormotoren muß man den Nachteil in Kauf nehmen, daß sie in den unteren Regelbereichen zu wenig drehzahlstabil sind, was zu Ungenauigkeiten in der Kartonstärke führen kann. Man kann diesen Nachteil zwar durch eine 30prozentige Überdimensionierung ausgleichen, aber damit werden die Antriebe kosten- und platzmäßig ungünstig. Den Vorzug verdient unbedingt das Regelgetriebe, wie z. B. PIV- und andere Spezialgetriebe, da hier das Drehmoment im unterem Regelbereich ansteigt. Wo ein solches größenmäßig nicht mehr in Frage kommt, ist der Gleichstromantrieb (Leonard-Satz) zu wählen. Die Arbeitsgeschwindigkeit liegt im Mittel bei etwa 25—30 m/min, jedoch sind in vielen Betrieben auch wesentlich höhere Leistungen erreicht worden. Diese sind allerdings kaum maschinenbedingt, sondern vornehmlich papiertechnischer Art. Im übrigen wird man gerade beim Antrieb noch neue Wege beschreiten, um gewisse Nachteile der bisher üblichen klassischen Antriebsart über Ritzel und Antriebsrad zu beseitigen.

Wicklungen: Der kalibrierte Karton bedarf einer sauberen und klangharten Aufwicklung. Äußerst kräftig bemessene Wicklungen sind daher unbedingt erforderlich. Zum Abführen der sich bildenden statischen Elektrizität empfiehlt es sich, auf die auflaufende Rolle einen geerdeten Kupferdraht aufzulegen.

Rollenschneider: Vor der Aufwicklung ist der Einbau eines Rollenschneideapparates möglich, wodurch die kalibrierte Kartonbahn sofort beschnitten wird; man kann mit einer solchen Vorrichtung oft einen Arbeitsgang einsparen (Tafel III, Abb. 2).

Schluß: Rein technisch dürfte die Entwicklung dieser Maschinen im großen und ganzen einen hohen Stand erreicht haben, der höchsten Ansprüchen genügt. Die weitere Entwicklung wird vornehmlich durch die Forderung nach größerer Wirtschaftlichkeit bestimmt. Die Bestrebungen der Maschinenbauer gehen dahin, den Wünschen der Papiermacher nach größerer Produktion durch konstruktive Verbesserungen zu entsprechen. Dies wird jedoch nur in enger Zusammenarbeit zwischen Maschinenbauer und Papiermacher möglich sein.

Diese Zusammenarbeit hat auf die Entwicklung neuer besonders wirtschaftlicher Arbeitsmethoden und Maschinen stark befruchtend gewirkt, und es ist daher nicht möglich, diese Betrachtung abzuschließen, ohne die neueste Entwicklung zu beleuchten.

Wie auf allen anderen Gebieten, so ist auch bei den Maschinen zum Kalibrieren von Hollerithkarton die technische Entwicklung in den letzten Jahren nicht stehengeblieben. Meist wird der Hollerithkarton in voller Maschinenbreite auf der Papiermaschine gefertigt und dann in entsprechend schmale Bahnen aufgeteilt, die sich nach dem bisherigen Stand der Technik zur Erreichung einer genauen Kalibrierung und Planlage des Kantons am besten eigneten. Es ist klar, daß dieses Verfahren natürlich besonders Kosten verursacht, und man war daher seit langem bestrebt, diese Kosten zu senken und eine Maschine zu entwickeln, auf der es möglich war, den Karton in voller Maschinenbreite zu kalibrieren. Insbesondere auch in den USA, wo das Lochkartensystem eine viel größere Verbreitung hat als in den europäischen Ländern, ist man seit langem mit Erfolg dabei, die Kalibrierung von Hollerithkarton in Maschinenbreite durchzuführen.

Die Bestrebungen der Konstrukteure gingen dahin, ein Glättwerk zu schaffen, auf dem der auf der Papiermaschine erzeugte Karton nicht nur geglättet, sondern auch in einer Passage kalibriert werden konnte. Den Bestrebungen einer führenden deutschen Maschinenfabrik ist jetzt ein großer Erfolg beschieden gewesen. Mit diesem Kalibrier-Glättwerk ist es gelungen, Hollerithkarton in voller Maschinenbreite zu kalandern und dabei eine präzise Kalibrierung und Planlage zu erreichen. Hiermit ist die wesentlichste Voraussetzung für einen vollkontinuierlichen Arbeitsprozeß geschaffen worden.

Die Maschine ist mit hydro-pneumatischer Drucksteuerung unabhängig für jede Maschinenseite ausgestattet, so daß also der erforderliche Kalibrierdruck über die ganze Breite des Kartons mit größter Genauigkeit eingestellt werden kann. Die Maschine ist für eine Arbeitsgeschwindigkeit bis 200 m/min ausgelegt. In der Praxis haben sich bisher mittlere Leistungswerte von 120—150 m/min ergeben. Besondere Erwähnung verdient in diesem Zusammenhang die eigens für diese Maschine entwickelte Lagerkonstruktion, die eine individuelle Einstellung jeden Walzenspaltes ermöglicht.

Die erzielten Ergebnisse, insbesondere im Hinblick auf die Kalibriergenauigkeit und die höhere Leistung pro Minute, haben in jeder Weise befriedigt, so daß man in Zukunft wohl aus Gründen einer wirtschaftlicheren und rationelleren Arbeitsweise in den Betrieben und nicht zuletzt aus Gründen der Kostensenkung immer mehr dazu übergehen wird, Hollerithkarton in voller Maschinenbreite zu kalibrieren.

**Das Wetterfestmachen des Papiers und das Zelluloidieren**

Der früher durch einen Gelatineaufstrich erzielte spiegelähnliche Glanz war nicht imstande, den Einflüssen der Atmosphäre, insbesondere der Feuchtigkeit, sowie der mechanischen Abnutzung auf die Dauer Widerstand zu leisten. Eine Behandlung mit warmem Wasser löste z. B. die Gelatine auf, und kaltes Wasser nimmt der spiegelglatten Politur ihren Glanz, das zeigt sich schon, wenn ein Wassertropfen auf eine Gelatineschicht fällt. Diese Stelle wird sofort blind erscheinen. Um nun diesen schädigenden Einfluß zu beheben, wurde die gelatinierte Fläche noch mit einem Lack überzogen, und zwar meist durch Tauchen, was besonders der Fall war bei Haussegen, Kalenderrückwänden, Aufstellbildchen, Plakaten u. a. m. Der Lack selbst ist nach Lüdecke in allen Fällen ein flüchtiger, und zwar entweder ein sogenannter Zaponlack oder aber irgendein möglichst farbloser Spirituslack, so daß man also von einem „Zaponieren" (Zelloidieren) oder aber Lackieren der Papiere spricht. Mit Zaponlack bezeichnet man sowohl eine Auflösung von Zelluloidabfällen, wie auch von kampferfreier Kollodiumwolle, in Form von Zelloidin oder aber sirupdicker Nitrozellulose in Amylazetat, Azeton, Amylalkohol usw. bzw. einer Mischung dieser Lösungsmittel, welche in vielen Fällen noch mit Benzol, Benzin und anderen Kohlenwasserstoffen versetzt werden. Meist hängt es von der richtigen Auswahl nud dem Mengenverhältnis der verschiedenen Lösungsmittel ab, ob der Lacküberzug hochglänzend, matt bzw. unsichtbar oder aber milchig getrübt aussieht. Diese Erscheinung findet in der verschiedenen Verdunstungsgeschwindigkeit der einzelnen Lösungsmittel ihre Erklärung. Die Lösungsmittel dürfen nicht in zu stark verdünnter Menge vorhanden sein, da sonst der Zaponlackanstrich jenes häufig bemerkte, aber unerwünschte Irisieren zeigt, das auch bei nicht völliger Wasserfreiheit der Lösungsmittel auftritt.

Zum Wetterfestmachen verwendet man Tauchzapon, also einen etwas verdünnten Streichzaponlack. Dieser verläuft durchweg gleichmäßiger wie ein Spiritustauchlack und ist auch unsichtbarer wie dieser, da er auch in dickerer Lage völlig farblos erscheint. Die Wasserbeständigkeit wie auch der Glanz der an sich nicht hochglänzenden Zaponlacke wird durch Zugabe von Kautschuk, Rizinusöl, Leinölfettsäure und vor allem von Schellack, Manilacopal, Kolophonium u. a. m. wesentlich verbessert. Denselben Zweck sucht das DRP 138 059 durch konzentrierte Pyroxylinlösungen und häufigeres Auftragen zu erreichen. Die zu lackierenden Bogen werden langsam durch den Zaponlack gezogen, worauf man diese etwa $^1/_4$ Stunde lang bei gewöhnlicher Temperatur abtropfen läßt und dann zwecks vollständigen Trocknens des Zaponfilms eventuell noch bei etwa 50° C im Trockenofen trocknet. Sollten sich an den Rändern beim Abtropfen verdickte Stellen bilden, so muß man diese durch vorsichtiges Betupfen mit reinen Haarpinseln entfernen. Beim Tauchen muß man sorgsam darauf achten, daß in dem Tauchlack keine Luftbläschen entstehen, welche sich später auf die Papierbahn festsetzen können und dann einen rauhen Überzug bilden. Das Tauchbassin darf nur halb gefüllt sein,

um ein Übersteigen des stark flüchtigen Lackes und damit Verluste zu vermeiden. Geeignete wetterbeständige Tauchlacke, welche auch in gewissem Sinne schützend auf die Farbe des Papiers, soweit diese eben lichtbeständig sind, wirken, werden z. B. in folgender Weise zusammengesetzt: 6 Teile farblose Zelluloidspäne werden in 60 Teilen Amylazetat und 10 Teilen Azeton gelöst und dieser Lösung dann eine Auflösung von 19 Teilen Spiritus (96prozentig) zugesetzt, oder man löst 5 Teile Nitrozellulose in einer Mischung von 60 Teilen Amylazetat und 20 Teilen Amylalkohol und versetzt diese mit einer Lösung von 3 Teilen Manilakopal und 12 Teilen Spiritus (96prozentig). Nach den Patenten der Rheinisch-Westfälischen Sprengstoff-A. G. sowie des Dr. A. Eichengrün (Berlin) wird unter dem Namen „Cellonlack“ ein Überzugslack für Papier aus Azetylzellulose und Kampferersatzmitteln nach einer besonderen Lösungsmethode hergestellt, und lassen sich hiermit auf dem Papier die verschiedenartigsten Effekte hervorrufen sowie eine absolute Wetterfestigkeit erzielen. Die genannten Lacke können alle, außer als Tauchlacke, auch als Spritzlacke überall da verwendet werden, wo ein Tauchen der Bogen mit Schwierigkeiten verknüpft ist. Zu dieser Arbeit bedient man sich dann besonderer Gebläse- oder Zerstäubungsvorrichtungen, mit welchen der Lack in feinem Sprühregen auf die Papierbogen aufgespritzt wird. Der erwähnte Cellonlack hat gegenüber dem sonst üblichen Zaponlack den Vorteil, nicht brennbar zu sein und eine äußerst viskose Lösung, die sich besonders zum Imprägnieren von Papieren eignet, bei billigem Gestehungspreise zu ermöglichen.
Das Arbeiten mit den genannten starkflüchtigen Lösungsmitteln ist für die hiermit beschäftigten Personen sehr lästig und außerdem kostspielig, da alle diesbezüglichen Versuche (DRP 87 684), die Lösungsmittel wieder aufzufangen, bisher fehlschlugen. Billiger in der Anwendung wie die eben genannten Zaponlacke, sind daher die Spirituslacke. Ein geeigneter hochglänzender Spiritustauchlack wird durch Auflösen von 24 Teilen Manila- oder Benguelakopal und 4 Teilen Elemi in 72 Teilen Spiritus (96prozentig) oder aber von 16 Teilen gebleichtem Schellack, 2 Teilen Mastix und 2 Teilen Lärchenterpentin in 80 Teilen Spiritus hergestellt. Für bessere Arbeiten, speziell für Buchbinderarbeiten, wird eine Auflösung von 26 Teilen Manilakopal, 4 Teilen Mastix und 2 Teilen Spiritus (96prozentig) verwendet, oder aber ein Lack aus 12 Teilen Mastix in Tränen, 4 Teilen Schellack gebleicht, 4 Teilen Elemi hell, 2 Teilen Sandarak und 2 Teilen venezianischem Terpentin in 76 Teilen Spiritus. Um die Lacke dünner zu gestalten, wie dies für besondere Tauchzwecke erwünscht ist, brauchen diese einfach mit 96prozentigem Spiritus verdünnt zu werden. Auch diese Lacke werden vorteilhaft nach etwa einstündiger Trocknung bei gewöhnlicher Zimmertemperatur noch eine kurze Zeit in Trockenräumen, Heißluftkammern oder dgl. bei 40 bis 50° C getrocknet. Jedwede Berührung der noch nicht völlig durchgetrockneten Fläche muß natürlich vermieden werden, um eine glatte, fleckenlose Oberfläche zu erzielen.
Das Zelluloidieren ist, wie eingangs angedeutet wurde, ein dem Gelatinieren wesensverwandtes Verfahren. Im allgemeinen beruht die Anwendung dieses tech-

nischen Verfahrens darauf, daß das Papier mit den durchsichtigen Zelluloidtafeln mittels Spirituslösung unter Druck zusammengeklebt wird.

Zum Zelluloidieren des Papiers benutzt man entweder einen Streichlack, welcher z. B. durch Auflösen von 10 Teilen Zelluloidabfällen in 40 Teilen Amylazetat und 14 Teilen Azeton, verdünnt mit 36 Teilen denaturiertem Spiritus (96prozentig) hergestellt wird, oder einen Spirituslack, welcher wesentlich dünner gehalten ist als obiger Streichlack, und den man durch eine Gebläse- oder Zerstäubungsvorrichtung auf das Papier aufsprüht. An Stelle von Zelluloidlacken können natürlich auch Cellon- und Zaponlacke zur Verwendung kommen. Beim Zelluloidieren mit Streichlack verfährt man genau so wie beim Gelatinieren.

Das Hinterkleben gelatinierter bzw. zelluloidierter Bogen oder geschnittener Bilder erfolgt am besten durch einen Klebstoff, der so schnell trocknet, daß ein Durchweichen des Papiers vermieden wird.

Um die scharfen Schnittflächen, die selbst wenn mit scharfem Messer geteilt, häufig rauh erscheinen, immer aber einen scharfen Grat absetzen, zu vermeiden, ist es zweckmäßig, das Papier an den Kanten zu umschlagen. Zu diesem Zeweck wird schon beim Druck um den zu zelluloidierenden Artikel herum ein entsprechend großer freier Raum vorgesehen. Dieser freie Raum, der mit zelluloidiert wird, ist dann zugleich der Klebstreifen für die Rückseite.

Das Überschlagen der Kanten ist besonders angebracht bei Artikeln, die eine möglichst plastische Form haben sollen. Während man früher einen Wattezuschnitt zwischen Bilder und Pappe zwischenklebte, prägt man jetzt, indem man eine Zelluloidtafel auf den Gegenstand hohl (also nicht durch Klebung) auflegt und lediglich die Kanten anschmiert. Durch den Druck wird dann die erhabene Form erzielt und zugleich eine feste Auflage der Zelluloidschicht.

Es muß nur darauf geachtet werden, daß die Zelluloidauflage recht fest aufliegt (straff gespannt), denn nur dadurch ist dann eine einwandfreie Form zu erzielen. Das Verstärken derartiger Artikel geschieht auf folgende Weise. Ein ganzer, auf einer Glasplatte glatt aufliegender Bogen wird mit Leim angespritzt und dann mit einer ausgetrockneten Pappe zusammengeklebt. Das Anspritzen der Pappe ist nicht angängig, da dieses Material sehr saugfähig sein muß (reiner Holzschliff, zuweilen mit Zellulosezusatz von 10 bis 15 v. H.). Die Flüssigkeit würde daher sofort von dem Stoff aufgesogen werden, ohne daß durch den Klebprozeß eine Verfilzung der Fasern des Papiers und der Pappe möglich wäre. Die Pappe darf nicht satiniert, sondern muß machinenglatt sein, d. h. eine rauhe Oberfläche haben, um ein besseres Heften des Klebstoffes mit der ohnehin mehr oder minder stark geglätteten Papierfläche zu gewährleisten.

## Sind die Probleme des Heißkalandrierens gelöst?

Von Dr. Wolfgang F ü h l e r , Frankfurt am Main

Immer mehr setzt sich das Heißkalandrierverfahren im graphischen Gewerbe durch und es scheint der richtige Zeitpunkt gekommen zu sein, an dieser Stelle einmal ausführlich auf die Probleme einzugehen, die gelöst werden mußten, um dem Verfahren seinen Siegeszug zu ermöglichen.

Leitgedanke bei der Entwicklung des Verfahrens war zweifellos die Absicht, einer Drucksache neben einer Glanzerhöhung über bloßes Lackieren hinaus eine höhere Abriebfestigkeit und in einigen Fällen auch ihre Wasserfestigkeit zu steigern und dadurch dem bekannten und viel eingesetzten, aber teuren Folienkaschieren ein möglichst gleichwertiges Veredelungsverfahren an die Seite zu stellen. Zeigt schon das Kaschierverfahren einige Mängel, die zu einer Einschränkung der Einsatzmöglichkeiten geführt haben, läßt sich auch behaupten, daß ebenso große Klippen überwunden werden mußten, bis das Kalandrierverfahren allgemein Fuß fassen konnte. Auch heute noch sind die Gebiete, die für das eine oder andere Verfahren in Frage kommen, abgegrenzt, und man kann nicht behaupten, daß das Kaschierverfahren durch das Heißkalandrieren ersetzt oder verdrängt worden wäre. Wo es darauf ankommt, höchste Glanzwirkung mit höchster Scheuerfestigkeit und Oberflächenhärte zu verbinden, ist noch heute das Kaschieren mit Cellophan oder ähnlichen Folien unübertroffen. Soweit unbedrucktes Papier mit Cellophanfolie kaschiert werden soll, treten Haftprobleme nur in ungünstig gelagerten Fällen auf. Dagegen zeigen sich verschiedene Schwierigkeiten beim Cellophanieren bedruckten Papiers, und zwar insbesondere bei der Verarbeitung von Papieren mit schwächer gebundener Oberfläche, in die Druckfarben stärker wegschlagen und deren Farbstoffe schwach gebunden auf der Oberfläche zurückbleiben. Auch das andere Extrem, bei stärkerer Glanzbildung infolge Verbleibens der Farben auf der Papieroberfläche, ist keinesfalls ideal, da nicht immer Gewähr dafür besteht, daß sich der Klebstoff der Folienrückseite einwandfrei mit der getrockneten Farbe verbindet und ein unlösbares Ganzes bildet. Da auch die Zusammensetzung und vor allem die Trocknungseigenschaft der Druckfarben nicht ohne Einfluß auf die Verbindung zwischen Folie und Farbe sind, müssen diese in jedem Falle berücksichtigt werden. Ebensowenig wie es bis heute möglich ist, Universalklebstoffe für alle Materialien herzustellen, können auch auf diesem Gebiet nicht alle Folien mit ein und demselben Klebstoff auf die mit den verschiedensten Farben bedruckten Papiere aufgeklebt werden. Unterschiedlich ist vor allem die Haftfestigkeit der Folien auf Buch- und Offsetdruckfarben, da auch deren Zusammensetzung, was Firnisaufbau anbelangt, drucktechnischen Voraussetzungen angepaßt werden müssen, die in den beiden genannten Verfahren verschieden sind. Vor allem fällt die Tatsache schwer ins Gewicht, daß Offsetfarben fettarmer angefertigt werden, schon um das Emulgieren mit dem Wischwasser in tragbaren Grenzen zu halten. Somit können Offsetfarben neben trocknenden Bestandteilen auch solche mit nichttrocknenden Eigenschaften in erheblichen Mengen enthalten sein. Es ist klar, daß sich diese Unterschiede in irgendeiner Weise bemerkbar machen müssen. Schwierigkeiten dieser Art gibt es natürlich auch beim Lackieren, denn auch die in den verschiedenen Lacken verarbeiteten Glanzharze müssen sich mit den Farben gut verbinden. Gerade diese Tatsache wurde bisher weniger berücksichtigt, und man wunderte sich oft, warum einmal der bereits getrocknete Lack in einem Stück von einer Drucksache abgezogen werden konnte, oder beispielsweise auf einer Farbe hielt, auf einer danebenliegenden aber nicht.

Bis vor kurzem wurden zum Lackieren von Drucksachen auf der Lackiermaschine fast ausschließlich sogenannte Kopallacke (auch Etiketten- oder schlicht Spritlack genannt) verarbeitet, die im wesentlichen aus einem Naturharz bestanden, das in technischem Sprit gelöst wurde. Auch heute noch werden Lacke dieser Art für zahlreiche Drucksachen eingesetzt, da sie verhältnismäßig geruchsarm, fast wasserhell und auch relativ preiswert angeboten werden. Völlig vergilbungsfrei sind sie allerdings nicht und zeigen auch eine bei langlebigen Drucksachen immerhin zu beachtende Neigung zur Versprödung, besonders wenn sie in stärkerem Auftrag verarbeitet werden. Der erzielbare Glanz ist abhängig von der Auftragungsstärke und auch von der Konsistenz des Lackes, da bei zu starker Verdünnung höhere Anteile ins Papier wegschlagen und zu keiner Glanzbildung führen können. Bei zu sattem Auftrag und zu hoher Konsistenz können wiederum Trocknungsschwierigkeiten und auch schlechter Verlauf beobachtet werden, wodurch ebenfalls der Glanz erheblich leidet. Aus diesen und vielen anderen Gründen hat man sich seit einigen Jahren bemüht, Lacke auf den Markt zu bringen, die diese Nachteile nicht aufweisen und durch die man zu einer höheren Glanzbildung gleichzeitig mit höherer Scheuerfestigkeit zu kommen hoffte.

Als brauchbarer Rohstoff für diesen Zweck erwies sich die Nitrozellulose, die den Lackfabrikanten seit langem bekannt war, aber zu ihrer Verarbeitung Lösemittel benötigte, die man zum Lackieren von Drucksachen nicht ohne weiteres verwenden konnte. Es stellte sich aber heraus, daß bei der Verarbeitung der Nitrozellulose allein nur ein schwacher Glanz, dagegen aber eine beträchtliche Erhöhung der Scheuerfestigkeit zu erzielen war. Erst durch den Einbau verschiedener Hart- und Weichharze konnte ein guter Glanzgrad, auch ohne mechanische Nachbehandlung, erzielt werden. Damit war das Problem aber keineswegs gelöst, denn die Elastizität der Lackierung reichte zwar für starre, nicht aber für mechanisch beanspruchte Drucksachen aus. Jeder Zusatz von Weichmachern, die zur Erhöhung der Elastizität der Lacke verarbeitet wurden, verminderte auch die Härte und Scheuerfestigkeit der Lackierung. Somit mußte ein goldener Mittelweg gefunden werden, und zwar möglichst ohne die Scheuerfestigkeit nachteilig zu beeinflussen. Höchster Glanzgrad war aber auch hiermit noch nicht zu erreichen, und somit wurde an eine nachträgliche Glättung gedacht, wie sie auch zur Erhöhung der Glätte bei Papieren angewandt wird — nämlich an ein Kalandrieren bei höheren Temperaturen.

Mit der Herstellung geeigneter Kalander befaßten sich neben ausländischen Maschinenfabriken auch einige deutsche Firmen, und zwar sowohl für Bogen- als auch für Planokalandrierungen. Im Prinzip düften die Anlagen verschiedener Maschinenbauer bis auf Kleinigkeiten den gleichen Aufbau besitzen und auch in der Wirkungsweise ähnlich sein. Anlagen für verschiedene Papierformate stehen zur Verfügung, können aber auch zur Verarbeitung stärkerer Druckträger, beispielsweise Pappen und dergleichen, hergestellt werden.

Die Lackierung selbst kann auf gewöhnlichen Lackiermaschinen üblicher Bauweise vorgenommen werden. Es muß dafür gesorgt werden, daß die im Lack enthaltenen Lösemittel aber möglichst sofort und vollständig aus der lackierten Drucksache herausgetrieben werden, indem sie durch eine Infrarot-Trockenanlage geleitet werden, wie sie heutzutage an alle modernen Lackiermaschinen angebaut sind. Einige deutsche Fabrikate sind mit automatischer Bogenanlage ausgerüstet, deren Anlegemarken schwingend und wie bei einer Schnellpresse durch Exzenter gesteuert sind. Der Vorteil derartiger Lackiermaschinen ist in erster Linie darin zu suchen, daß infolge der meist horizontalen Anlage mit flachem Bogendurchlauf die Gefahr des Faltenziehens nicht mehr besteht. Pappen und Kartons bis 300 g/m² oder bis 5 mm Stärke können damit anstandslos verarbeitet werden.

Maschinen einer bekannten deutschen Herstellerfirma (Tafel V, Abb. 1 u. 2) sind mit Kontrollapparaturen ausgerüstet, bei denen eine ständige Überwachung der Lackkonsistenz nicht mehr erforderlich ist. Die Maschine arbeitet mit einer Geschwindigkeit von 500 bis 1500 Bogen je Stunde bei Handanlage und 700 bis 2200 Bogen je Stunde bei automatischer Anlage. Infolge des stufenlos regulierbaren Transportbandes kann die Geschwindigkeit des Transportbandes zwischen 7 und 40 m je Minute eingestellt und somit jedem Bogenformat auch bei kurzem Bogenabstand angemessen und eingestellt werden. Die lackierten Bogen passieren einen Infrarot-Trockenkanal, der seitliche Öffnungen aufweist, um die lackierten Bogen während des Trockenprozesses beobachten zu können. Die entweichenden Lösungsmitteldämpfe werden zur Beschleunigung der Trocknung und zur Verminderung der Feuersgefahr durch eine eingebaute Absaughaube entfernt.

Die Auslage der lackierten Bogen kann auf Stapel erfolgen, oder unmittelbar durch die angebaute Kalandrieranlage geleitet werden. Je nach Stärke der Bogen kommt hierfür entweder die Plano- oder die Roto-Kalandrier-Anlage in Betracht.

Bei der Roto-Anlage handelt es sich um die modernste Ausführung dieser Art, bei der die getrockneten Bogen zwischen der auf Hochglanz polierten Oberwalze aus korrosionsbeständigem Edelstahl und einer elastischen Unterwalze einer Druck- und Temperatureinwirkung von kurzer Dauer ausgesetzt und dadurch auf Hochglanz (Spiegelglanz) gebracht werden. Nach dem Arbeitsgang können die so behandelten Bogen von der Oberwalze abgenommen und ohne Einschuß gestapelt oder weiterverarbeitet werden. Zur Bedienung der Kalandrieranlage werden nur zwei Arbeitskräfte benötigt, um ein kontinuierliches Arbeiten zu gewährleisten.

Anders ist die Arbeitsweise bei der zweiten Ausführung, die für stärkere Pappen und Druckträger vorgesehen ist. Bei dieser Ausführung werden die lackierten, und wie bereits erwähnt, getrockneten Bogen auf dünne, hochglanzpolierte Metallplatten aufgelegt und zwischen die Kalandrierwalzen eingeführt. Nach der Kalandrierung müssen die so behandelten Platten über eine Kühlbahn geleitet werden, worauf die kalandrierten Druckbogen abgezogen und gestapelt werden können. Die Anlage ist ebenfalls auf kontinuierlichen Betrieb eingerichtet und erzielt trotz der Handanlage mit einer Bedienung von zwei Arbeitskräften eine hohe Stundenleistung.

Die auf dem Markt befindlichen Lackfabrikate zeigen unter sich erhebliche Unterschiede und demzufolge unterschiedlichen Glanzgrad. Geeignete Fabrikate zeichnen sich durch hohe Füllkraft, bleibende Elastizität und hellste Farbe aus und werden meist von den Herstellern der Kalandrieranlagen, bei denen sie auf Herz und Nieren geprüft wurden, empfohlen.

Die Musterbücher einiger deutscher Druckfarbenfabriken enthalten neuerdings Angaben über die Heißkalandrierfähigkeit der hergestellten und veranschaulichten Farben. Selbstverständlich können diese Angaben nur auf bestimmte Kalanderlacke zutreffen, und haben daher keine Allgemeingültigkeit. Es muß daher bei der Verwendung anderer als der angegebenen Lacke durch Probelackierung festgestellt werden, ob die Beständigkeit der Druckfarben den zur Verwendung vorgesehenen Lacken gegenüber ausreicht. Dazu ist es erforderlich, den getrockneten Druck nicht nur zu lackieren, sondern auch der Kalandrierung zu unterwerfen, da durch die Wärme und Druckanwendung im Kalander eine wesentlich schärfere Einwirkung auf den Farbstoff der Druckfarbe erfolgt und oft sofort das Ausbluten des Farbstoffes beobachtet werden kann. Einige nur bedingt brauchbare Druckfarben bluten aber nicht sofort aus, sondern erst nach einigen Tagen. Wenn also bereits fertige und getrocknete Drucksachen heißkalandriert werden sollen und für den Druck Farben verwendet wurden, die nicht ausdrücklich als heißkalandrierfähig bezogen wurden, muß also nach einer Probelackierung und -kalandrierung mindestens zwei bis drei Tage gewartet werden, bis die Auflage lackiert und kalandriert wird. Es ist dabei zweckmäßig, die kalandrierten Bogen gegen weißes, unbedrucktes, aber ebenfalls lackiertes und kalandriertes Papier aus dem Auflagepapier unter Druck in einem nicht zu kühlen Raum aufzubewahren und nach der angegebenen Zeit zu beobachten, ob der Farbstoff aus der Farbe ausgeblutet oder im schlimmsten Fall sogar ausgeblüht (sublimiert) und auf das lackierte unbedruckte Papier übergefärbt ist. Die Erscheinung läßt sich ohne Schwierigkeiten erkennen und läßt einwandfreie Rückschlüsse einerseits auf den Weichmachergehalt des Lackes, andererseits auf ungeeignete Druckfarben zu. Falls eine derartig durchgeführte Probe zu der erwähnten Erscheinung führt, sollte die Drucksache weder mit dem betreffenden Nitrolack lackiert, erst recht aber auch nicht noch kalandriert werden.

In derartigen Fällen muß dann entweder auf vollflächiges Cellophanieren oder auf Spritlackierung mit Naturkopallacken zurückgegriffen werden, denn in beiden Verfahren sind Weichmacherschwierigkeiten so gut wie ausgeschlossen.
Den Druckfarbenfabriken steht eine umfangreiche Palette der verschiedenartigsten anorganischen und organischen Farbstoffe zur Verfügung, die eine hohe und oft auch absolute Weichmacherbeständigkeit aufweisen. Für heißkalandrierfähige Farben werden nur diese verwendet. Es kann aber vorkommen, daß zur genauen Nachstellung einer Künstlervorlage oftmals auch geringe Mengen anderer Farbstoffe verwendet werden müßten, die nicht weichmacherbeständig sind. Selbstverständlich kann der Druckfarbenhersteller das damit verbundene Risiko nicht übernehmen und muß demzufolge auf genaue Einhaltung der Vorlage verzichten. Falls der Auftraggeber trotz Kenntnis der Sachlage genaue Nuancierung fordert, muß er auch die Verantwortung hierfür übernehmen. Der durch das Kalandrieren zu erzielende Glanz hängt, wie bereits erwähnt, in hohem Maße von der Füllkraft und den Trocknungseigenschaften des verwendeten Lackes ab. Auch die Art und der Schmelzpunkt des mit Nitrozellulose verarbeiteten Harzes spielt eine nicht zu unterschätzende Rolle. Viel größer ist jedoch der Einfluß des Papiers, denn die Beschaffenheit der Oberfläche beeinflußt die Verlaufseigenschaften des Lackes in hohem Maße.
Von den Druckfarbenfabriken vorgenommene Untersuchungen haben zu dem Ergebnis geführt, daß der beste und gleichmäßigste Glanz auf holzfreien, glatt oder glänzend gestrichenen Kunstdruckpapieren erzielt werden kann. Auch die für Glanzdrucke neuerdings viel verwendeten Hochglanzpapiere, wie Kromekote, Phoenokote usw. geben einen spiegelnden Hochglanz und beeinflussen die Helligkeit des Lackes, soweit unbedrucktes Papier lackiert wird, nicht. Auf Chromopapier, Offsetnatur- oder Chromoersatzkarton, vor allem aber auf saugfähigen oder holzhaltigen Papieren, ist der durch einmaliges Lackieren erzielbare Glanz ungenügend. Bei zweimaligem Lackieren stärker saugfähiger Papiere leidet die Reinheit, die „Weiße" der Lackierung und kann zu Beanstandungen führen. Es ist daher zweckmäßig, schon vor dem Druck eine Probelackierung durchzuführen, um einwandfreie Rückschlüsse auf die Brauchbarkeit des betreffenden Papiers ziehen zu können. Zusammenfassend kann festgestellt werden, daß die mit dem Heißkalandrieren verbundenen Schwierigkeiten größtenteils überwunden sind und sowohl Druckfarben und Lacke als auch geeignete Papiere zur Verfügung stehen, um Drucke mit einwandfreiem Hochglanz herzustellen. Infolge der Empfindlichkeit mancher organischer Teerfarbstoffe den Lacken gegenüber, dürfen nur Farben verwendet werden, die einwandfrei sind und auf Weichmacherverträglichkeit geprüft wurden. Bei Beachtung all der erwähnten Punkte lassen sich Effekte erzielen, die einer Folienkaschierung kaum nachstehen.

4. Kapitel

# Die Verarbeitung von Kunstdruckpapieren

## Allgemeines über die Kunstdruckpapiere

Die nachfolgenden Ausführungen gelten als Einführung in die Artikelfolge, in denen über Erfahrungen bei der Verarbeitung gestrichener Papiere berichtet wird. In der „Verlagspraxis“ (Verlag Dr. N. Stoytscheff, Darmstadt) berichtet Herr Dr. Karl H. Salzmann in einem Beitrag „Über das Papier“ mit Bezug auf die Kunstdruckpapiere wie folgt:

„Es wäre wünschenswert, für Kunstbücher mit Bildreproduktionen künftig kein speckig-glänzendes Kunstdruckpapier mehr zu verwenden und dies auch in den Qualitätsbezeichnungen zum Ausdruck zu bringen. Im elektrischen Licht spiegelt es und schmerzt das Auge. — die ästhetischen Einbußen gar nicht berücksichtigt. Längst haben wir matte und leicht getönte Kunstdruck- oder Halbmatt-Kunstdruckpapiere mit wärmerer, samtartiger Oberfläche. Auch sie besitzen völlig geschlossene und ebene Oberflächen, die einen guten Halbton-Bilderdruck gewährleisten. Die bestehenden und parkettglatten Papiere und Chromopapiere wurden erst seit rund 60 Jahren für die Anforderungen des Autotypie-Bilderdrucks geschaffen. Ihre geschlossene Oberfläche verdeckt die Faserstruktur, das eigentliche Kennzeichen des Papiers, welches durch Verfilzen feinster Pflanzenfasern entsteht. Alle Kunstdruckpapiere haben ihre Haltbarkeit erst noch zu beweisen, kann sich doch unter ihrer gestrichenen und eleganten Oberfläche Holzstoff verbergen.“

Sowohl die gestrichenen (glänzenden) als auch die matten Kunstdruckpapiere sind der Werkstoff, den unsere Kunstanstalten und Verleger benötigen für eine Vielzahl von Erzeugnissen.

Die Vorbehandlung des Papiers zur drucktechnischen Verwendung ist ein sehr vielseitiges Thema. Die in diesem Fachbuch veröffentlichten Ausführungen geben beachtenswerte Hinweise, um bei der Verarbeitung Ärger und Schaden zu vermeiden.

Abgesehen vom Werkdruckpapier spielen die Kunstdruckpapiere in der Drucktechnik eine besondere Rolle. Man spricht von einem Streichen des Papiers und nennt die so ausgerüsteten Papiere gestrichene oder kurz Streichpapiere.

Die Oberfläche des Papiers läßt sich aber nicht nur als Kunstdruckpapier für den Buch- bzw. Offsetdruck herrichten, sondern sie ist auch mit den verschiedensten

Emulsionen zu präparieren, um in der Praxis der Verarbeitung zweckdienlich ihre Aufgabe zur weiteren Nutzbarmachung zu erfüllen.
Die folgenden papiertechnischen Abhandlungen sind vornehmlich auf die gestrichenen Papiere abgestellt, da diese neben dem Werkdruckpapier mit verschiedener Oberfläche und Volumen, rauh bzw. satiniert als das Grundmaterial für unsere Kunstanstalten zu betrachten sind für hochwertige, meist farbige Bildwiedergaben. Ich denke dabei zunächst einmal an die Post- und Glückwunschkarten, vielfarbig im Hoch- und Flachdruck, soweit sie nicht im Offsetverfahren hergestellt werden oder in Gold- oder Farbprägung auf den Stahltisch-Prägepressen. Wir werden grundlegende Fragen kennenlernen bei der Verarbeitung von Kunstdruckpapieren, wobei insbesondere über die matten Kunstdruckpapiere Wichtiges gesagt werden soll. Über diese wurde bisher sehr wenig in der Fachpresse berichtet, und doch ist dieses Thema wichtig insbesondere für die Herstellung hochwertiger Druckarbeiten, wie z. B. Tafelbilder in medizinischen, kunstgeschichtlichen oder naturkundlichen Werken.
Da zu der farbigen Reproduktion vor allem das Werkmaterial, nämlich das Papier, hinsichtlich seiner Beschaffenheit eine grundlegende Frage ist, habe ich aus meiner langjährigen Berufstätigkeit einiges Wesentliche berichtet, und ich hoffe, den interessierten Fachkollegen damit wertvolle Winke für die eigene Praxis zu geben.
Auf die Oberfläche des Papiers kommt es in erster Linie an, damit die Bogen ihren Zweck als Druckträger erfüllen. Es werden gerade an die Kunstdruckpapiere sehr hohe Ansprüche gestellt hinsichtlich ihrer qualitativen Beschaffenheit für den Bogenbuchdrucker zur Herstellung erstklassiger Druckerzeugnisse. Derartige Hinweise dürften daher die Fachwelt besonders interessieren.
Für einen einwandfreien Ausfall besonders hochwertiger graphischer Erzeugnisse sind neben der Papierqualität noch einige weitere, nicht unbekannte Voraussetzungen zu erfüllen. Vor allem einwandfrei geätzte Klischees, bei denen die Rasterwahl der zur Verwendung kommenden Papiersorte angepaßt sein muß.
Ein Haupterfordernis für das Gelingen einer einwandfreien Druckarbeit ist es, ein dafür geeignetes Papier zu besitzen, das den Ansprüchen für die Bedruckbarkeit in jeder Beziehung genügen muß. Man kann bekanntlich keine hochwertigen Bildreproduktionen im Buchdruck erzielen, wollte man zum Beispiel ein feinrastriges (zum Beispiel 60er Rasterklischee) auf einem Papier mit rauher Oberfläche (maschinenglatt Werkdruck) drucken. Ist die Satinage der Papieroberfläche des Textdruckpapiers (Werkdruck) nicht ganz einwandfrei, so muß für die Klischees ein gröberer Raster gewählt werden, als er für den Autotypiedruck auf gestrichenem Papier verwendet wird.
Es ist daher stets empfehlenswert, dem Klischeehersteller bei der Auftragserteilung eine Probe des in Aussicht genommenen Papiers zu übergeben, damit dieser danach die Rasterwahl bestimmen kann, soweit der Besteller das nicht bereits von sich aus tut.

Daß man auf Werkdruckpapier mit rauher Oberfläche Bilder drucken kann (Strichklischees), ist in Fachkreisen natürlich bekannt. Auf einer solchen Papiersorte werden aber nur normale Strichätzungen gedruckt, die beim Druck, wenn sie nicht zu flach geätzt sind — und natürlich bei sorgfältiger Zurichtung — gut herauskommen. Auf satiniertem Werkdruckpapier können auch Autotypien gedruckt werden, allerdings mit entsprechendem Raster, das am besten die Klischeeanstalt bestimmt, sofern sie Proben vom Auflagenpapier erhält.

Für den Druck feingerasteter Autotypien sollte ein zweimal gestrichenes Kunstdruckpapier verwendet werden, dessen Oberfläche völlig geschlossen sein muß, ohne Poren oder Unreinheiten (Knoten oder ähnliches) sowie ohne Streifenbildung, wie sie zuweilen bei Papieren mit Bürstenstrich auftritt.

Die im Berufsleben gesammelten kenntnisreichen Erfahrungen geben nicht nur den Herstellern, sondern vor allem den Verbrauchern derartiger Papiere wertvolle Hinweise. Diese zu kennen erscheint notwendig, will man sich Ärger und Schaden bei der Verarbeitung dieses so wichtigen Rohstoffes durch vorbeugende Maßnahmen ersparen.

Hat der Drucker einmal in seiner Praxis einen wirklichen Mangel an dem Papier bei dessen Verarbeitung festgestellt, dann mache er dem Lieferanten bzw. dem Hersteller direkt davon unverzüglich Mitteilung. Dieser wird die Sachlage prüfen und etwaige Schäden bei einer eventuellen späteren Anfertigung des gleichen Stoffes zu vermeiden bestrebt sein.

Nur dann, wenn Hersteller und Verbraucher Hand in Hand gehen, wird sich eine angenehme Geschäftsverbindung schaffen lassen. Der Papierlieferant und der Drucker werden sich den guten Erfolg bei der Verarbeitung des Werkstoffes Papier mit gleichem Recht zusprechen können.

## Das Bedrucken von Mattkunstdruckpapieren

Für einen einwandfreien Ausfall besonders hochwertiger graphischer Erzeugnisse sind zwei Voraussetzungen zu erfüllen, nämlich durchaus einwandfrei geätzte Klischees und diese angepaßt an die zur Verwendung kommende Papiersorte. Ein unabwendbares Haupterfordernis für das Gelingen einer Druckarbeit ist es daher, ein durchaus geeignetes Papier zu besitzen, das den daran gestellten technischen Ansprüchen für die Bedruckbarkeit in jeder Beziehung genügen muß.

Man kann bekanntlich hochwertige Buchreproduktionen im Buchdruck nicht erzielen, wollte man ein feinrastiges (z. B. 60er Raster) Klischee auf einem Papier mit rauher Oberfläche (maschinenglatt) drucken. Für feinrastige Autotypien muß ausnahmslos Kunstdruckpapier (also gestrichenes Papier verwendet) werden.

Empfehlenswert ist in solchen Fällen ein auf der Oberfläche möglichst zweimal gestrichenes. Dieses muß völlig geschlossen sein, ohne Poren oder Unreinheiten (Knoten oder ähnliches). Wir werden uns in der nachstehenden Abhandlung mit einigen grundlegenden Fragen bei der Verarbeitung von Kunstdruckpapieren beschäftigen, und zwar in der Hauptsache einmal *mit den matten Kunstdruckpapieren.*

Es ist das ein Thema, das in allen Einzelheiten zu kennen besonders interessant ist für die Herstellung erstklassiger Druckarbeiten, wie z. B. mehrfarbiger Reproduktionen alter Gemälde, Tafelbilder und medizinischen und naturkundlichen Werken usw., also für Verleger, die derartige hochwertige Werke als Sonderheit herausbringen.

Streichpapiere mit glänzender Oberfläche eignen sich für den autotypischen Bilderdruck am besten. Ihr spiegelnder Glanz, der dem Bild allerdings besondere Brillanz verleiht, wird andererseits wieder von vielen als sehr lästig empfunden, da er, vornehmlich bei künstlichem Licht, nicht wohltuend auf das Auge wirkt. Dieser Nachteil läßt es auch nicht zu, die dem Steindruck, Offset- und Tiefdruck eigenen Bildeffekte im Buchdruck auf glänzenden Streichpapieren zu erzielen, was bei Benutzung von Mattpapieren eher gelingt. Es ergeben sich dabei manche Schwierigkeiten, denen man nur bei genügender Erfahrung in diesem Sonderzweig der Drucktechnik leichter Herr wird.

### Schonende Behandlung

Vor allem muß darauf hingewiesen werden, daß Mattpapiere eine empfindliche Oberfläche haben und daher sehr schonend behandelt werden müssen.

### Große Druckspannung

Ein weiterer Nachteil bei der Verarbeitung der Mattstrichpapiere ist es, daß sie zum vollen Ausdrucken der autotypischen Druckflächen eine ziemlich große Druckspannung erfordern. Man wird deshalb zum Vordrucken solcher Papiere nur modernste Pressen verwenden. Von den Tiegeldruckpressen eignen sich nur die stärksten Modelle. Um Schwierigkeiten zu vermeiden, wähle man bei der Verarbeitung von Mattkunstdruckpapieren mit großen Bilddruckflächen die Zylinderschnellpressen. Aber auch bei deren Verwendung ist ein 100%iger Erfolg nur zu erzielen, wenn schon beim Einrichten der Form für möglichst großen Druckwiderstand gesorgt wird. Dazu gehört vor allem die Bettung der Klischeeplatten auf eiserne Unterlagestege, die Verwendung eines harten Aufzugs, dem durch ein Gummituch die nötige Druckelastizität gegeben wird.

Der hier benötigte starke Druck fördert erklärlicherweise die Abnutzung der Druckform. Bei Auflagen bis zu 20 000 Drucken kommt man wohl noch mit Klischees aus Zink aus, darüber hinaus ist es schon ratsam, solche aus Kupfer oder Elektron zu verwenden. Auch auf elektrolytischem Wege gehärtete Klischees kommen in Frage. Doch muß dann die Ätzung vorbildlich tief sein, damit mit dem Metallüberzug, der das Bild leichter macht, zu rechnen ist, umsomehr, wenn man beim Vernickeln der Klischees, wie vielfach üblich, zuerst einen Kupferniederschlag gibt. In neuerer Zeit gibt es einige gute Verfahren der direkten Klischeevernickelung, die hier am Platze sind.

### Zusätzliches Firnissen des Papiers

Ist der Strich des Mattkunstdruckpapiers nicht durch entsprechende Leimung gut an den Grundkörper gebunden, dann lagert er sich im Laufe des Druckes immer mehr auf der Klischeeplatte ab und setzt deren feine Partien allmählich zu. Man kann sich dann nur durch Waschen der Form helfen. Diese zeitraubenden Zwischenfälle werden umso öfter eintreten, je weniger tief das Klischee geätzt ist, sei es, daß es nicht eine genügende Tiefätzung erfahren oder durch Abnutzung an Punkttiefe verloren hat. Wo aber in Bezug auf Tiefätzung ganz einwandfreie Klischees benutzt werden, wo das Verschmieren der Form auch nicht auf die Farbe, sondern einzig nur auf den schlecht gebundenen Strich des Papiers zurückzuführen ist und das Papier trotzdem verwendet werden muß, kann man eine Abhilfe nur durch Grundieren der Papieroberfläche mit Firnis treffen. Man hebt die Bilderform vorübergehend in die Presse ein, richtet Register und Stellung genau aus und zieht dann eine Anzahl von Standbogen ab. Dann stellt man für jedes Klischee in genauer Größe seiner Druckfläche eine aufgeholzte Tonplatte, am besten aus Zelluloid, her, schließt hierauf diese Tonplatten zu einer Druckform und paßt sie mittels der Standbogen genau ein.
Bei Verwendung sogenannter Druckhilfsmittel ist Vorsicht geboten, die als Trocken- und Härtemittel der Farbe zugesetzt werden. Zu dieser Abhilfe darf man keineswegs greifen, wenn der Bilderdruck in Doppeltonfarben ausgeführt wird, denn die Firnisgrundierung würde das Ausfließen des Begleittons sehr hemmen, wenn nicht ganz verhindern. Die für den Mattdruck als Spezialfarben eigens geschaffenen sogenannten Mattdruckfarben sind sehr häufig auf Doppeltonwirkung berechnet. Der Drucker muß sich daher vor Verwendung solcher Farben über deren Eigenschaft vollkommen klar sein, sonst verfällt er, dem einen Fehler abhelfend, leicht in einen anderen, weit belangreicheren.
Übrigens ist die schlechte Bindung des Striches vielfach auf seine Auflockerung durch starke Papierfeuchtigkeit zurückzuführen. Man wird deshalb von Haus aus für trockene Lagerung des Mattpapiers sorgen müssen. Dadurch beugt man den erwähnten Druckschwierigkeiten wirksam vor und erspart sich später eine unliebsame Mehrarbeit.
Die Unannehmilchkeit, daß die Druckform durch abgelöste Strichteilchen „zugesetzt" wird, zeigt sich noch in anderer Art: von schlecht geleimten Mattkunstdruckpapieren bröckeln beim Schneiden leicht Strichstäubchen ab, die auf die Bogen fallen und mit diesem auf die Form kommen. Dies geschieht auch mit allen anderen abgelösten Körnchen des Papierstrichs.

### Bronzieren von Drucken auf Mattkunstdruckpapier

Auch derartig beschaffenes Papier erfordert eine gewisse Sonderbehandlung. Manchmal hilft es schon viel, wenn man die Seitenkanten des Auflagestapels, an denen gewöhnlich der meiste Papierstaub haftet, mit einer Bürste kräftig säubert. Mitunter wird es sogar notwendig, das Papier bogenweise beiderseitig zu über-

wischen. Das ist eine sehr umständliche und zeitraubende Arbeit, und es wird freudig begrüßt, wenn eine Talkumiermaschine zur Verfügung steht, deren Abstaubapparat für diese Arbeit herangezogen werden kann. Erhebliche Schwierigkeiten bereitet auch nicht zu selten das Bronzieren auf Mattpapieren, besonders wenn deren Glanzlosigkeit durch stark verminderte Glätte erreicht worden ist. Der Fehler zeigt sich darin, daß Bronzestaub auch auf allen nicht bedruckten Stellen des Papiers mit festhaftet und schwer wegzubringen ist. Da die Ursache z. T. auch an der Fettigkeit des Bronzestaubes liegt, muß man in solchen Fällen möglichst fettarme Bronze verlangen. Ein bewährtes Mittel ist es auch, etwas dunklere Bronze zu wählen und sie durch einen entsprechenden Zusatz von Magnesia oder Talkum aufzuhellen. Diese Beimengung bindet das Fett der Bronze, macht sie also weniger klebrig, darf aber nicht zu stark übertrieben werden, da sonst die Bronze auch an den Druckstellen weniger gut haftet.
Die Oberflächenbeschaffenheit des Mattpapiers bringt es mit sich, daß eine volle Deckung größerer Kraftstellen der Bilder einen ansehnlichen Mehraufwand an Farbe erheischt. Wenn das Papier schwach geleimt ist, begünstigt das rasche Wegschlagen der Farbe deren Auftrocknen am Papier, sonst muß man mit einem entsprechenden Trockenstoffzusatz arbeiten. Bei Verwendung von Doppeltonfarben soll das Sikkativ weniger ein Mittel zur Förderung des Trocknens als vielmehr zur Härtung des Druckes sein, weil rasches Trocknen das Ausfließen des Tons behindert und man damit zufrieden ist, wenn der getrocknete Druck sich nicht mehr abscheuern läßt. Daher muß das Trockenmittel entsprechend gewählt werden; es empfiehlt sich in dieser Hinsicht, den Rat einer sachkundigen Druckfarbenfabrik einzuholen. Das borsaure Manganoxydul wirkt sehr gut härtend. Eine solche Härtung ist hier um so mehr am Platze, als der Druck auf Mattpapier durch die Zusammensetzung der dabei verwendeten Farbe einen samtartigen Mattglanz erhält, der schon durch leichtes Scheuern beeinträchtigt wird.

### Der Mehrfarbendruck

Bei Mehrfarbendruck auf Mattpapieren kann man nach Skalendrucken, die auf gewöhnlichem Kunstdruckpapier hergestellt wurden, schwer arbeiten. Da muß man schon auf Mattpapier mit dazu geeigneter Mattfarbe ausgeführte Skalendrucke vom Chemigraphen verlangen oder solche Muster bei einem Probedruck selbst anfertigen. Es empfiehlt sich, ziemlich satt zu drucken, besonders das Gelb, das beim Auftrocknen stark zurückgeht. Bei dem Drei- und Vierfarbendruck treten bekanntlich leicht Schwierigkeiten auf, wenn die erste Farbe also Gelb, sehr saftig gedruckt werden muß, weil dem Papier dadurch viel an Saugfähigkeit für die Annahme der weiteren Farben genommen wird und diese sich dann nur widerwillig von der Form abheben lassen. Mattdruckgelb wird im allgemeinen von den Fabriken schon sehr kräftig gehalten. Wo diese Stärke noch nicht genügt, ist es angezeigt, Chromgelb zu verwenden, das sehr gut deckt. Man kann dann mit bescheideneren Farbmengen auskommen, um so mehr, als es nach dem Trocknen eher nachdunkelt und man daher nicht mit einem Nachlassen der Intensität rechnen muß. Werden Mattpapiere mit stärkerer Leimung verwendet, dann ist die gute Bindung der Farben an das Papier durch Trockenstoffzusätze zu sichern. Daß für Mehrfarbendruck nur Mattpapiere mit ganz reiner Weißfärbung in Betracht kommen, ist erklärlich. Reproduktionen von Aquarellen lassen sich auf diesen Papieren sehr gut ausführen, da ihr Aussehen dem Aquarellpapier eher entspricht als das normale Kunstdruckpapier. Hingegen ist Mattpapier für die Wiedergabe von Ölgemälden mit markanter Pinseltechnik weniger geeignet, da seine Glanzlosigkeit sich in einer Verminderung der Brillanz äußert.

### Klimatisierung des Papiers

Im Buchdruck grundiert man heute nur noch selten das Papier, um es vor dem Einfluß der Feuchtigkeit zu schützen und so Paßdifferenzen beim Druck vorzubeugen. Das Überdrucken ganzer Bogen mit einer geschlossenen Firnisschicht bereitet erhebliche Schwierigkeiten. Zeitgemäß eingerichtete Betriebe verfügen über Klimatisierungsanlagen, die eine Übereinstimmung der Lufttemperatur und der Feuchtigkeit des Papierlagers mit jenen des Druckersaales leicht ermöglichen. Ansonsten ist das Papier eine entsprechende Zeit vor dem Auflagedruck in den Maschinensaal zu bringen, um ihm hier Gelegenheit zu geben, sich dessen Temperaturverhältnissen anzupassen. Um dies zweckmäßig zu ermöglichen, wird die Auflage in kleineren Partien gestapelt und öfter umgelegt.
Für den Trockenprozeß ist die Verwendung des Druckbestäubers während des Druckvorganges geradezu eine Voraussetzung. Man denke einmal an die früher übliche Methode des Ein- und Ausschießens der Bogen womöglich vor und nach dem Druck in Makulatur. Dieser Vorgang fällt heute bei den modernen Druckverfahren fort und ermöglicht dadurch ein rationelles Arbeiten sowohl hinsichtlich der technischen Aufbereitung durch den früher langwierigen Trockenprozeß als auch durch die Einsparung manueller Arbeiten durch das Personal.
Über Mattkunstpapier soll noch gesagt werden, daß man sich bei dessen Anschaffung nicht allein vom Aussehen der Musterbogen leiten lassen soll. Hier ist in erster Linie die Druckeignung maßgebend, die man durch bloße Prüfung mit dem Auge nicht beurteilen kann. Am sichersten fährt man, wenn man auf Musterbogen Probedrucke vornimmt. Das ist besonders bei Verwendung ausfließender Mattfarben notwendig, denn dann kann man schon vor dem Auflagedruck feststellen, ob das Papier auch eine gute Entwicklung des Doppeltones zuläßt.

### Farbverbrauch ist größer

Die Mattpapiere brauchen viel Farbe. Dadurch ist der Farbverbrauch auch weit größer als auf normalem Kunstdruckpapier, ein Umstand, der bei genauer Druckkostenvorberechnung nicht übersehen werden darf.
Die volle Farbdeckung schwerer Druckflächen läßt sich meist nur bei verminderter Maschinengeschwindigkeit erzielen, wie überhaupt im Mattdruck nicht mit

einer vollkommenen Ausnutzung der Leistungsfähigkeit der Druckpresse zu rechnen ist.

H o c h s a t i n i e r t e I l l u s t r a t i o n s d r u c k p a p i e r e
Man ist heute in der Herstellung von hochwertigen typographischen Bilddrucken nicht nur auf Mattkunstdruckpapiere angewiesen, da auch die hochsatinierten Illustrationsdruckpapiere in vorzüglicher Qualität für den Druck von Autotypien hergestellt werden.
Diese Erzeugnisse, die ihre Eignung für Autotypiedruck vornehmlich durch entsprechende Füllung des Stoffes erhalten, erfordern eine weit weniger schwierige Behandlung, sie sind durchschnittlich preislich wohlfeiler als gestrichenes Mattpapier und lassen sich ohne besondere Schwierigkeiten infolge der Satinage verdrucken. Es wird daher mit Vorliebe für den Druck illustrierter Werke und Zeitschriften verwendet, sowohl auf den Buchdruckschnellpressen als auch auf den Tiegeln. Die Verarbeitung dieser Papiere läßt eine große Druckgeschwindigkeit zu. Da die Farbbindung sehr befriedigend ist, kann man bei Verwendung einer entsprechenden Farbe ein gutes Druckresultat erzielen.
In Buchdruck herzustellende Kunstblätter mit tiefdruckähnlichem Aussehen — ein Verfahren, das meist als Typotiefdruck bezeichnet wird — stellen an den Drucker sehr große Anforderungen und erfordern für diesen Sonderzweck eigens angefertigte Klischees aus Hartmetall.

## Mehrfarbendruck auf matten Kunstdruckpapieren

Das Nichtpassen einzelner Farben bei mehrfarbigen Buchdrucken ist eine im Flachdruck weit öfter auftretende Erscheinung als im Buchdruck. Die Ursache ist in der Dehnbarkeit der Streichpapiere, hauptsächlich aber in der beim Flachdruck unbedingt nötigen Druckplattenbefeuchtung während des Fortdrucks zu suchen. Besitzt das Streichpapier eine etwas zu starke Saugfähigkeit, d. h. ist der Strich nicht genügend leimhaltig, so schlägt die darauf gebrachte Feuchtung ein und teilt sich schließlich auch dem Rohstoff mit, der als Träger der Streichschicht dient. Das aber hat dann die Dehnung des Papiers während des Druckes zur Folge, und das Nichtpassen der Farben ist dadurch leicht erklärlich. Aus diesem Grunde soll die Feuchtung stets den zu verdruckenden Papieren angepaßt werden. Ein stark leimhaltiges Streichpapier kann eine etwas ausgiebigere Feuchtung vertragen, wohingegen schwach geleimte Papiere eine nur mäßige Feuchtung erfordern.
Die Schuld braucht indessen nicht immer in der übermäßigen Feuchtung, also am Drucker zu liegen. Die gut leimhaltigen Streichpapiere zeigen sehr oft den gleichen Mangel, auch wenn mit wenig Feuchtung gedruckt wird. Dann hat sich das Papier vielleicht gedehnt, weil es zu wenig ausgelagert, oder, was weit häufiger geschieht, in einem ungeeigneten Lagerraum verwahrt wurde, wo es ungeschützt abwechselnd Hitze oder Kälte, Feuchtigkeit und Trockenheit ausgesetzt war. Dadurch wird naturgemäß die Verdruckfähigkeit beeinträchtigt.

Ein so mißhandeltes Streichpapier, ob es nun Chromo- oder Kunstdruckpapier ist, kann dann bei mehrfarbigem Flach- und Hochdruck niemals passende Farbendruckauflagen ergeben. Von diesem Zeitpunkt an, da es nach den zunächst gleichmäßig temperierten Druckereiräumen gebracht und dort der Lufteinwirkung während des Druckens, Auslegens usw. ausgesetzt ist, beginnt es, sein Format zu verändern. Wenn die erste Farbe heruntergedruckt ist und die zweite an die Reihe kommt, zeigt sich das Nichtpassen in der unangenehmsten Weise. Das Papier hat sich aber während des Druckens der ersten Farbe in der Größe verändert und der gute Ausfall der Arbeit ist stark in Frage gestellt. Dann werden oft die verschiedensten Versuche gemacht, das Papier wieder so weit zu beeinflussen, daß es einen annähernd passenden Druck ergibt, das heißt, es wird Material und Zeit verschwendet und doch kommt nichts Gutes dabei heraus, denn die weiter folgenden Farben zeigen beim Druck keine besseren Ergebnisse, und ein gut Teil der Auflage sind Fehldrucke geworden.

Die Ein- oder Mehrfarbendruckpapiere (Streich- und Naturpapiere) müssen also unbedingt einwandfrei gelagert werden, gleichviel, ob sie im Flach- oder Hochdruck verarbeitet werden sollen. Wenn man sich einmal der Mühe unterziehen wollte, die beim Druck durch schlecht gelagerte Papiere sich ergebenden Zeitversäumnisse, den Materialverbrauch usw. nur während eines Monats genau zu berechnen, dann würde man sehr rasch auf Abhilfe sinnen. Im Flachdruck sucht man sich gegen das Nichtpassen dadurch zu schützen, daß die Streichpapiere vor dem Druck mit einer dünnen Firnisschicht in der Schnellpresse überdruckt werden. Dadurch wird das Papier gestreckt und gleichzeitig die allzu starke Saugfähigkeit der Schicht zum größten Teil beseitigt. Dagegen wird für den Drei- und Vierfarbendruck nichts dergleichen getan. Bei Glanzpapieren erübrigt sich das Firnissen, denn wenn keine Lagerfehler der vorbezeichneten Art vorliegen, hätte es gar keinen Zweck, da die harte Glanzschicht das Einschlagen und das daraus entstehende Blaßwerden der Farben verhindert, während bei Mattkunstdruckpapieren sehr stark mit dem Einschlagen oder Aufsaugen der Farben zu rechnen ist. Im letztgenannten Fall kann das Firnissen bestens empfohlen werden, um das Zurückgehen und Blässerwerden der Farben möglichst aufzuhalten. Wenn im Farbenbuchdruck mit dem leidigen Nichtpassen nicht so sehr wie im Flachdruck gerechnet zu werden braucht, weil das Feuchten in Fortfall kommt, so kann trotzdem auf Mattkunstdruckpapier das Nichtpassen sich weit leichter einstellen als auf Glanzpapier. Denn wenn die ersten mit ihrer saugfähigeren, also feuchtigkeitsempfindlicheren Schicht dem Wechsel der Temperatur in ungeeigneten Lagerräumen ausgesetzt waren, müssen sie folgerichtig während der Verarbeitung in den mehr gleichmäßig temperierten Druckereiräumen ihr Format insoweit ändern, daß ein genaues Ineinanderpassen der einzelnen Farben unmöglich erzielt werden kann.

Bei den meisten Drei- und Vierfarbendrucken treten die Paßdifferenzen nicht so stark hervor wie bei den lithographischen Vielfarbendrucken, doch bei genauerem

Vergleich mit den von den Ätzanstalten gelieferten Probedrucken machen sich die Unstimmigkeiten sehr störend bemerkbar. Wenn der Passer auch haargenau ist und die Farben nicht im geringsten verblaßt sind, so lassen doch die in der Druckerei hergestellten Buntdruckauflagen in dieser Beziehung oft viel zu wünschen übrig. Die Saugfähigkeit und Dehnbarkeit des Auflagenpapiers trägt also hier die meiste Schuld, und wenn dann noch die Farben möglicherweise etwas zu sehr verdünnt oder mit allerlei fraglichen Mittelchen verdorben worden sind, dann haben die Bilder die Übereinstimmungen mit den Originalen und den An- und Probedrucken fast ganz verloren. Zuweilen unterläuft auch der Fehler, daß die Drucker wegen des starken Einschlagens der Farben mit zu viel Farbe die nötige Deckung zu erreichen versuchen, was zum Beispiel gewöhnlich nach der gelben Farbe beim Rotdruck geschieht. Das auf der weißen Fläche weniger sichtbare Gelb ist zurückgegangen, und nun stimmen die beiden Farben schon nicht mehr überein, und die Wirkung nach dem Blau (Dreifarbendruck) und nach dem Schwarz (Vielfarbendruck) ist dann völig abweichend. Das empfohlene Firnissen der Mattpapiere verändert die reine weiße Streichschicht nicht im geringsten, ebenso wird die Saugfähigkeit nicht gänzlich aufgehoben, sondern nur herabgemindert, wenn diese wichtige Vorarbeit nicht sachgemäß geschieht.

Ist mit der Buchdruckerei eine Steindruckerei verbunden, so ist das sehr vorteilhaft, denn die Steindruckschnellpressen sind für den Flächendruck und demnach auch für das Firnissen weit geeigneter als die Buchdruckpressen. Das Firnissen kann in denkbar gleichmäßiger Weise vorgenommen werden, und das Dehnen oder Strecken der Papiere erfolgt hierbei ganz gleichmäßig und bis zum Grade, den die Eigenschaft der Papiere zuläßt, so daß eine nachträgliche Dehnung, also das Nichtpassen, nach Möglichkeit eingeschränkt wird.

Das Firnissen in der Steindruckschnellpresse geschieht in der Weise, daß zuerst ein absolut plan geschliffener Stein etwas größeren Formates wie üblich eingerichtet wird. Es wird nur eine mittelmäßige Spannung gegeben, während die Wischwalzen aus der Maschine entfernt werden. Als Firnisgrund ist zu zwei Dritteln schwacher und zu einem Drittel mittelstarker Firnis im Farbkasten zu vermischen. Man setzt dann noch ein wenig Kremserweiß und eine Spur Miloriblau zu, um das gelbliche Aussehen der Firnismischung aufzuheben, das heißt, um das reinweiße Aussehen der Papiere zu erhalten. Schließlich wird noch eine Wenigkeit feinstgemahlene Bologneser Kreide beigefügt, worauf nach richtiger Einstellung des Farbwerkes das Firnissen ganz so, als wenn gedruckt wird, erfolgen kann. Das Papier soll nur eine leichte und gleichmäßige Firnisschicht erhalten; demnach darf niemals allzu viel aufgetragen werden, denn dann würde es seine Saugfähigkeit ganz verlieren, was wieder zu anderen Übelständen führt. Das Farbwerk ist deshalb so einzustellen, daß die Firnisabgabe gleichmäßig erfolgt. Sobald das Papier den Zylinder verläßt, ist es mit gut temperiertem Einschießpapier zu durchschießen. In ihm bleibt das Papier bis zum Beginn des Buntdrucks liegen. Es ist noch zu beachten, daß dann auch im Buchdruck das Papier an derselben

Greiferstelle angelegt wird, an der es in der Steindruckschnellpresse gefaßt wurde, das heißt also, Greiferseite bleibt Greiferseite. Dies geschieht mit Rücksicht auf die beim Firnissen eingetretene, wenn auch ganz geringfügige Dehnung der Papiere. Soll das Firnissen auf der Buchdruckschnellpresse erfolgen, so muß auch in der gleichen Weise vorgegangen werden. Das Hauptaugenmerk ist auf eine vollkommen plane Druckplatte zu richten, denn wenn sich geringfügige Unebenheiten oder Vertiefungen in der Platte befinden, so erhält man keine gleichmäßige Firnisgrundierung. Die Tiegeldruckpresse eignet sich nicht zum Firnissen. Wenn der Farbendruck auf ihr vorgenommen wird, so soll das Firnissen auf der Schnellpresse vorgenommen werden, schon wegen der Dehnung der Papiere. Als Firnisplatte eignet sich am besten eine 3 bis 4 mm dicke, neue Hochätzungsplatte, die auf einer ganz ebenen Unterlage aufgeschraubt ist. Eine solche Platte kann unbeschränkt dem gleichen Zweck dienen, wenn sie nach Gebrauch sauber mit Terpentinöl (nicht mit Lauge) gereinigt, mit Talg oder Vaseline eingefettet und vor jeder Beschädigung gesichert verwahrt wird. Selbstverständlich muß die Zinkplatte etwas größer als das zu firnissende Papier sein, damit dieses bis an die Ränder von der Grundierung bedeckt wird. Der Gang der Maschine soll nur mittelmäßig sein, damit man einen gleichmäßig dünnen Firnisauftrag erzielt. Ganz besonders muß auf völlig fehlerfreie Beschaffenheit der Walzen geachtet werden, denn nur so ist eine der Sache entsprechende Grundierung der Papiere zu ermöglichen. Das Farbwerk ist sehr sorgfältig so einzustellen, daß vom ersten bis zum letzten Bogen eine gleichmäßige Firnisabgabe auf die Walzen erfolgt.

Das gefirnißte Papier ist gegen die Aufnahme von Feuchtigkeit während des Buntdruckes geschützt, und auf diese Weise wird ein guter Passer erzielt.

5. Kapitel

## Die Oberflächenveredelung durch Beschichten

In meinem 1956 im Verlag Herbert Cram, Berlin W 35*), erschienenen Fachbuch „Die Veredelung des Papiers“ wird über Streichpapiere von einem fachkundigen Mitarbeiter wie folgt berichtet: „Schauen Sie sich ein Kunstdruckpapier einmal genauer an: es muß rein weiß und glatt sein. Man sollte annehmen, daß es sich darauf gut drucken läßt. Dieses Papier ist nicht so aus der Papiermaschine gelaufen. Es hat einen Veredelungsprozeß durchgemacht: Es ist auf einer Streichanlage ‚gestrichen‘ worden.“

Zum besseren Verständnis dieses Begriffes diene ein Vergleich mit der Veredelungstechnik in der Holzindustrie. Dort werden weniger wertvolle Hölzer mit einer dünnen Schicht beklebt, d. h. „furniert“. Damit werden Aussehen und Eigenschaften des edleren Materials angenommen.

Der gleiche Gedanke liegt der Oberflächenveredelung von Papier zugrunde: Ein einfacher „Träger“ — die Rohpapierbahn — wird durch ein- oder beidseitiges Beschichten in Form eines weißen oder farbigen Aufstrichs veredelt. Das heißt: Die Poren des Rohpapiers werden geschlossen, seine Farbe verbessert, seine Griffigkeit erhöht, der Glanz durch Nachbehandlung (z. B. Satinieren und Bürsten) gesteigert und hierdurch die für das Bedrucken wichtigen Voraussetzungen geschaffen.

Die für den Steichprozeß verwendete Streichmasse besteht im wesentlichen aus Kaolin, Satinweiß (einem Produkt aus gelöschtem Kalk und Alaun) und Blanc fixe (ein Schwerspat-Produkt), die mittels Kasein oder Stärke gebunden werden. Die richtige Abstimmung der Bestandteile untereinander und die Beigabe von Zusätzen, die für die Qualität des Striches ausschlaggebend sind, schließen einen reichen Erfahrungsschatz der Streichereien ein und bergen noch manches Geheimnis in sich.

---

*) „Die Veredelung des Papiers“; Technischer Verlag Herbert Cram, Berlin W 15. DIN A 5, mit 10 Figuren von Schnitten und Geräten in Text sowie einem Anhang mit Abbildungen von Maschinen 153 Seiten, Halbleinen 9,80 DM. (Der Luftbürstenabschnitt ist durch drei Werkfotos illustriert.)

Die Herstellung gestrichener Papiere nahm ihren Anfang etwa in der zweiten Hälfte des vorigen Jahrhunderts. Schon sehr bald wurden dazu maschinelle Hilfsmittel herangezogen, unter denen die Bürsten-Streichmaschine ihre Stellung bis in die jüngste Zeit behauptete.

In Deutschland arbeiten die Werke zur Herstellung von Streichpapieren nach meiner Kenntnis noch nach dem Bürsten-Streichverfahren.

Es ist sehr erfreulich festzustellen, daß die Technik unermüdlich fortschreitet und immer wieder neue Maschinen auf den Markt bringt, die Verbesserungen technischer Arbeitsvorgänge auch in wirtschaftlicher Beziehung erkennen lassen.

Die Beschichtung der Papieroberfläche gehört zu diesen erfreulichen Tatsachen.

„Streich-*), Färb- und Auftragmaschinen mit Luftbürsten-Verstreicheinrichtung dienen zur Herstellung einseitig gestrichener Chromo-, Kunstdruck-, Bunt-, Tapeten-, Baryt-, Diazo-, Bronze- und kunststoffbeschichteter Papiere oder Kartons bei Verwendung kasein-, stärke- und kunstoffleimgebundener Farben, Diazolösungen, wässriger Kunststoff-Dispersionen etc.

Besondere Vorteile bei Verwendung dieser Maschinen sind:

Ausgezeichnete Streich- und porenfreie Beschichtungseffekte bei höchster Gleichmäßigkeit der Auftragsstärke durch Überschußauftrag und Egalisierung bzw. Auftragstärkenregulierung durch Anwendung eines variablen Luftstromes (Luftbürste). Hohe Arbeitsgeschwindigkeit bei vibrationsfreiem Lauf durch schwere Konstruktion, zweckmäßige Formgebung und ausschließlich rotierende Bewegungen. Leichte Bedienung und Wartung durch Einwalzenauftrag und Wegfall von Verstreichbürsten, Verwendung nichtrostender Materialien, vollständig gekapselter Kugellagerungen usw."

Für den Fachmann steht es heute außer Zweifel, daß die Qualität des Luftbürstenanstriches gegenüber der Qualität des Dachshaarbürstenstriches wesentlich besser ist. Die hohe Qualität unter Anwendung der Luftbürste wird durch die Tatsache begründet, daß nach Aufbringen der Farbe keinerlei mechanische Berührung, wie dieses bei Dachshaarbürstenmaschinen zum Ausstreichen notwendig wurde, erforderlich wird. Daher zeigt auch bei kritischer Betrachtung die gestrichene Oberfläche keinerlei Markierung.

Ein weiterer nicht unwesentlicher Vorteil ist die mögliche hohe Arbeitsgeschwindigkeit, die mit Dachshaarbürstenmaschinen keineswegs zu erreichen ist.

Die Luftbürstenstreichmaschinen können bedenkenlos bis zu Geschwindigkeiten von 200 m/min, gegebenenfalls für noch höhere Geschwindigkeiten, eingesetzt werden*).

Sie arbeiten vollkommen vibrationsfrei und besitzen im wesentlichen nur rotierende in Kugellagern gelagerte Maschinenelemente wodurch ein Verschleiß weitestgehend unterbunden ist.

---

*) Aus dem Fabrikationsprogramm der Jagenberg-Werke Act.Ges. in Düsseldorf.

Erwähnt sei an dieser Stelle ebenfalls die nicht unwesentliche Unkosteneinsparung im Vergleich zu Bürstenmaschinen, bei denen die Dachshaarbürsten einer regelmäßigen Pflege und eines Ersatzes bedürfen.

Unter Anwendung der Luftbürste lassen sich ebenfalls wie vielfach heute üblich, ohne Schwierigkeiten Streichfarben verarbeiten, bei denen ein Teil des Kasein durch geeignete Kunststoff-Dispersionen ersetzt ist. Bei Bürstenmaschinen machen solche Farben insofern Schwierigkeiten, als die Sauberhaltung durch den Dispersionszusatz erschwert wird; nicht zuletzt haben auf Grund dieser Tatsache Streichfarben mit Dispersionszusatz schwerlich Eingang in Streichereien gefunden.

Es sei an die Herstellung von Tapetenfonds erinnert; gerade auch in dieser Branche erfreuen sich die Luftbürstenstreichmaschinen außerordentlich großer Beliebtheit, wie der Verkauf auf dem deutschen und ausländischen Markt schlagend beweist.

Die Luftbürstenmaschine kommt im wesentlichen zur Erzeugung von einseitig gestrichenen Materialien in Frage. Es gibt Fälle, wo sich die Produktion auf ca. 50% einseitig und ca. 50% doppelseitig gestrichenes Material beläuft, in solchen Fällen wurden mit Erfolg Anlagen geliefert, die mit zwei Luftbürstenstreichmaschinen ausgestattet sind, um auf diese Weise auch doppelseitig gestrichenes Material in einem Arbeitsgang herstellen zu können. Für das Streichen der Papieroberfläche sowohl mit Bürsten als auch im Luftbürstenverfahren ist es gleichgültig, ob es sich um holzfreie oder holzhaltige Papiere handelt. Beide Sorten lassen sich gleich gut mit der dafür bereitstehenden Streichmasse beschichten.

Ein weiterer Fortschritt dieses Maschinentyps stellt ein neuer Typ dar, der mit rotierender und bezüglich der Geschwindigkeit regulierbaren verchromten Glättwalzen ausgestattet ist*). Diese Maschine erlaubt es dadurch, daß die Papierbahn durch die Farbmulde gebracht wird, in einem Arbeitsgang doppelseitig gestrichenes Material herzustellen. Im wesentlichen beruht der Vorteil dieser Maschine darin, daß eine komplette Anlage im Vergleich zu einer Luftbürsten-Streichmaschine nur mit einer Glättwalzen-Maschine ausgestattet zu werden braucht.

Auch die Glättwalzenmaschine hat bereits in der Praxis Eingang gefunden und viele Streichereien besitzen neben der Luftbürstenstreichanlage auch eine Glättwalzenstreichanlage speziell in solchen Fällen, wo die Fabrikation von ein- und doppelseitig gestrichenen Chromo- und Kunstdruckpapieren in Frage kommt

---

*) Interessenten finden im Tafelanhang (Tafel XXXVII/2) die Wiedergabe des Werkfotos einer Auftragmaschine mit Verreiberwalzen aus dem Fabrikationsprogramm der Spezialmaschinenfabrik Hofmann & Schwabe KG., Krefeld.

## Verarbeitung empfindlicher Kunststoff-Dispersionen mit der Luftbürste*)

In der Papierausrüstung führt die Auftragung und gleichmäßige Verteilung moderner Kunststoff-Dispersionen im Mehrwalzensystem zu gewissen Schwierigkeiten. In der Luftbürste wurde daher eine geeignete Einrichtung geschaffen, um diese niedrigviskosen Systeme auch im Einwalzenauftrag in gut regelbare Auftragsdicken zu verteilen. Ihre Wirkungsweise, sowie die Anforderungen an das Trocknen und Glätten werden beschrieben.

Vielfältige, durch Dispergierung von festen oder Emulgierung von gelösten Hochmolekularen oder durch Emulsionspolimerisation entwickelte wäßrige Kunststoff-Dispersionen werden u. a. von der Verpackungsindustrie verwendet, um beschichtete Papiere mit guter Wasser-, Wasserdampf- und Fettdichte sowie Heißsiegelfähigkeit und nicht zuletzt zur Erzielung dekorativer Wirkungen herzustellen. Zwangsläufig bedingte diese Entwicklung die Gestaltung geeigneter Auftragmaschinen zur Verarbeitung von Kunststoff-Dispersionen. Für oft an der Grenze der Stabilität liegende Dispersionen führt die Verarbeitung mit den bekannten Mehrwalzen-Auftragwalzen zu Schwierigkeiten, z. B. zur Koagulation oder zu mangelhafter Beschichtung, da zufolge geringer Adhäsion nicht genug Dispersion oder diese mit ungleichmäßiger Verteilung über die Walzenoberflächen gefördert wurde.

Das Mehrwalzen-Auftragsystem mußte also nach Möglichkeit durch ein Einwalzensystem ersetzt werden, um die nachteilige Walzenreibung so gering als nur möglich zu halten und durch Anwendung des Einwalzen-Auftrages die Voraussetzung zu schaffen, daß genügende Mengen der niedrigviskosen, gutfließenden Dispersionen gefördert wurden. Durch Anwendung des Einwalzen-Auftragwerkes, das eine ausreichende gute Regulierung der Auftragstärken erschwert, erwuchs das Problem der Auftragsdickendosierung, um einen in seiner Dicke gleichmäßigen Film auf der Papierbahn zu erhalten. (Tafel II/2)

### Luft als Verstreich- und Egalisiermittel

Die Forderungen einer solchen gleichmäßigen Beschichtung bei genau regelbarer Auftragsdicke wurden durch Anwendung einer sogenannten Luftbürsten-Verstreicheinrichtung voll erfüllt. Das Prinzip der Luftbürsten-Verstreicheinrichtung ist seit Jahren bekannt, jedoch ging eine Düsseldorfer Maschinenfabrik bei der Entwicklung eigene Wege, so daß es namhaften deutschen und ausländischen Firmen möglich war, neuentwickelte Auftragmaschinen mit Luftbürsten-Verstreicheinrichtung erfolgreich einzusetzen. Erst durch diese Maschine wurde es möglich, die Eigenschaften vieler Kunststoffe voll auszuschöpfen.

---

*) Aus der Zeitschrift Kunststoffe, Carl Hanser Zeitschriftenverlag GmbH., München 27, 43. Jahrgang, 1953, Heft 3, Seite 130 u. 132.

Die Arbeitsweise der Luftbürsten-Verstreicheinrichtung wird im wesentlichen dadurch gekennzeichnet, daß die mit Überschuß auf die Papierbahn aufgebrachte Auftragmasse durch die zwischen den einstellbaren Luftbürstenlippen ausströmende Preßluft abgeblasen wird, wodurch der Auftrag egalisiert und eine in ihrer Auftragdicke völlig gleichmäßige, geschlossene, porenfreie Oberfläche erreicht wird.

Die Luftbürste besteht aus einem aerodynamisch gestalteten Hohlkörper, in dem die über ein Mehrstufen-Hochdruckgebläse erzeugte Preßluft lufttechnisch einwandfrei geführt wird.

Es lassen sich Trockenauftraggewichte zwischen 10 und 40 g/m² bei Papiergeschwindigkeiten zwischen 60 bis 300 m/min erreichen. Durch Veränderung der Luftpressung bzw. der Luftmenge lassen sich die Auftragsdicken leicht regeln. Weiterhin sind Vorkehrungen getroffen, die in gewissen Grenzen eine Anpassung an die verschiedenen Viskositäten ermöglichen.

Erwähnenswert ist, daß auch Maschinen gebaut werden, mit denen wahlweise mit Mehrwalzen- oder Einwalzenauftrag in Verbindnug mit der Luftbürste gearbeitet werden kann, um höher- und niedrigviskose Auftragmittel verarbeiten zu können.

### Trocknung

Besondere Beachtung verdient die Trocknung der beschichteten Papierbahn, damit die erzielten Auftrageffekte durch einen angepaßten Trockenprozeß aufrechterhalten bzw. gesteigert werden.

Deshalb wurden neue Wege in der Entwicklung raumsparender Kanaltrockner mit hoher Wirtschaftlichkeit beschritten. Bei der Trocknung muß vermieden werden, daß sich, bevor nicht das gesamte Wasser verdunstet ist, eine Haut auf dem Film bildet, um einer Blasenbildung durch die Trocknungshitze mit Sicherheit vorzubeugen. Nachbehandlung zur Verdichtung und Homogenisierung des Films kann durch evtl. im Kanal angeordnete, gruppenweise schaltbare Infrarotstrahler vorgenommen werden. Trockenfähigkeit der Auftragmasse und des Schichtträgers, Auftragsdicke, anzuwendende Trockentemperatur und Papierbahngeschwindigkeit beeinflussen Kanallänge und aufzuwendende Energie.

### Glätten

Gute Ergebnisse wurden mit einem hinter dem Trockenkanal angeordneten Walzenpaar erreicht, um die noch heiße Beschichtung zu glätten und zu verdichten und dadurch Poren, die durch den Trockenprozeß entstehen können, zu schließen. Material, an das hinsichtlich Wasserdampf-Undurchlässigkeit hohe Anforderungen gestellt werden sollen, sollte zweckmäßigerweise zweimal beschichtet werden.

Die besten Prüfergebnisse beschichteter Papiere erreichen glatte, hochsatinierte und gut geleimte Papiere mit einer hohen Strukturdichte und geschlossener Oberfläche.

6. Kapitel

# Die farbigen Überzugspapiere

## Die Buntpapiere, ihre Beschaffenheit und Verwendung in der schmückenden Industrie

Im Gegensatz zu den farbigen Papieren, die schon in der Papiermaschine gefärbt werden, wie Umschlag-, Prospekt- und Affichenpapier, wird bei den veredelten Buntpapieren der farbige Aufstrich in besonderem Arbeitsgange erst nach Fertigstellung des Papiers aufgebracht.

Die Buntpapiere bestehen vielfach aus geringwertigen Stoffmischungen, Holzzellstoff und Holzschliff, und daneben weisen sie auch hohen Gehalt an Füllstoffen auf. Gefärbt wird der Papierstoff mittels Teerfarben, die lebhafte Färbungen meist jedoch von nur geringer Lichtsbeständigkeit ermöglichen.

Im Gegensatz zu diesen Papieren haben die besseren Qualitäten gute Stoffzusammensetzung und die lebhaften Färbungen sind fast durchweg lichtbeständig. Die haltbare Stoffzusammensetzung ist nötig, denn die Fabrikation dieser Papiere, das Streichen, Glätten, Bürsten, Pressen und Prägen stellt Anforderungen an die Haltbarkeit.

Zu unterscheiden sind bei den Buntpapieren für die verschiedensten Verwendungsmöglichkeiten matte, gebürstete, kalandrierte, geglättete, geprägte, marmorierte und Emailpapiere. Zur Fabrikation dieser Papiere und zur Gewinnung neuer Muster von wirkungsvollem Aussehen ist viel Erfahrung notwenig neben kostspieligen Versuchen und entsprechenden Einrichtungen. Die Papiere selbst verhalten sich in der Verarbeitung verschieden, weshalb nachstehend zunächst einiges in Hinsicht auf die Verwendung der Klebestoffe, des Bedruckens mit Farbe, Bronze und Blattmetall gesagt sein soll.

Matte Buntpapiere zeigen gutgedeckten Farbaufstrich und sind deshalb in ihrer Färbung von zurückhaltend wirkendem Aussehen. Die Aufstreichfarbe wird mit einem glanzlosen Bindemittel, Leim, Gelatine oder Stärke, angemacht und mit Streichmaschinen mittels Bürsten auf die Papierbahn aufgestrichen und in gleichmäßiger Schicht verteilt. Die bestrichene Papierbahn wird automatisch mittels Fördereinrichtung in einem geheizten Raum fortbewegt, hierbei getrocknet und anschließend wieder aufgerollt. Stoffbeschaffenheit, mäßige Leimung und der in seiner Zusammensetzung die Glanzbildung vermeidende Farbaufstrich tragen dazu bei, ein gut gedecktes Buntpapier zu erhalten, dessen Streichfläche keinen Glanz aufweist. Das Papier wird bei besseren Sachen zu Zigarettenpackungen, Kassetten und diversen Pappgegenständen verarbeitet, die billigeren Sorten dienen zur Herstellung von Kotillonartikeln, Papierfächern, Laternen, Papierschirmen und dergleichen. In seinem Verhalten zu den Klebstoffen ist es wenig empfindlich, da neutrale Klebemittel ohne Einfluß auf den Strich sind. Damit der Farbstoff nicht abläßt, darf nicht zu naß gearbeitet werden. Beim Farbdruck nimmt es die Farbe gut an. Diese schlägt rasch ein. Deshalb empfiehlt es sich, der Druckfarbe etwas Trockenstoff hinzuzufügen. Besonders darf dies nie versäumt werden bei der Herstellung bronzierter Aufdrucke, weil sonst die Bronze nicht fest an den Druckträger gebunden wird. Wenn es sich um zu prägenden Bronzedruck handelt, ist reichlicher Zusatz an Trockenstoff notwendig.

Um eine mäßige Glanzbildung bei gebürsteten Papieren zu erzielen, wird der Streichfarbe Wachsmilch, Bienenwachs, Stearin usw. zugesetzt. Nach dem Trocknen wird die Papierbahn durch Bürstmaschinen geführt und auf ihrer Streichfläche gebürstet, so daß sich mäßige Glanzbildung einstellt. Beim Kleben verhält sich das Papier wie das vorerwähnte, wenn mit mäßiger Feuchtigkeit gearbeitet wird. Papierstoff, Leimung und Strich sind von Einfluß auf die Haltbarkeit von Farbe, Bronze und Blattmetall beim Bedrucken. Durch Beigabe von Trockenstoff ist dafür zu sorgen, daß der Aufdruck genügend Halt findet.

Kalandrierte, geglättete Papiere erhalten den Hochglanz der sie auszeichnet auf Kalanderwalzen. Der Farbstrich wird in geschilderter Weise vielfach unter Zusatz von Talkum, welches Glätte und Glanzbildung begünstigt, aufgebracht und nach dem Trocknen wird die Papierbahn durch mehrwalzige Glättkalander geführt, auf denen die Streichfläche gepreßt und geglättet wird. Die Walzen, aus gepreßtem Papier und Hartguß bestehend, sind, soweit Metallwalzen in Frage kommen, heizbar. Die Anwendung von Wärme steigert die Glanzbildung. Papiere dieser Art sind meist von griffiger Beschaffenheit, mindestens aber aus besserer Stoffzusammensetzung, was durch die Art der Herstellung dieser Buntpapiere notwendig ist. Die Verwendung ist eine ziemlich umfangreiche, z. B. zum Überziehen von Gebrauchs- und Luxuskartonagen, Packungen, Pappgegenständen der verschiedensten Art. Infolge der brillanten Färbung, des hohen Glanzes und der Geschlossenheit der gefärbten Fläche ist das Buntpapier in den stärkeren Sorten zur Herstellung von Schneidschriftplakaten gut geeignet. Beim Druck mittels Farbe ist die Wahrnehmung zu machen, daß die Farbe weniger willig angenommen, ja zuweilen sogar abgestoßen wird. Es liegt dies daran, daß der oft dickere Farbaufstrich von einesteils kreidiger, andernteils öliger oder seifiger Beschaffenheit ist, um ein genügend glattes, glänzendes Papier zu erhalten und die Art des Aufstrichs kommt der Farbennahme mehr oder weniger gut entgegen. Bei den für reinen Farbdruck bestimmten Papieren, wie sie in der Papierwarenfabrikation für Packungszwecke oft verarbeitet werden, ist bei der Bestellung gute und gleichmäßige Bedruckarbeit zu bedingen. Im übrigen lassen sich die stärkeren Sorten allgemein besser verarbeiten, d. h. im Aufdruck mit Farbe, Bronze, Blattmetall und auch für Klebezwecke, wenn man ihnen eine geringe Feuchtigkeit durch Auslegen in feuchten Räumen, Kellern usw. beibringt.

Alle die vorgenannten Papiersorten können durch Prägedruck auf ihrer Oberfläche verändert und mit den verschiedensten Mustern versehen werden. Es sind dann geprägte Papiere, unter denen das Moirépapier am bekanntesten sein dürfte. Geprägte Papiere werden hin und wieder zum Beziehen feiner Kassetten-Deckel verwendet.Dabei empfiehlt sich der Gebrauch wasserarmer, rasch trocknender Klebemittel, besonders bei Papieren mit erhabenen Mustern, damit diese durch Einwirkung der Feuchtigkeit nicht leiden.

Emailpapiere, die sich meist hart und hornartig anfühlen, setzen als Farbträger in der Regel halbkartonartige feste Papiere voraus. Streichen und Glätten geschieht in der geschilderten Art. Meist wird der Streichfarbe noch Glättweiß beigefügt, um dem Aufstrich Körper zu geben. Beim Bedrucken ist wegen der geschlossenen Flächenbeschaffenheit auf gute Klebkraft der Farbe durch Zusatz von Trockenstoff zu achten. Beim Kleben kann man den Klebstoff mit wasserhaltiger Beschaffenheit etwas einwirken lassen, damit das Papiergefüge geschmeidig und besser verarbeitungsfähig wird.

Marmorierte Papiere, in Färbung und Muster von unterschiedlichstem Aussehen, sind in den meisten Fällen von Hand gefertigt. Die flüssigen mit Klebstoff und Glanzmitteln versetzten Farben werden mittels Bürsten auf eine weiche Gelatineschicht gespritzt und da je nach den gewünschten Mustern mit Kämmen oder sonstigen Hilfsmitteln gezogen, so daß sich ein ineinanderlaufendes Farbmuster bildet. Dieses wird durch Abziehen auf Papier übertragen. Die Bogen dieser handgefertigten Muster zeigen unterschiedliche Gebilde. Billigere Sorten werden auch maschinell hergestellt. In der Verarbeitung sind sie so zu behandeln, wie dies bei den kalandrierten, geglätteten Papieren angegeben wurde.

Es soll nun noch kurz einiges über die harmonische Anwendung farbiger Papiere gesagt sein. Allgemein muß gelten, daß die Farbe auf den Gebrauchszweck Rücksicht zu nehmen hat. Man wird also lebhaft wirkende Farben dort vermeiden, wo der Gegenstand diskrete Farbenwirkung fordert. Am lebhaftesten wirken die roten, blauen, grünen und gelben Farben. Für ihre Anwendung allein oder in Verbindung mit anderen Farben werden der Zweck des Gegenstandes und der gute Geschmack entscheiden.

Die Harmonie bunter Papiere läßt sich durch Nebeneinanderlegen farbiger Papierstücke leicht beurteilen und dadurch kann das Gefühl für gute Farbenkontraste und der Geschmack für gute Farbenharmonien bei der Herstellung von Erzeugnissen aus Papier und Pappe gebildet und erweitert werden.

Rote Papiere bilden gute Kontraste mit Weiß, hellem Blau, Orange und Schwarz und gute Harmonie in der Gesamtwirkung wird mit hellem Rot, hellem Grau oder anderer heller Färbung erzielt.

Blaue Papiere, in den unterschiedlichsten Färbungen bis zum Schwarz gehend, ergeben starke Kontraste mit Orange, Weiß, Rot und in den helleren Färbungen mit Schwarz. Gute Harmonien werden in der Anwendung mit hellen, stumpfen, grünen Färbungen, hellem Grau und mit Gelb erzielt.

Grüne Papiere erfordern vorsichtige Wahl der Beifarben. Starke Kontraste bilden Gold, Weiß und hellrote Papiere. Schwarze Papiere ergeben bei hellen grünen Farben gute Harmonie. Die Art der grünen Farbe, ob hell oder dunkel, leuchtend oder stumpf, ist von Einfluß auf die Gesamtwirkung. Versuche mit entsprechend gefärbten Proben gewähren den besten Anhalt.

Gelbe und orangefarbene Papiere wirken lebhaft und dies wird gemildert, wenn wir uns konstrastreicher Papiere zur Verzierung bedienen. Solche sind Blau, Schwarz, stumpfes Grün und jede andere ins Dunkle spielende Farbe. Vorzügliche Harmonie wird mit weißem Papier und allen anderen leicht getönten Papieren erzielt.

Bunte Papiere von ausgesprochen kräftigem Farbcharakter können aufdringlich und hart wirken. Es sei deshalb auf Farbtöne von milder, weicher Wirkung auch auf Papierfärbungen von stumpfen, gebrochenem Farbaussehen besonders verwiesen. Diese vermögen einem Erzeugnis recht oft künstlerisches Aussehen zu verleihen, ohne daß es hierzu mehr Arbeit oder der Aufwendung besonderer Mittel bedarf. Ferner wird bei der Anwendung bunter Papiere fast stets eine gute Wirkung erzielt, wenn der Farbton der zweiten Papierfärbung wesentlich heller gehalten ist als diejenige Farbe, die für das Erzeugnis am ausgiebigsten Anwendung fand.

Metallpapiere, Gold- und Silberpapiere werden meist diskret angewendet. Wo es als ausschlaggebende Farbe zur Benutzung gelangt, da werden gute Kontraste mit jeder dunklen Farbe, hauptsächlich aber mit Schwarz erzielt. Dunkelblau, -grün und -braun lassen sich ebenfalls mit Vorteil verwenden. Farben, die dem Gold nahe kommen, wie Rot, Orange, Gelb sind möglichst zu vermeiden. Gute Harmonien ergeben Gold mit Weiß und allen anderen hellgetönten Papieren. Am besten wirkt Gold aber bei sparsamen Gebrauch (wie es z. B. beim Berändeln von Luxuskartonnagen zur Anwendung kommt).

Silberpapier wird vorwiegend nur bei Gelegenheitsarbeiten (Jubiläen) zur Verwendung kommen und als Verzierungspapier ist seine Anwendung auch beschränkt. Starke Kontraste geben alle dunklen Farben, gute Harmonien alle hellfarbigen Sorten.

Metallpapiere anderer Färbung wirken durch diese und ihren starken metallischen Glanz aufdringlich und dadurch in gleicher Weise die damit hergestellten Erzeugnisse. In Verbindung mit ihnen können hellgetönte Papiere zur Verwendung kommen, welche die lebhafte und grelle Metallfarbenwirkung herabzumildern vermögen.

## Die Beschaffenheit von Beklebe- und Überzugspapieren

Die Beklebe- und Überzugspapiere spielen eine große Rolle in der Veredelungstechnik.

Vor allen Dingen gehören hierher die Effektpapiere, deren farbige Ausschmückung direkt in der Papiermaschine vorgenommen wird, das Bedrucken und Masern mit Druckwalzen und ähnliche Verfahren, die aber alle mehr für Massenauflagen bestimmt sind, bei denen es auch auf Billigkeit ankommt.

Solche Erzeugnisse brauchen deswegen nicht den Eindruck des Schablonenmäßigen zu machen, es werden auch sehr beachtenswerte Fabrikate, die nach diesem Verfahren hergestellt sind, in den Handel gebracht. Das trifft allerdings mehr zu bei den sogenannten Effektpapieren, während bedruckte und ähnliche Papiere leicht schablonenmäßig wirken.

Es soll nun hier auch weniger von solchen Papieren die Rede sein, die man gemeinhein als Buntpapiere bezeichnet, sondern von Papieren, die wohl zu dieser Gruppe gehören und die zum Teil auch nach den gleichen Verfahren hergestellt werden, die aber infolge ihrer Ausführung besonders künstlerisch wirken. Natürlich haben sie auch einen höheren Preis und sind mitunter sogar zu den ausgesprochenen Künstlerpapieren zu zählen, für die eine maschinenmäßige Herstellung nicht einmal in Frage kommen kann.

Diese Papiere haben allerlei Phantasienamen, gehören aber doch zu den Beklebe- und Überzugspapieren und zu den Buntpapieren und müssen demnach Eigenschaften aufweisen, die sie geeignet auch zur fabrikmäßigen Verarbeitung auf Anleim- und Beklebemaschinen machen. Sie müssen also eine gute Klebefähigkeit haben und dürfen den Leim oder Kleister nicht durchschlagen lassen. Oft sind das allerdings Forderungen, die zur Herstellungsweise der Papiere in einem Widerspruch stehen, da die Anfertigung der Papiere oft darauf beruht, daß sie sehr saugfähig sind.

Saugfähige Papiere aber eignen sich nicht gut zum Bekleben, da sie einmal den Leim oder Kleister leicht durchschlagen lassen und das andere Mal wieder infolge der Saugfähigkeit die Feuchtigkeit aus dem Klebstoff rasch aufsaugen, so daß dieser nicht genügend zur Wirkung kommen kann. Man kann damit natürlich keine gute und dauernde Verbindung mit dem zu beklebenden Stoffe erzielen, so daß der Aufwand an Mühe und Arbeit nicht lohnen würde und die damit ausgestatteten Gegenstände bald unschön und unansehnlich werden.

Man kann nun allerdings in dieser Beziehung viel erreichen, wenn man die Konsistenz der Klebestoffe entsprechend wählt, wenn die Klebemasse also ziemlich dick ist, weil dadurch das Wasser weniger schnell aufgesaugt wird und der Klebstoff mit eindringt.

Eine große Rolle spielt bei der Beklebefähigkeit des Papiers auch die Härte des Stoffes, da diese wieder auf die Dehnung des Papiers einen großen Einfluß hat. Reine Zellulosepapiere z. B. dehnen sich sehr stark, wenn sie befeuchtet werden.

Bei den Überzugspapieren kann diese Befeuchtung, die doch durch den Kleister stets eintritt, sehr unangenehm werden, da diese Anfeuchtung nur auf der einen Seite erfolgt. Die Folge davon ist dann, besonders aber bei gut geleimten Papieren oder solchen, die auf der Oberfläche sonstwie imprägniert werden, ein Einrollen.

Es wird das bei allen mit Farbe behandelten Beklebepapieren der Fall sein, da sie eben nur auf der Oberfläche behandelt sind und die Farbe hier in die Poren und in die Fasern eindringt und diese weniger aufnahmefähig für Wasser macht oder doch die Wasseraufnahme verlangsamt. Das Papier muß also auf der durch den Kleister berührten Seite länger werden, so daß es einrollt. Infolge dieses Einrollens, das die Arbeit sehr erschwert, besteht nun die Gefahr, daß man beutelige und faltige Klebungen erhält.

Mit der Wahl des Kleisters muß man bei solchen Effektpapieren ebenfalls vorsichtig sein. Man muß, wo es nur irgend angängig ist, ganz neutrale Kleister verwenden. Andernfalls besteht die Gefahr, daß durch saure oder alkalische Klebstoffe die Farbe und der Effekt des Papiers beeinflußt oder verändert werden. Man tut also gut, bei der Bestellung des Kleisters dem Fabrikanten den Verwendungszweck anzugeben. Erst dann kann man sicher sein, den richtigen Klebstoff zu bekommen.

Es sollen hier nun einige dieser Überzugspapiere aufgeführt werden, ohne daß allerdings diese Zusammenstellung Anspruch auf Vollständigkeit erheben könnte. Papiere mit sammetartiger Oberfläche, die als bester Ersatz für Velour- und Sammetpapiere gelten können, in der Herstellung aber billiger sind und auch vielseitigere Wirkungen zulassen, werden von einer großen Papierfabrik hergestellt. Den Velourpapieren gegenüber weisen diese bei mindestens gleicher Wirkung den Vorteil der größeren Billigkeit und Widerstandsfähigkeit auf. Die Velourpapiere werden bekanntlich dadurch hergestellt, daß man auf das mit einem geeigneten Kleister bestrichene Rohpapier gesiebte Wollfasern und dergleichen streut und dann trocknet.

Bei Tapeten und ähnlichen Papieren, die keiner großen mechanischen Beanspruchung ausgesetzt werden, sind diese Überzüge genügend widerstandsfähig. Für Buch- und Kartenüberzüge sind sie aber weniger geeignet, da sich die Fasern beim Gebrauch leicht abscheuern, so daß die Papiere unansehnlich werden. Bei solchen Verwendungszwecken muß die Oberfläche sehr widerstandsfähig sein und darf sich auch durch Reiben nicht ohne weiteres entfernen oder beschädigen lassen. Wesentlich ist auch, daß sich dieses Überzugpapier leicht bemalen und bezeichnen läßt, besonders für Pastellmalerei ist es geeignet. Natürlich kann man es auch durch das Spritzverfahren verzieren.

Von dem Papier sind unter anderem folgende Eigenschaften zu verlangen: große Zähigkeit sowie Licht- und Säurebeständigkeit. Diesen Ansprüchen kann man gerecht werden, wenn man zähes und hartes Papier mit weichem, nach Bedarf auch beschwertem, dabei aber gut verfilztem Papier als Einlage zusammenklebt

oder zusammen gautscht und in üblicher Weise trocknet, dann nach dem Trocknen durch Lockern der weichen Einlage wieder spaltet.
Durch vorsichtiges, allmähliches Lösen der Verfilzung bleiben die freiwerdenden Faserenden mit dem Papierfilz immer noch fest verbunden und können auch durch starkes Reiben nicht ohne weiteres entfernt werden. Die hohe Zähigkeit in Verbindung mit dem weichen Faserfilz und mit großer Geschmeidigkeit geben dem Erzeugnis eine Beschaffenheit ähnlich dem Sämischleder.
Ein anderes als Lederaustauschstoff für den Überzug von Büchern usw. geeignetes Erzeugnis wird durch Tränken von Papierlagen mit tierischem Leim, Härten, Trocknen und Geschmeidigmachen hergestellt. Der teure tierische Leim kann zum Teil, und zwar bis zur Hälfte, auch durch Sulfitlauge ersetzt werden.
Man kann auch mit Leim gesättigte Papierlagen aufeinanderlegen und pressen oder walken und dann trocknen. Nachdem das erfolgt ist, wird eine Härtung mit Formaldehyd vorgenommen, wonach eine nochmalige Trocknung erfolgt. Nun wird das Erzeugnis mit hygroskopischen Chloriden oder anderen ähnlich wirkenden Mitteln wieder geschmeidig gemacht.
Das Formaldehyd kann in der handelsüblichen Konzentration verwendet werden oder auch in einer zehnprozentigen Verdünnung. Im ersteren Falle muß es tropfenweise zugesetzt werden. Durch das Zusetzen des Formaldehyds zur Sulfitlauge wird diese zunächst verdickt, darüber hinaus aber auch deren Mischungsfähigkeit mit dem Tierleim begünstigt, was sich bei dem feuchten Erzeugnis dadurch bemerkbar macht, daß dieses biegsamer als Leder und widerstandsfähiger als jeder andere Lederersatz wird, also sich für die mannigfachsten Zwecke als Überzugspapier gut eignet.
Den Anforderungen nach farbenfreudigen und geschmackvollen Überzugpapieren werden die Javakunstpapiere gerecht, deren Herstellung darauf beruht, daß man wieder auf die einfachen phantastischen Farbengebungen exotischer Völker zurückgegriffen hat. Man stellte wohl bisher solche Papiere auch auf maschinellem Wege in großen Mengen durch Druckverfahren her, die aber oft recht schablonenmäßig wirkten, wie das ja in der Herstellungsweise begründet ist. Das Javakunstpapier ist eine Vereinigung von Hand- und Maschinenarbeit, so daß bei genügender Wohlfeilheit auch die künstlerische Ausstattung und Gestaltung erhalten bleibt. Man verwendet dazu die bekannte Batiktechnik. Da die Herstellung die Verarbeiter einigermaßen interessieren wird, soll sie hier in großen Zügen beschrieben werden.
Zuerst wird ein Muster entworfen und dieses dann in Filz ausgeschnitten. Die so erhaltenen Filzstempel klebt man auf Holzwalzen auf, die in eine besonders dafür konstruierte Maschine eingelegt werden. Hier erfolgt nun zunächst das Bedrucken eines geeigneten Zellulosepapiers in Rollen mit flüssigem Wachs. Die so bedruckte Papierbahn muß durch ein Wasserbad gehen, damit das Wachs vom Wasser abgestoßen wird und der Anstrich nicht mehr ausfließen kann.

Man hat also auf dem Papier eine in Wachs abgedruckte Zeichnung. Dann wird das Papier in Bogen geschnitten und in einem besonderen Apparat zerknittert, so daß in der Wachsschicht Sprünge und Risse entstehen, die beim darauffolgenden Färben die Farbe aufnehmen. Das Färben erfolgt mittels Spritzapparat.

Die Technik dieses Verfahrens ist also zum Teil Handarbeit, zum Teil Maschinenarbeit. Trotz der Maschinenarbeit, die eine wirtschaftliche Erzeugung ermöglicht, wird aber der künstlerische und eigenartige Charakter der Papiere gewahrt, denn durch das Knittern werden die Risse und damit die Muster auf jedem Bogen anders. Wenn auch die Haupt- und Grundzeichnung infolge der Verwendung von Musterwalzen bei allen Bogen die gleiche ist, so werden doch die Details in jedem Bogen verschieden.

An Stelle der gemaserten Überzugspapiere, die verschiedene Holzarten, besonders aber Eichenholz vortäuschen sollen, und die für viele Zwecke vollkommen genügen, verwendet man heute ebenfalls besondere Papiere. Die Papiere werden zu diesem Zweck dem Holze entsprechend im Stoff gefärbt und dann zur Veredelung durch einen Gauffrierkalander gelassen, in dem sie mittels gravierter Stahlwalzen mit allen Kennzeichen dieser nachzuahmenden Holzarten versehen werden. Bei guter Durchführung des Verfahrens erzielt man Papiere, die für viele Fälle als Ersatz für echte Holzfourniere gelten können, aber den Vorzug besitzen, billiger zu sein und sich leichter verarbeiten zu lassen.

Auch auf alte Verfahren hat man zurückgegriffen, um neuartige Beklebe- und Überzugspapiere zu schaffen. Es sei da nur an die Kleisterpapiere erinnert. Die Verwendung dieser Papiere wird besonders noch dadurch begünstigt, daß sie sich billiger herstellen lassen und ohne eine große Apparatur hergestellt werden können.

Die Farbe wird mit dem Kleister verrührt und mit einem großen Pinsel auf gewöhnliches Papier aufgestrichen. Das ganze Werkzeug besteht dann aus einem Pinsel, einem Korken und einem Stück Holz, im Notfall genügt aber auch der Finger. Man führt damit auf dem Papier mannigfaltige Muster und Linien aus, wobei dem Geschmack und der Phantasie der weiteste Spielraum gelassen ist.

Will man große Auflagen herstellen, dann wird man gut tun, geschnittene Schablonen mit abgepaßten Mustern zu verwenden, für die man künstlerische Entwürfe wählen kann. Bei aller Gleichmäßigkeit des Musters wirken diese Papiere doch nicht schablonenhaft, da sie infolge der Wahl der Farben die größte Vielseitigkeit aufweisen können.

Neben diesen besonderen Papieren kommen fast alle bisher verwendeten Arten von Buntpapieren, vor allem auch die bekannten Marmorpapiere in neuen Mustern und Farbenzusammenstellungen wieder zur Anwendung. Eine große Rolle spielen dabei auch die Effektpapiere, die dem Batikpapier sehr ähnlich und neuerdings direkt auf der Papiermaschine hergestellt werden. Man kann auf diese Weise auf dem billigsten Wege die schönsten und vielseitigsten Muster erzielen, die eine große Verwendungsmöglichkeit haben.

In einer Zeit, in der mit dem üblichen Buchbezug, dem Leinen in allen möglichen Farbabwandlungen, sparsam umgegangen werden mußte, war das Buntpapier in seinen zahlreichen Abwandlungen hinsichtlich Musterung und Farbengestaltung ein Austauschstoff von grundlegender Bedeutung für die wirkungsvolle, farbliche Ausgestaltung der Buchproduktion.
Wenn auch dieser frühere Materialengpaß durch die Zeit längst überwunden ist, so hat man bei der Ausstattung der weniger kostbaren Bücher doch nicht auf die Verwendung zum Teil ein- oder mehrfarbig bedruckter, wohl auch bereits im Stoff gefärbter Buntpapiere verzichtet.

## Gespritzte Papiere

In allen Zweigen der Papierausstattung spielt das gleichmäßige Auftragen fein verteilter Farb- und Klebeflüssigkeiten eine bedeutende Rolle. Der Pinsel aber, das einzige Instrument, mit dem man bisher diese Arbeit ausführen konnte, bietet mancherlei Mißhelligkeiten.
Pinsel sind teuer; sie arbeiten unökonomisch, da beim Abtropfen und beim Reinigen Farbe und Klebstoff verloren geht; sie erlauben nur ein langsames und mühsames Arbeiten und verlangen große Übung und Geschicklichkeit neben einem ausgesprochenen Farbensinn. Es ist daher ein bedeutender Fortschritt, wenn es gelingt, den Pinsel, wenn auch nicht gänzlich, aus der Werkstatt zu verbannen, so doch ihn durch ein anderes, schnelleres und sauberes Verfahren zu ersetzen. Dieses Verfahren besteht in der Anwendung von Preßluft. Die Aufwendungen für die fabrikatorischen Einrichtungen sind mäßig und ermöglichen es auch dem kleinen Fabrikanten, sich eine solche Anlage für seine Zwecke zuzulegen. Wo die Gelegenheit vorhanden ist, etwa schon vorhandenen Kraftftrom für die Erzeugung des zum Gebrauch der Spritzapparate notwendigen Luftdrucks heranzuziehen, ist die Arbeitsleistung natürlich noch mehr vereinfacht, doch genügt zur Not auch ein Apparat mit Fußbetrieb. Je nach der Größe der Anlage sind ein bis drei Atmospären Druck erforderlich, um die Farbe auf den auszuschmückenden Gegenstand zu übertragen. Der unter dem atmosphärischen Druck stehende Luftstrom wird vermittelst der Pistole in eine Farb- oder Klebeflüssigkeit von beliebiger Konsistenz geleitet und läßt das hierdurch entstehende innige Gemisch von Luft und Flüssigkeit durch eine feine Spritzöffnung austreten. Dadurch erhält man einen regulierbaren Strahl, der die Farb- und Klebestoffpartikel in feinster und gleichmäßigster Verteilung enthält. Richtet man diesen Strahl, der jede Regulierung gestattet, gegen eine zu bemalende Fläche, so kann man mit ihm zum Zwecke koloristischer Ausstattung leichter, besser und sauberer arbeiten als mit dem feinsten und teuersten Pinsel.
Mit den Preßluft-Malgeräten verziert man u. a. Bezugspapiere für Buchumschläge, Einbände, Kartonagen, Kalenderrücken, Tapeten, Lederimitationen, Ausstattungspapiere für Bonbonnieren und andere Papierwaren, indem die durch den Luft-

druck fein zerstäubte Farbe auf den vorgeprägten Karton oder die glatte Papieroberfläche geschleudert wird. Die höherstehenden Flächen der Prägung nehmen die meiste Farbe auf, während die tieferen Flächen weniger Farbe oder auch nur Farbpartikelchen erlangen. Die gewölbten Flächen zeigen leuchtend zart verlaufende Übergänge. Es werden also dadurch in fast einer Sekunde von einer geübten Arbeiterin solche Farbtönungen erzielt, wie sie sonst selbst in viel längerer Zeit durch die Pinselarbeit nicht annähernd zu erreichen sind. Wenn man dann von der entgegengesetzten Richtung in gleicher Weise eine komplementäre Farbe auf die auszustattende Fläche wirken läßt, erzielt man wahrhaft prachtvolle Wirkungen, wie man sie ja allenthalben auf den besseren Prägearbeiten bewundern kann. Ganz besonders hervorragende Wirkung erzielt man auf blind vorgeprägten und möglichst plastisch herausgeprägten Flächen. Bei solchen Arbeiten wird eine Farbe von links, die andere von rechts gegen die geprägte Bildfläche, sei sie eben oder erhaben, gespritzt, und durch das Ineinanderübergehen der Farben lassen sich oft prachtvollste Wirkungen erzielen.

Der Farbenverbrauch ist bei dem Spritzverfahren sehr gering, und die Handhabung der dazu erforderlichen Apparate kann von jeder Person, die nicht gerade farbenblind ist, ohne daß sie große Vorkenntnisse besitzt, ausgeführt werden. Es dürfte daher einleuchten, daß die Verbreitung des Spritzverfahrens eine außergewöhnlich große ist. Dazu kommt noch, wie eingangs erwähnt wurde, daß die erforderlichen Einrichtungen sehr einfacher Art sind. Beispielsweise sei erwähnt, daß auf 200 g Spiritus neben einem sehr geringen Prozentsatz Schellack nur 7 g Farbe kommen. Von dieser Lösung, die vor dem Gebrauch gekocht werden muß — genügen etwa 90 bis 100 g auf 1 Liter Spiritus — ein Umstand, der eine lohnende Verwendung des Verfahrens infolge der geringen Herstellungskosten möglich macht.

Bei Verwendung verschiedener Farben muß ein Ineinanderlaufen vermieden werden, und daher wird die Fläche, welche von der Farbe nicht getroffen werden soll, vermittelst einer Schablone abgedeckt. Von dem herzustellenden Bild wird eine Pause gemacht, auf Weißblech aufgezogen, und die Ränder der Zeichnung werden mit einem scharfen Instrument ausgeschlagen. Dadurch wird die Fläche bloßgelegt, welche mit Farbe gespritzt werden soll, während das andere durch das flache Blech geschützt wird.

Liegen nun mehrere Teile, die von einer bestimmten Farbe nicht gedeckt werden sollen, auf der Bildfläche weit voneinander ab, so ist es unpraktisch, eine Schablone herzurichten, die über die ganze Fläche hinweggeht. In solchen Fällen schneidet man die abzudeckenden Flächen aus der Schablonenpause heraus, und um sie nicht einzeln auflegen zu müssen, verbindet man sie durch Brücken aus Draht, die zugleich ein bequemes Auflegen und Arbeiten ermöglichen.

Um nicht nur glatte Flächen aufzuspritzen, sondern auch Wirkungen zu erzielen, die einer höheren Geschmacksrichtung Genüge leisten, ist man durch praktische Versuche darauf gekommen, in der Art der Schablonentechnik die Farbe durch

Gewebe hindurch auf die auszustattende Fläche zu übertragen, wobei sich die Besonderheit des Gewebes genau auf die zu dekorierende Fläche überträgt, also ein getreues Spiegelbild des Gewebes gibt. Zu diesem Zweck spannt man ein beliebiges, ganz dünnes Gewebe (Spitzen, Gardinenstoffe oder andere leicht gewebte Stoffe) in einen Rahmen aus Holz oder Pappe und benutzt ihn als Schablone, die aber nicht fest aufgelegt werden darf, sondern in geringer Entfernung von der auszuschmückenden Fläche mit der linken Hand gehalten werden muß, während der Spritzapparat in der rechten Hand ruht. Bei dem Anspritzen glatter Flächen, wie das zu Vorarbeiten zur Monogrammprägetechnik häufig notwendig ist, muß der Apparat schräg gehalten werden, während derselbe bei vollen Flächen oder solchen, wo eine Schattenwirkung erzielt werden soll, fast senkrecht bei der Zerstäubung der Farbe zwischen den Fingern ruhen muß.

Über das gespritzte Papier schrieb Paul Klein, in einer Abhandlung über das Spritzverfahren in der Buchbinderei, im „Buchbinderlehrling": „Wenn auch das im Gewebe seit einigen Jahren übliche Spritzpapier nicht die bekannten Kleister-, Batik- und Marmorpapiere gänzlich verdrängen wird, so ist die Anwendung des Spritzpapiers in der Buchbinderei doch häufiger geworden. Schuld daran mag sein, daß die Anwendung des Spritzverfahrens auch in anderen Berufen zur Einführung gekommen ist. Überall, wo man hinsieht, begegnet man gespritzten Gegenständen, wobei zu sagen ist, daß oft nur der Kenner dieser Technik mit Sicherheit feststellen kann, daß das Spritzverfahren Anwendung gefunden hat. Damit wollen wir jedoch keineswegs die Papiere übersehen, die unsere Altmeister, wenn auch mit einfachen Hilfsmitteln, angefertigt haben. Diese sind vor allem Sprenggitter und Bürste, mit welchen man heute noch in der Kleinwerkstatt die Buchschnitte besprengt."

Hier soll jedoch vor allem die Rede davon sein, wie der Werdegang des Spritzpapiers unter Anwendung des Apparates vor sich geht. Vor allem vergleiche man diese Papiere nicht mit den anderen Buntpapieren, da die Spritzpapiere etwas ganz anderes darstellen, als wir es bisher von anderen Arten kennen. Die Mitwirkung des Apparates und der Schablonen bringen es trotz Übung der Ausführenden mit sich, daß diese Papiere strenger — härter — in ihrer Form als etwa Kleisterpapiere wirken; sie entsprechen jedoch gerade dadurch unserer modernen und neuzeitlichen, geschmacklichen Richtung. Mithin kann man dieses Papier nicht ganz als Hand- oder Maschinenpapier bezeichnen, sondern beide — Hand und Maschine — wirken hier erfolgreich zusammen. Dieses Zusammengehen bewirkte leider aber, daß der Phantasie mehr Schranken gesetzt sind als etwa beim Kleisterpapier, und es bedarf schon tüchtiger Schulung, um die Möglichkeiten geschmacklich einwandfreier Ausstattungen zu schaffen. Selbstverständlich lassen sich auch mehr weich-malerische Wirkungen erzielen. Für Kleisterpapiere sind dagegen ganz andere Voraussetzungen gegeben.

Die Anlage einer Spritzeinrichtung ist nicht so schwierig wie es anfänglich erscheinen mag, aber für eine Kleinwerkstatt ist sie immerhin zu kostspielig. Es gibt dort nicht genügend Papiere und anderes anzufertigen, als daß sich eine solche Einrichtung ohne weiteres lohnen würde. Bis jetzt sind es hauptsächlich größere Betriebe, die mit Spritzanlagen versehen sind. Hier werden aber auch bereits andere Arbeiten ausgeführt, so zum Beispiel werden die Buchschnitte ab und zu bespritzt, ähnlich wie mit der Sprenggitterbürste, und das geschieht sehr schnell. Auch lassen sich einfarbige Schnitte spritzen.

So ist man immer mehr dabei, sich des Spritzverfahrens in der Buchbinderei zu bedienen. Es wird dann nicht ausbleiben, daß auch Fach- und Berufsschulen dazu übergehen werden, Spritzapparate einzubauen. Deshalb schon ist es ratsam, mit diesem Verfahren sich zu befassen, um sich mit seinen Möglichkeiten und Aussichten in der praktischen Anwendung dieser nicht überall vertretenen technischen Ausstattung vertraut zu machen.

Bevor man mit der Anfertigung eines Spritzpapiers beginnt, muß man sich zunächst über die Art der Verwendung im klaren sein. Ein Überzugspapier behandelt man anders als ein Vorsatzpapier. Die Wahl des Rohstoffes muß zuerst erfolgen. Da wie schon erwähnt, die Spritzpapiere meist stark in ihrer Formensprache sind, beachte man genau die Größe und Stärke des Buches, die Art der Rückenverzierung, damit man dann das Muster entsprechend abstimmen kann. Eine feine zarte Rückenverzierung kann kein großmustriges Spritzpapier als Überzug erhalten. Solches und ähnliches beachte man, ehe man für ein bestimmtes Buch ein Papier anfertigt oder auswählt. Lediglich auf eine solche überlegte Behandlung kommt es an, ob sich das Spritzpapier weitere Freunde oder Feinde bei seiner Verwendung in der angewandten Praxis erwerben wird.

Ferner sei noch erwähnt, daß es zwei Arten, die hauptsächlich angewendet werden, gibt. Stark plastisch (erhaben) wirkt diejenige Art, bei der die Farbe an der Linie stark und dicht aufgetragen ist und dann seitlich leichter, zarter, allmählich ausläuft. Die zweite Art besteht darin, eine Fläche oder Form gleichmäßig stark mit Farbe zu bespritzen. Werden solche Formen nebeneinander gesetzt (etwa quadratisch) und in verschiedenen Farbabstufungen, so wirkt auch diese Art etwas plastisch, doch bedeutend schwächer wie die oben erwähnte*).

---

*) In dem Fachbuch „Die Veredelung des Papiers“ vom gleichen Verfasser finden Interessenten eine ausführliche Darstellung der manuellen künstlerischen Techniken, und zwar über „das Kolorit“ und „die Farbspritztechnik im Dienste der Papierveredelung“. Diese Themen werden in dem Buch auf Grund eigener Erfahrungen des Verfassers ausführlich behandelt.

Die „Veredelung des Papiers“, ein praktisches Handbuch für die Papierveredelung, erschien im Technischen Verlag Herbert Cram, Berlin W 35. 153 Seiten, Din A 5, Halbleinen, DM 9,80.

## Igraf-Velament

Wir kennen eine ganze Reihe wertvoller Bezugsstoffe für die Bindetechnik. Jeder Hersteller hat in seinem Papierschrank zweifellos verschiedene Musterkollektionen maßgebender Buntpapierfabriken, die sich mit ihren Erzeugnissen nicht nur an die Hauptkonsumenten, nämlich die Buchbindereien, wenden, sondern auch die großen Verlagsanstalten direkt mit ihren Neuheiten bekanntmachen.

Jedem Sachbearbeiter sind die Überzugspapiere bekannt, die unter der Handelsbezeichnung „Igraf“ schon lange ein Begriff, und seit einigen Jahren wieder als in Fachkreisen geschätzte Bezugsstoffe auf dem Markt sind*).

Aus Prüfungserzeugnissen der Bundesanstalt für mechanische und chemische Materialprüfung, früher unter dem Namen „Staatliches Materialprüfungsamt Berlin-Dahlem“ weltbekannt, war ersichtlich, daß insbesondere hinsichtlich der Widerstandsfähigkeit des Igraf gegen Scheuern, welcher mechanischen Beanspruchung ein Bezugsstoff ja vorzugsweise ausgesetzt ist, diese bis heute noch von keiner seiner Nachahmungen übertroffen worden ist, ja, solchen in dieser Hinsicht nach wie vor weit überlegen bleibt.

Wenn wir heute ein weiteres Erzeugnis des Igraf-Werkes besprechen, so erscheint uns zum Verständnis der besonderen Technologie dieses Materials ein kurzer Rückblick weniger auf die Entstehungsgeschichte (über welche man allein viele Seiten füllen könnte) als auf die Gründe notwendig, die den Erfinder veranlaßten, einen seinem Wesen nach eigentlich völlig neuen Einbandstoff zu schaffen.

Selber bibliophiler und eifriger Büchersammler machte der damals noch junge Erfinder die Erfahrung, daß von alten Büchern durchweg am besten Pergament-Bände erhalten waren. Das wäre freilich keine neue Feststellung gewesen. Der „Papier-Ingenieur“ stellte aber weiterhin fest, daß die alten Pappbände, noch aus der Zeit, zu welcher Papier ein edler, von Hand gefertigter, d. h. geschöfter Stoff war, der ohne irgendwelche der neuzeitlichen Surrogate gefertigt, nur unter Verwendung hochwertiger Fasern und ausschließlich mit Tierleim geleimt wurde, über ein Jahrhundert und länger sehr gut erhalten waren, ja, jahrzehntelanger Beanspruchung besser standgehalten haben als die modernen Ganzeinbände in dem heute üblichen, stark appretierten Mattgewebe (fälschlicherweise auch „Ganzleinen“ genannt.

Vor allem die erstaunliche Oberflächenhärte dieser alten Bezugspapiere gab ihm zu denken. Diese war zurückzuführen auf die damalige Arbeitsweise, nach welcher die „Leimung“ durchgeführt wurde. Diese wurde dadurch erzielt, daß man den zunächst noch saugfähigen handgeschöpften Papierbogen in eine heiße Tierleim-

*) In meinem im Technischen Verlag Herbert Cram, Berlin W 35, in zweiter vermehrter und verbesserter Auflage (1954) erschienenen praktischen Handbuch „Aus der Betriebspraxis der Druck- und Papierverarbeitung“, 142 Seiten, DIN A 5, Halbleinen, Preis 7,80 DM, finden Interessenten in dem Kapitel „Ausstattungspapiere“ weitere Anregungen über hochwertige Bezugsstoffe für die Bindetechnik.

brühe tauchte, vom überschüssigen Leim abpreßte und ihn an der Luft zum Trocknen aufhing. Der Gedanke lag nahe, in der heimatlichen Feinpapier-Fabrik nach den gleichen, zumeist schon in Vergessenheit geratenen alten Methoden moderne Einbandpapiere herzustellen. Parallel zu dieser Erwägung ging eine weitere Überlegung:

Was ist denn Pergament?

Wenn man von der bekannten Reinigung, dem Schleifprozeß u. a. m. absieht, so stellt das tierische Pergament nichts weiter dar, als die ungegerbte tierische Haut, der beim Gerben zum Leder neben einer Reihe anderer Stoffe im wesentlichen der ja auch sogenannte „Lederleim“ oder „Hautleim“ entzogen wird. Damit war die technologische Verwandtschaft mit dem tierischen Pergament der alten, in ihrer Qualität durch die Maschinenproduktion nie wieder erreichten Einbandpapiere gegeben und damit deren erstaunliche Widerstandsfähigkeit über ein Jahrhundert erklärlich.

So einfach und naheliegend diese Überlegungen waren, so schwierig wurde es, sie in die Tat umzusetzen, d. h. mit Mitteln der modernen Technik, unter Verwendung maschinell hergestellter Papiere in endlosen Bahnen, also in Rollen, einen preiswerten Stoff herzustellen, welcher dem alten Einbandpapier nicht nur gleichkam, sondern darüber hinaus im Rahmen des technisch Möglichen den unerreichten Eigenschaften des tierischen Pergaments nahezukommen.

Es hat Jahre der Entwicklungsarbeit bedurft, bis als erstes Ergebnis der Igraf-Bezugsstoff vorlag. Das war vor 25 Jahren. Damals entstand die erste Igraf-Fabrik in unmittelbarer Nachbarschaft der in der Nachkriegszeit zugrundegegangenen Feinpapier-Fabrik.

Die Igraf-Leute waren sich aber durchaus bewußt, mit dem Igraf, das damals nicht zu Unrecht vielfach „Igraf-Pergament“ genannt wurde, zwar einen bezüglich seiner Scheuerfestigkeit und weiteren technologischen Eigenschaften dem Pergament ähnlichen Bezugsstoff geschaffen zu haben, jedoch noch keineswegs einen idealen Einbandstoff für den G a n z einband. An diesem Problem ist weitere Jahre gearbeitet worden.

Im Jahre 1935 konnte dem damaligen Staatlichen Materialprüfungsamt ein Einbandstoff „Igraf-Velament“ genannt, vorgelegt werden. Wir hatten Gelegenheit, das am 30. 8. 1935 erteilte amtliche Zeugnis (Nr. 240 302) einzusehen; die Prüfung wurde durchgeführt mit dem damals handelsüblichen Mattleinen wie auch mit Kaliko. Erstmals wurde hierbei der Test „Einreißfestigkeit über den Falz“ eingeführt und bestimmt. Dieser Test ist maßgebend für die Einreißfestigkeit eines Einbandstoffes im Kapital, also derjenigen Stelle, an welcher der Einbandstoff eines Buches durchweg zuerst entzwei geht. Es wurde ferner bestimmt der Widerstand gegen Biegen in einem genormten Dauer-Biegeapparat (und nicht wie in einer kürzlich durchgeführten neuerlichen Prüfung die „Doppelfalz-Zahl“; denn die Beanspruchung eines Stoffes im Falz eines Einbandes entspricht der Dauerbiegung, nicht aber einem eigentlichen Falzen). Die von uns gelesenen Testziffern waren verblüffend, wies doch das Igraf-Velament damals schon eine Einreißfestigkeit über den Falz auf, die rund doppelt so hoch lag wie bei den Vergleichsstoffen; die Ziffer der Dauerbiegung lag i. M. fast zehnmal so hoch. Daß die Anzahl der Scheuerungen als Test für die diesbezügliche Widerstandsfähigkeit des Einbandstoffes gleichfalls i. M. bei Igraf-Velament zehnfach höher lag, dürfte diejenigen, die mit der Technologie des Igraf-Materials einigermaßen vertraut sind, weiter nicht verwundern.

Wie zu erwarten stand, fand das Igraf-Velament großen Anklang in Fachkreisen. Einer der ersten, welcher es zu künstlerisch ausgestalteten Ganzeinbänden verwandte (u. a. das „Fernando-Magallan"-Buch, erschienen im Rowohlt-Verlag), war der zwischenzeitlich leider verstorbene, bekannte Buchgestalter, Professor Weise. Von den damals in großer Anzahl in Ganz-Velament gebundenen Gebrauchsbüchern sei nur das Deutsche Lesebuch für Volksschulen erwähnt.

Um den Igraf die besonderen Eigenschaften und extremen Festigkeiten des Velament zu verleihen, bedarf es gewisser Chemikalien, die bereits in den Vorkriegsjahren, welche unter dem unguten Motto „Kanonen statt Butter" standen, knapp waren, bis sie schließlich für nicht rüstungswichtige Zwecke nicht mehr erhältlich waren. Mit Ersatzstoffen wurden so schlechte Erfahrungen gemacht, daß man sich damals entschloß, die Fertigung des Igraf-Velament einzustellen, um diese erst nach dem Kriege wieder aufzunehmen.

Als neuer Prüftest wurde der sogenannte „Berstwiderstand" eingeführt, aus der Überlegung heraus, daß ein auf einer Pappe verklebter Einbandstoff nicht „reißt", sondern bei übertriebener Biegung des Buchdeckels „platzt„. Die vom Igraf-Bezugsstoff her bekannte erstaunliche Schmutzunempfindlichkeit ist beim Velament gleichfalls gegeben. Fett, ja selbst schwarze Schmiere, kann ohne weiteres abgewischt oder mittels Benzin, Spektrol oder einem derartigen Reinigungsmittel abgewischt werden. Ein Desinfizieren der Buchdeckel mit z. B. wässriger Formalin-Lösung ist ohne weiteres möglich.

Zu der Verarbeitung von Igraf-Velament ist eigentlich nichts besonderes zu sagen. Auch für diesen Einbandstoff gelten die jedem Fachmann geläufigen Regeln; Kunstharz-Kleber, Warm- und Kaltleime führen zu gleich guten Ergebnissen.

Da das VELAMENT auf der Basis eines langfaserigen Faserflieses hergestellt ist und mithin nicht wie Gewebestoff „Kette" und „Schuß" aufweist, kann das VELAMENT auch gegen die übliche Regel so verarbeitet werden, daß der Falz im Rücken quer zur Laufrichtung der Bahn verläuft. Bei stark beanspruchten Bahnen empfiehlt es sich sogar, das VELAMENT so zu verarbeiten, da die Falz- bzw. Biegefestigkeit des VELAMENT quer zur Laufrichtung eine noch höhere ist als parallel zu dieser; dies rührt daher, daß die Fasern zum größeren Teil parallel zur Laufrichtung der Bahn gerichtet sind.

Insoweit sind bisher nur die technologischen Eigenschaften dieses Einbandstoffes behandelt worden, es war aber noch nicht die Rede von der ästhetischen Wirkung dieses in seiner Art ja neuen, oder wie wir richtiger sagen müssen, wieder neu erstandenen Einbandstoffes. Das Velament wird mit verschiedenen Narbungen geliefert. Bewußt bedient sich das Igraf-Werk des Ausdruckes „Narbung", denn es handelt sich nicht um eine nachträgliche „Prägung". Die Besonderheit der Narbung, die auch bei der Verarbeitung nicht verschwindet, liegt darin, daß zwar der Rohstoff in üblicher Weise eine Prägung erhält, welche sich im Laufe der Veredlung, d. h. der Imprägnierung unter Druck, in eine unvergängliche Narbung verwandelt. Daß das Igraf-Velament in bekannter Weise mit Folien verprägt werden kann, ist eine eigentlich selbstverständliche Bemerkung. Wesentlich aber erscheint uns der Hinweis, daß das nicht genarbte glatte Velament vorzüglich bedruckt werden kann und somit dem Buchgestalter Möglichkeiten zur graphischen Ausgestaltung des Einbandes gibt. Unter diesem Gesichtspunkt ist vorzugsweise auf das glatte naturfarbene Velament hinzuweisen, das auch mit feinrastiger Autotypie bedruckt werden kann, wodurch auf einem Einbandstoff bisher nicht gewohnte reizvolle Effekte zu erzielen sind*).

*) Tafel VI zeigt die Igraf-Maschine, die bei der Firma Viktor Bausch & Co. KG in Berlin-Rudow aufgestellt ist.

7. Kapitel

# Die buchbinderische Be- und Verarbeitung von Papiernutzen (Papierzuschnitten)

## Die Buchbinderei in der Papierverarbeitung

Schneiden, Perforieren (Fußantrieb, maschinell, automatisch), Nuten, Lochen, Bohren, Ösen und Nieten

Von Hermann Nitz, Berlin-Steglitz

Bevor der Verfasser dieses Beitrages auf einige wichtige Maschinen der Papier- und Pappenverarbeitung näher eingeht, möchte er folgendes vorausschicken:

Es ist leider eine Tatsache, daß ein sehr hoher Prozentsatz von Druckereibuchbindereien maschinell völlig überaltert ist oder gar nur auf reine Handarbeit eingestellt sind.

Es mag unterstellt werden, daß es bei der Unterschiedlichkeit bzw. Mannigfaltigkeit buchbinderischer Verrichtungen bei den Fertigmacharbeiten der verschiedenartigsten Druckerzeugnisse aus Amortisations- und Raumgründen nicht immer empfehlenswert ist, für jede buchbinderische Teilarbeit eine besondere Maschine bereitzuhalten.

Es sollte aber angestrebt werden, sich für periodisch wiederholende Fertigmacharbeiten die dafür modernste und leistungsfähigste Maschine nebst einem tüchtigen Buchbindermeister und Menschenführer mit maschinellen Erfahrungen und Sinn für rationelle Produktion dem Druckereibetrieb anzugliedern.

Nicht nur der Besitz und die Kenntnis der modernsten und leistungsfähigsten Druckmaschinen auf den Gebieten der Hochdruck-, Flach- und Tiefdruckverfahren nebst den hierzu erforderlichen Hilfsmaschinen und -apparaten schützt vor Konkurrenzunfähigkeit.

Ebensowichtig ist die Aufgeschlossenheit gegenüber den Papier- und Pappenverarbeitungsmaschinen als den buchbinderischen Elementen der graphischen Branche in Verbindung mit einer lebendigen Zusammenarbeit mit dem Buchbindermeister bei der Planung.

Nur auf solche Weise wird verhindert, daß die Buchbinderei sich zum unrentablen Zuschußbetrieb entwickelt. Sie kann sich unter Umständen ganz im Gegenteil als

durchaus rentabel erweisen, allerdings unter der Voraussetzung, daß von der Buchbinderei wiedergutzumachende Versäumnisse oder Versehen des Druckersaales nicht zu Lasten der Buchbinderei gehen.
Auf diesem Gebiet sich ausreichend orientieren zu können, ist mit die Aufgabe des vorliegenden Artikels.
Es ist für die heutigen Verhältnisse unvorstellbar, daß irgend eine graphische Druckleistung ohne den ein- oder mehrmaligen Einsatz einer Schneidemaschine vor sich gehen könnte.
Mag diese groß oder klein, mit Handhebel oder Handradbedienung bzw. motorischen Antrieb versehen sein, mag sie ein altes Modell oder das neueste mit allen Schikanen ausgestattet sein.
Eine brauchbare Schneidemaschine kann ihren Zweck nur dann erfüllen, wenn der Tisch genau horizontal austariert, der Vorschubsattel sich leicht und spielend parallel der Schnittlinie bewegen läßt und mindestens mit einem Seitenanschlag im exakten und zuverlässigen Winkel den hinteren Maschinentisch begrenzend ausgestattet ist.
Im übrigen bestimmt die Art der am häufigsten vorkommenden Arbeit in Verbindung mit der Rentabilität des Betriebes den Aufwand an Bedienungsschikanen, nicht zuletzt aber auch die persönliche Auffassung eines Betriebsinhabers zu einer rationalisierten Produktion.
Derartige Leistungen, besonders an einem sogenannten Schnellschneider, sind die Schnittgeschwindigkeit bis zu 30 Schnitten pro Minute, wie sie die neuesten Modelle aufzuweisen haben. Diese können außerdem je nach Wunsch mit vergrößertem Schwingschnitt, automatischer Sattelbewegung, Zentralschmierung, Zweiknopfeinrückung, elektromagnetischer Kupplung, elektrischem Schnittandeuter mittels Lichtfaden, optischem Maßanzeiger evtl. in Augenhöhe, schwenkbarem Ablegetisch und Durchlaufsicherung durch Fotozelle ausgestattet werden.
Ob man Federpassung wählt, oder die neuzeitliche hydraulische Pressung vorzieht, ist neben der Preis- eine Zweckmäßigkeitsfrage — letzteres besonders bei großen Schnittlängen.
Es sei bei dieser Gelegenheit besonders noch auf den im Maschinentisch eingebauten pneumatischen Schneidestapelanheber, der sogenannte Lufttisch, hingewiesen, der durch Druckluft kleine Kugeln über die Tischfläche herausdrückt, so daß auch der schwerste Schneidestapel gewissermaßen auf Luft und Kugeln schwimmend, spielend an seine Anlage herangeschoben werden kann, wo er nach Abschaltung der Luftzufuhr festliegt. Kommt hierzu evtl. noch ein Stapellift, der den auf einer transportablen Plattform lagernden Papierstapel automatisch in Tischhöhe hält, so kann man das als den Höhepunkt physischer Arbeitserleichterung und somit auch Rationalisierung betrachten. Das sind Vorgänge, die kaum noch überboten werden können.
Wenn auch der kleine und mittlere Druckerei- oder Papierverarbeitungsbetrieb im allgemeinen keine Verwendung hat für eine derartig hochgezüchtete Maschine,

so soll an diesen Entwicklungsmöglichkeiten einer Schneidemaschine lediglich das Markante der heutigen Situation sichtbar gemacht werden.
Natürlich können Kleinverbraucher von Akzidenzen u. dgl., die normalerweise mit einem Minimum an maschinellem Aufwand bisher zur Zufriedenheit bedient werden konnten, sich schließlich doch einmal zu Großverbrauchern entwickeln.
Sofern man in solchen Fällen nicht die Kundschaft verlieren will, bleibt nur übrig, seinen Betrieb maschinell anzupassen an die Erfordernisse der Zeit und rationelle Produktionsmittel einzusetzen, sofern die Aussicht besteht, sich dadurch einen bestimmten Kundenstamm zu sichern.
Es sei zum Beispiel auf die Perforiermaschinen hingewiesen, die unentbehrliche Werkzeugmaschinen sind für die vielerlei Fertigmacharbeiten eines kleinen bzw. mittleren und wohl auch großen Betriebes.
Angefangen bei kleinen Modellen, evtl. mit Fußbedienung, bis zu leistungsfähigeren Maschinen mit motorischem Antrieb bietet der Maschinenhandel für jeden Spezialzweck das gegebene Modell.
Bei Neuanschaffung ist u. U. eine gewisse Vielseitigkeit der Verwendung in Erwägung zu ziehen, zumal gerade Perforiermaschinen sich in der Kleinindustrie sehr vielseitig verwenden lassen. Sie sind also gewissermaßen Mehrzweckmaschinen.
Abgesehen davon, daß die Mitlieferung eines sogenannten Nutkammes sie gelegentlich als Nutmaschine verwenden läßt, ermöglicht sich auch der Einbau von Stanzwerkzeugen, sofern das Grundgestell hierfür geeignet ist. Diese Maschine läßt sich dann auch sehr wohl für Stanzarbeiten einsetzen, und zwar gleichzeitig mit einem entsprechenden Perforierkamm. Wir setzen dabei voraus, daß zusammen mit einem Perforierkamm eine 8 cm - Lochung und evtl. Schlitze zum Einordnen von Formularen oder dgl. in dafür vorgesehene Ordner gestanzt werden sollen.
Anders liegt natürlich der Fall, wenn für derartige Stanzarbeiten Spezial- oder sogenannte Universalstanzen vorhanden sind, die eine größere maschinelle Einrichtung voraussetzen.
Alle diese Möglichkeiten fallen natürlich fort, wenn man eine Perforiermaschine auf dem Gebrauchtmaschinenmarkt kauft, die lediglich zum Perforieren oder allenfalls noch zum Nuten eingerichtet ist. Diese Maschine stammt wahrscheinlich aus einem Papierverarbeitungsbetrieb, dessen Inhaber rationellen Gedankengängen huldigte, und zwar verbunden mit Expansionsdrang, während der Altmaschinenkäufer in den meisten Fällen in geschäftlicher Resignation verharrt.
Für den fortschrittlich denkenden Betriebsinhaber aber bietet sich ein großes Betätigungsfeld auf dem Riesengebiet der Druck- und Papierverarbeitung, und dieser wird nicht zögern, sobald ein entsprechendes Rechenexempel ein positives Ergebnis zeigt, die leistungsfähigen Maschinen gegen weniger leistungsfähige auszuwechseln. Er wird dadurch nicht allein Löhne einsparen, sondern auch möglichst unabhängig von Lohnarbeit überhaupt werden.

Falls also viel Perforierarbeiten in einem Betrieb vorliegen, so dürfte es sich wohl empfehlen, die Rotationsperforiermaschine zur Anschaffung ins Auge zu fassen.

Nachstehend folgt die Beschreibung der Rotations-Rundloch-Perforier-Maschine Roto-Rapid der Maschinenfabrik Goebel GmbH in Darmstadt (Tafel XI/2). „Diese Hochleistungs-Perforiermaschine dient zum Perforieren von Bogen. Sie wird ausschließlich in einer Arbeitsbreite von 1000 mm gebaut und kann sowohl für durchgehende als auch beliebig oft unterbrochene, normale Rundloch-Perforationen im Durchmesser von 0,9 mm eingesetzt werden. Die Maschine ist besonders geeignet für Perforierarbeiten, bei denen mehrere Perforierlinien auszuführen sind. Sie ist ein Vielfresser von Arbeit und besonders dort am Platze, wo Perforierarbeiten in großen Mengen anfallen. Damit ist jedoch nicht gesagt, daß sie nicht ebenso gut für kleinere Auflagen nutzbringend eingesetzt werden kann. Es wird sich schon nach kurzer Zeit herausstellen, daß auch hier diese Maschine rentabel einzusetzen ist. Denn die Arbeitskraft wird nach wesentlich kürzerer Zeit schon wieder anderweitig zur Verfügung stehen, und es werden somit erhebliche Lohnkosten eingespart. Der Mehrpreis gegenüber einer Hub-Perforiermaschine wird durch diesen Faktor, der sich in der betrieblichen Kalkulation nach kurzer Zeit spürbar auswirken wird, ausgeglichen.

Die Perforierung erfolgt durch rotierende Scheibenpaare. Diese sind auf zwei kräftigen Wellen angeordnet, auf denen sie zwecks Einstellung der jeweils gewünschten Perforierlinienabstände leicht verschoben werden können. Die Breite der Scheiben beträgt 20 mm. Perforierlinienabstände bis zu diesem Maß können also in nur einem Durchgang ausgeführt werden. Bei Abständen unter 20 mm werden die Bogen zweimal angelegt. Die Perforierung kann — wie bereits erwähnt — durchgehend, abgesetzt oder beliebig oft unterbrochen sein. Bei abgesetzter und unterbrochener Perforation beträgt die größte Bogenlänge 600 mm; bei durchgehender Perforation können die Bogen länger (bis zu 800 mm) sein. Es können mehrere Bogen zu gleicher Zeit angelegt werden. Die Lagen können eine Stärke bis zu etwa 12 Bogen maximal — je nach der zur Verarbeitung kommenden Papiersorte — haben. Durch Anbau entsprechender Spezialapparate kann mittels der ROTORAPID (jedoch nur im Zusammenhang mit normalen Rundloch-Perforationen) auch strichperforiert, geritzt, gerillt und geprägt werden.

Eine automatische Anlage an dieser Maschine — es wird eine solche oft von seiten unserer Kunden als besonders erwünscht gefordert — führt bei der Konstruktion unserer ROTORAPID zwangsläufig zu einer Leistungsminderung. Es ist ja bei Handanlage möglich, mehrere Bogen gleichzeitig zu perforieren; die automatische Anlage dagegen erfaßt immer nur einen einzigen Bogen. Die Praxis zeigt täglich, daß bei nur einigermaßen geschicktem Personal eine vielfache Leistung bei Anlegung der Bogen mit der Hand erzielt wird.

Die Perforierscheiben sind großdimensioniert, so daß sich die jeweils in Eingriff stehenden Stifte fast in der Ebene treffen. Damit wird ein sauberes Ausstanzen

der Löcher erzielt. Die Maschine ist kräftig gebaut und zeichnet sich besonders durch ihren geräuscharmen, vibrationsfreien Lauf aus.
Sowohl die Perforierstifte (auf den oberen Stiftscheiben) als auch die Matrizenbänder (die jeweils auf der unteren Matrizenscheibe befestigt werden) sind leicht auswechselbar. Die Umstellung von einer Arbeit auf die andere ist leicht und kurzfristig durchzuführen. Auch die hohe Laufgeschwindigkeit der Maschine trägt zur Senkung der Kosten wesentlich bei."
Wer über einen laufenden Auftragsbestand von Markenperforierungen auf gummierten Papieren verfügt, sollte für diesen Zweck eine Spezial-Marken-Hochleistungs-Perforier-Maschine nach dem vertikalen Hubsystem zur Anschaffung vormerken, und zwar in Verbindung mit einem automatischen Vorschub.
Empfehlenswert dürfte für diesen Zweck eine Perforiermaschine sein, die ausgerüstet ist mit umschwenkbarem Kopfteil, womit sowohl vertikaler als auch horizontaler Perforierhub möglich ist.
Während vertikaler Hub für alle normalen wie auch mit Bezug auf die Lochform und Abstand anormalen Perforierungen Verwendung findet, dient der horizontale Hub zur Anfertigung von Spiral- und Plastikbindungen. Diese sind sowohl für industrielle als auch für sonstige besonders reich ausgestattete Drucksachen sehr beliebt, weil sie ohne Heftung und Broschierung nicht nur gut aussehen, sondern sich auch leicht und mühelos flach aufschlagen lassen.
Diese Bindearbeit war früher an eine Lizenz gebunden.
Derzeitig jedoch ist die Produktion nach Anschaffung der für die Herstellung in Betracht kommenden Maschine für jeden Interessenten lizenzfrei, der sowieso über Schneidemaschine und Prägetiegel verfügt. Er muß allerdings den Mut haben zur Expansion auf einem Gebiet, was bei entsprechender Initiative kaum schief gehen kann.
Nach dem vertikalen Hubsystem arbeiten übrigens auch die vorhin erwähnten sogenannten Universalstanzen, die für jede erdenkliche Art von Stanzungen, Schlitzungen, Fingerloch-, Fassonschnitte, Lochungen, Registerstanzungen u. dgl. ein nie versagendes Produktionsmittel sind, überall da, wo es auf einen sauberen gratfreien Schnitt ankommt.
Während die obengenannten Werkzeuge in einer Prismanute des etwa 400 mm langen Stößelarmes beliebig verschiebbar befestigt werden, dient ein schweres Rahmenstück zur Aufnahme der unteren Gegenschnittwerkzeuge, die innerhalb des Rahmenstückes verstellbar und feststellbar sind. Universalstanzen sind die gegebenen Mehrzweckmaschinen, was schon daraus hervorgeht, daß sie von einer größeren Anzahl von Firmen auf den Markt gebracht werden, einmal als Registerschneidmaschinen (natürlich ohne gleichzeitiges Druckwerk) als Rundecken- und gleichzeitige Rundecken-Einziehmaschinen, als kleines Goldprägewerk mit Rollenfolien-Zuführung und heizbarem Schließrähmchen und zugleich Nutmaschinen bis 300 mm Länge.

Nicht so vielseitig sind sogenannte Brückenstanzen für Stanzlängen über 400 mm mit beiderseitig geführten Stößelbalken bis 1500 mm, also ähnlich wie eine Perforiermaschine, in diesem Modell allerdings zunächst als Spezialmaschine für eine laufende starke Beanspruchung.

Neben Universal- und sonstigen Stanzen haben sich, allerdings nur für Rundlöcher und unter Ausschluß von Fassonschnitten, seit Anfang der dreißiger Jahre, wahrscheinlich von der eisenverarbeitenden Industrie mit entsprechender Abwandlung übernommen, Papierbohrmaschinen in der gesamten Papierverarbeitung außerordentlich schnell eingeführt. Der Vorteil bei Benutzung dieser Maschinen liegt einmal in völlig gratfreier Bohrung, zum anderen aber darin, daß normalerweise Bohrungen bis zu 50 mm Stoßhöhe in einem Arbeitsrhythmus möglich sind.

Naturgemäß ging man sehr schnell von der Einspindelmaschine zu Zwei- und Mehrspindelmaschinen über, die neben verstellbaren Bohrfuttern auch vielseitige und schnelle Anlagemöglichkeiten bieten.

Heute ist die Papierbohrmaschine ein unentbehrliches Produktionsmittel, das in vielerlei Konstruktions-Kombinationen, von der einfachsten bis zur vielseitigsten Maschine für Bohrlöcher zwischen 3 und 12 mm Durchmesser sowohl in Kleinwerkstätten als auch in den größten Papierverarbeitungsbetrieben unentbehrlich geworden ist.

An weiteren Stanzen wären noch die sogenannte Schwenkarmstanze zu nennen, die vielerlei Zwecken dient und zum Ausstanzen von Etiketten, Siegelmarken u. dgl. dient. Diese Maschine kann notfalls auch als Ersatz für eine Buchbinder-Kniehebel-Prägepresse Verwendung finden.

Neben dem mehr oder weniger schweren Drucktiegel, der zu allen Zeiten als Stanztiegel Verwendung fand, haben sich mit den steigenden Auflagen der graphisch ausgestatteten Verpackungskartonagen, Herstellung von Stanzplakaten, Figuren u. a. und für Fassonstanzungen sowie im Hinblick auf die größere Wirtschaftlichkeit großformatige Druckformen zu verarbeiten, entsprechend großformatige Spezial-Stanztiegel mehr und mehr eingeführt.

Auf ihnen wird unter Verwendung von Bandstahlschnitten gestanzt, gerillt, geritzt, perforiert und im gleichen Arbeitsgang werden auch leichte Prägungen ausgeführt.

Stanztiegel lassen sich auch zum Aus- und Fassonstanzen von Wellpappe bis 10 mm Stärke verwenden.

Der Stanztiegel KERMA (Tafel XXXXI/1) Modell St. Ti. K. 1 stanzt, rillt, ritzt, perforiert, prägt in einem Arbeitsgang. Er ist die Universalmaschine für die Papierwaren- und Kartonagenfabrik, sowie Stanzereien. Er eignet sich ganz besonders für die Herstellung von Faltschachteln, Spielwaren, Schablonen, Plakatbuchstaben, Schildern aus Karton, Pappe, Holz, Dichtungen, verschiedenen Karosserieteilen usw. Seine hervorragende Wirtschaftlichkeit liegt in der Haupt-

sache darin, daß die verschiedenen Arbeitsgänge wie Stanzen, Rillen, Ritzen, Perforieren und auch leichte Prägungen in einem einzigen Arbeitsgang zusammengefaßt sind. Daneben spielt die Billigkeit der einfachen Stanzformen und die besonders hohen Ausstanzungen der Kartonbogen eine bedeutende Rolle. Der „KERMA"-Stanztiegel ist mit einer unverletzbaren, naturharten, genau geschliffenen Qualitätsstahlplatte ausgerüstet (Tafel XXXXI/1).
Eine nicht zu übertreffende Sicherheit bietet die Händeschutz-Vorrichtung, denn es genügt beim verspäteten Wegnehmen der Hände eine leichte Berührung des Hände-Schutzbügels, um den „KERMA"-Stanztiegel sofort still zu setzen. Außerdem ist ein besonderer Handabweiser an der Tiegelschaukel und ein Ausrückhebel in Kniehöhe für den gleichen Zweck und zur Verhütung von Fehlstanzungen vorgesehen.
Momentausrückung, Handabweiser, seitliche Schutzvrrichtung aus Plexiglas sowie sonstige Sicherungen sind von der zuständigen Berufsgenossenschaft auf ihre Sicherheit hin geprüft und als gut anerkannt.
Das Außenlager des „KERMA"-Stanztiegels ist mit dem Fundament fest verbunden, so daß eine unbedingt sichere Lagerung der Antriebswelle erreicht ist. Die Schwungscheibe ist groß und schwer gehalten, wodurch ein starker Durchzug beim Stanzen gewährleistet ist. Eine in jeder Stellung fein reagierende Friktionskupplung mit leicht nachstellbarer Spannung ermöglicht das sofortige Ausrücken in jeder Lage des Tiegels und bewirkt einen augenblicklichen sicheren Stillstand. Schwungrad und Antriebswelle laufen in Kugel- bzw. Rollenlager.
Die beiden Zugstangen sind aus geschmiedetem Stahl hergestellt. Extra, aus dem Vollen gefräste, mit Spezialverzahnung versehene Räder gewährleisten vollkommen ruhigen Gang des „KERMA"-Stanztiegels. An den Hubrädern sind selbsttätig geschmierte Stützplatten angebracht, die unter der hohen Druckwirkung, von den Zugstangen her, ein etwa mögliches Ausweichen der Räder verhindern. Die Hubräder sitzen auf einer außerordentlich starken durchgehenden Welle. Der Lagerdeckel ist vollkommen geschlossen. Die Lager selbst sind aus bestgeeigneter Bronze hergestellt.
Der Elektromotor ist auf einer Motorwippe, die fest mit dem Körper verbunden ist, einschließlich Anlasser, angebracht.
Die Stanztiegel-Schaukel läuft auf auswechselbaren, gehärteten und geschliffenen Stahlschienen.
Zum Ölen und Schmieren ist eine ausreichende Anzahl Öler, Fettnippel und Ölzuführungskanäle vorgesehen, so daß bei sachgemäßer Wartung ein langjähriges, einwandfreies Arbeiten des Stanztiegels gesichert ist. Der Stanztiegel hat Fußeinrückung und Handausrückung in jeder Stellung des Tiegels.
Die Umstellung vom Stillstand nach jedem Arbeitsgang auf ununterbrochenen Gang geschieht schnell und bequem.
Die Exzenterbüchsen sind eng gezahnt und ermöglichen Druckänderungen in feinsten Abstufungen, d. h. Bruchteilen von Millimetern.

An den Zugstangen angesetzte Sicherungsplatten arretieren die eingestellten Exzenterbüchsen, so daß jedes ungewollte Verändern der Feineinstellung während des Arbeitens unmöglich ist.

Eine Sicherheitseinrichtung gegen Niederhalten des Fußtrittes, was Aufhebung der Wirkungsweise des Handschutzbügels zur Folge hätte, verbürgt dauernd volle Wirksamkeit dieser Schutzvorrichtung.

Die Zurichtung für die Stanzformen kann an zwei Stellen vorgenommen werden, entweder unter der Stahlplatte oder hinter der Form auf einem Blech. Je nach der Eigenart des einzelnen Betriebes wird das eine oder das andere Zurichteverfahren bevorzugt.

Die Stahlplatte ist zum schnellen Lösen mit einem Bajonettverschluß versehen.

Der Schließrahmen ist nach vorne schwenkbar, um das hinter der Form befindliche Blech leicht herausnehmen zu können.

Im übrigen dürfte es bekannt sein, daß die Frage einer guten Stanzunterlage für einwandfreie Stanzungen außerordentlich wichtig und ausschlaggebend ist.

Neuerdings haben sich hierfür Kunststoffe bestens bewährt.

Für die Lieferung geeigneter Stanzunterlagen, die für die verschiedensten Zwecke benötigt werden, bieten sich in der Fachpresse leistungsfähige Lieferfirmen an, die über gute Erfahrungen mit Bezug auf geeignete Stanzunterlagen verfügen.

Selbstverständlich ist, daß sowohl Stanzunterlagen wie Stanzmesser pfleglich behandelt und namentlich die Stanzmesser in gutem Schliff gehalten werden.

Es seien auch noch die Loch-, Ösen- und Nietmaschinen erwähnt, weil sie bei der Herstellung von Ordnern aller Art die notwendige Ergänzung für die maschinelle Produktion sind.

Die Industrie stellt nicht nur kleine Modelle für Hand- und Fußbetrieb, sondern auch Vollautomaten her, wie z. B. Etiketten- und Preisschilderautomaten, bei denen sowohl der Etikettenkarton von der Rolle abläuft als auch Ösen und Nieten aus dem Magazin einlaufen, wodurch ein fertiges Produkt in einer unvorstellbaren Mengenleistung erzeugt wird.

Auch gibt es verstellbare Stanzeisen, insbesondere für die Herstellung von Briefumschlägen.

Die lieferbaren Stanzflächen bewegen sich zwischen $64 \times 48$ und $130 \times 80$ cm. Sie entsprechen damit den meisten Anforderungen.

Auch hierbei handelt es sich um eine hochwertige Maschine, man kann wohl sagen mit allen Schikanen ausgerüstet, denen die Bandstahlschnitt-Herstellerfirmen in jeder Hinsicht zu folgen bemüht sind.

Aber auch die Herstellerfirmen für gerade, runde und entsprechend jeder Zeichnung fassonierte Messerstanzen haben sich auf diesen Artikel spezialisiert und sind in jeder Beziehung leistungsfähig. Es ist jedoch in jedem Fall darauf zu achten, wie bereits an anderer Stelle ausgeführt, daß die Stanzmesser mit Außenface für Druckformen bestimmt sind, bei denen der Abfall außerhalb des Stanzmessers liegt, während bei Stanzmessern mit Innenface der innerhalb des Messers liegende Teil Abfall ist.*)

## Papierzuschnitte und ihre Verarbeitung

Das Stanzen, Werkzeuge und Maschinen

In der gesamten Papierverarbeitung, aber auch für sehr viele andere Zwecke ist das Ausstanzen eine Handhabung, die fast alltäglich in vielseitigster Weise vorgenommen werden muß. Wenn auch dieses Ausstanzen grundsätzlich in einem Schneiden der in Frage kommenden Materialien besteht und demzufolge mit messerartigen Werkzeugen vorgenommen wird, so verlangt es doch ganz andere Maschinen und Vorrichtungen und auch Handhabungen, wie eben das einfache Schneiden. Man wird also demnach das Ausstanzen vor allen Dingen bei den verschiedensten Materialien bei solchen Formen verwenden müssen, die keine Vierecke darstellen, die vielmehr vielgestaltig und unregelmäßig sind, wie z. B. oval, rund, gebogen, gezackt, viereckig usw. Es handelt sich hierbei also immer um Formen, die man auf den gewöhnlichen Schneidmaschinen der verschiedensten Art, die mit geradlinigem Schnitt arbeiten, nicht zu erzielen sind.

Es gibt nun in der gesamten Papierverarbeitung kaum eine Handhabung, die so vielseitig ist wie gerade das Stanzen, um so mehr, als man damit nicht nur auf die eigentlichen Rohstoffe der Papierverarbeitung und der Kartonagenindustrie beschränkt ist, sondern das Ausstanzen auch bei zahlreichen anderen Stoffen anwenden kann, die man zum großen Teil auch als Hilfsstoffe der modernen Papierverarbeitung und Kartonagenindustrie bezeichnen kann. Es wird also nicht nur Papier, Karton, Pappe und Vulkanfiber gestanzt, sondern auch Tuche, Gewebe, Filze, Gummi, Asbest, Holzfurniere, Spanholz und viele andere Materialien.

Wie nun bei den gewöhnlichen Schneidemaschinen die gute Arbeit nicht nur von der Konstruktion und der Bauart der Maschine abhängt, sondern ganz besonders auch von der Art und der Beschaffenheit des Messers beeinflußt wird, so wird die Stanzarbeit ebenfalls im weitestgehenden Maße durch die Stanzeisen beeinflußt. Es ist daher von grundlegender Wichtigkeit, daß die Stanzeisen nicht nur dem Zwecke, dem sie dienen sollen, entsprechend gewählt werden, sondern daß sie auch in tadellosen Zustande gehalten werden. Dazu gehört nun aber vor allen Dingen, daß sie nicht stumpf oder gar ausgesprungen sind, denn dadurch wird schon an sich eine ungleich größere Kraftleistung erforderlich, ganz abgesehen davon, daß der Schnitt unsauber wird. Wie beim Schneiden mit stumpfen Messern, so kann sehr wohl auch beim Stanzen mit stumpfen Eisen eine so unzu-

*) In der zweiten verbesserten und vermehrten Auflage des Buches: Hess „Aus der Betriebspraxis der Druck- und Papierverarbeitung" finden Interessenten eine aufschlußreiche Abhandlung unter dem Titel „Pflegliche Behandlung und sachgemäße Aufbewahrung von Stanzschnitten und Prägeplatten (S. 49—52). Das Buch erschien im Technischen Verlag Herbert Cram, Berlin W 35 (1954). Es kostet in Halbleinen 7,80 DM.

lässig hohe Beanspruchung der Maschine zustande kommen, daß Brüche unvermeidlich sind.

Bezüglich der Form der Stanzeisen herrscht nun natürlich eine weit größere Vielseitigkeit, als das bei den geraden Messern der gewöhnlichen Schneidmaschine der Fall ist. Man muß daher bei der Bestellung solcher Stanzeisen dem Hersteller auch ganz genau den Verwendungszweck angeben, wenn man sicher sein will, daß man auch ein zweckmäßiges Werkzeug von hoher Leistung erhält. Grundsätzlich kann man solche Stanzeisen natürlich in jeder gewünschten Form und Größe herstellen. Die Wahl des dazu verwendeten Materials hat sich aber auch nach dem zu stanzenden Stoff zu richten, aber auch die Stärke der zu verarbeitenden Rohmaterialien hat darauf einen entscheidenden Einfluß, was durchaus zu beachten ist; denn man darf nicht, wenn man seine Eisen immer in einem guten Zustande erhalten will, mit einem Stanzeisen die verschiedensten Materialien und Stärken stanzen wollen.

Alle Stanzeisen werden je nach Bedarf und je nach dem Verwendungszweck entweder mit Innenface oder mit Außenface hergestellt. Messer, die eine Außenface haben, sind für solche Stanzungen bestimmt, bei denen der außerhalb des Messers liegende Teil des Werkstoffes Abfall ist, während hingegen bei den Messern mit Innenface der innerhalb des Messers liegende Teil der Abfall ist.

Für besondere Zwecke, namentlich aber für die Herstellung von Briefumschlägen und ähnlichen Papierwaren werden auch vielfach verstellbare Stanzeisen verwendet, die sich ebenfalls durch eine besondere Vielseitigkeit auszeichnen. In der Hauptsache kommen solche verstellbaren Stanzeisen da zur Verwendung, wo die Briefumschläge u. dgl. nicht aus einem Bogen herausgestanzt werden sollen, sondern wo man vielmehr auf Schneidmaschinen auf Format vorgeschnittenes Material verwendet, aus dem dann nur noch die Ecken auszustanzen sind. Diese Stanzeisen bestehen aus vier Winkeleisen, die drehbar so angeordnet sind, daß sie sich auf Führungsstangen sowohl in der Länge als auch in der Breite verschieben lassen. Sie werden dann in der entsprechenden Stellung durch Schrauben festgehalten. Dadurch, daß die Führungsstangen mit Skalen versehen sind, ist nicht nur ein sehr genaues, sondern vor allen Dingen auch sehr schnelles Einstellen und Arbeiten möglich.

Von nicht geringer Bedeutung ist beim Stanzen auch die Unterlage, also der Stanzklotz, da von dessen gutem Zustand und Eignung die Instandhaltung der Stanzeisen, aber auch eine saubere Arbeit mit abhängt. Als bestes Holz für einen wirklich guten brauchbaren Stanzklotz hat gut getrocknetes, risse- und astfreies Weißbuchenholz zu gelten, das zu kleinen viereckigen Klötzchen geschnitten wird, die man dann zusammenleimt. Der auf diese Weise hergestellte Stanzklotz wird dann rundherum durch Bänder gehalten, die bei größeren Klötzen vorteilhaft verstellbar sind. Diese Nachstellbarkeit ist namentlich bei den größeren Klötzen von sehr großer Bedeutung, weil man dadurch das Schwinden des Holzes, das doch nie ganz zu vermeiden ist, stark herabmindern kann. Klötzer, namentlich in größeren Abmessungen, ohne nachstellbare Bänder, werden bald locker und somit unbrauchbar. Es ist daher auch wichtig, daß man von Zeit zu Zeit diese Bänder durch Anziehen der Schrauben nachspannt.

Bezüglich der Wahl der Stanzklötze ist nun zu bemerken, daß man sie reichlich groß wählen soll, also in allen Fällen größer als die ausnutzbare Stanzfläche der Maschine beträgt. Wenn ein solcher sachgemäß hergestellter Stanzklotz auch einer richtigen Behandlung unterzogen wird, dann besitzt er eine jahrelange Haltbarkeit. Es ist dann nur erforderlich, daß seine Oberfläche genau und sauber abgerichtet wird, wenn sie durch längeren Gebrauch zerschnitten und somit uneben geworden ist. Im übrigen kann man die Stanzklötze aber auch sehr schonen, wenn man beim Arbeiten geeignete Stanzpappen unterlegt. Eine gute Stanzpappe besitzt außer einer großen Elastizität eine sehr große Härte und Haltbarkeit.

Für die Wahl der eigentlichen Stanzmaschinen sind nun wieder zahlreiche Gesichtspunkte maßgebend, und zwar ganz nach Art der vorzunehmenden Arbeiten und dem dazu verwendeten Material. Je nachdem, ob es sich um an sich schon kleinere Arbeiten handelt, die auch nur in geringen Mengen hergestellt werden sollen, oder um größere Arbeiten, für die auch noch größere Auflagen in Frage kommen, muß man natürlich die Wahl der Maschinen treffen. Bei kleineren Maschinen bedient man sich dann des Handhebelantriebes, während größere und schwere Maschinen natürlich nur durch elektr. Kraft zu betreiben sind. Die Bauarten dieser Stanzmaschinen sind dabei außerordentlich zahlreich und verschieden je nach dem angestrebten Zweck und der verlangten Leistung.

Zum Teil verwendet man für solche Stanzarbeiten auch schwere Stanztiegel, auf denen man nicht nur stanzen, sondern auch Rillen, Ritzen, Perforieren und sogar leichte Prägungen vornehmen kann. Alle diese Handhabungen können dabei sowohl getrennt als auch zu einem Arbeitsgang vereinigt vorgenommen werden, so daß sich für dergleichen Maschinen eine außerordentlich vielseitige Verwendungsmöglichkeit in der Papierverarbeitung und der Kartonagenindustrie ergibt. Besonders aber, wo es sich um Massenauflagen handelt, wie z. B. bei der Herstellung von Faltschachteln, verschiedenen anderen Kartonagen, Plakaten, Spielen, Pappfiguren und ähnlichen Gegenständen, bieten diese Stanztiegel große Vorteile. Sie gewährleisten zunächst eine vollständig gleichmäßige Verteilung der Kraftübertragung und damit natürlich auch eine ganz gleichmäßige Druckwirkung, so daß das Erzeugnis in jeder Beziehung sauber und gleichmäßig ausfällt.

In dem vorhergehenden Artikel über die „Buchbinderei in der Papierverarbeitung“ wurden neben den wichtigsten Buchbinderei-Hilfsmaschinen auch die Stanzmaschinen besprochen, und es wird in dem Artikel auch auf den Stanztiegel hingewiesen. Von dieser äußerst wichtigen Maschine gibt es verschiedene Modelle, deren eines, der schwere Stanztiegel Krause, nachstehend eingehend behandelt wird (Tafel XXXXI/2).

**Zurichteverfahren auf dem schweren Stanztiegel „Krause“**

Hinter dem Schließrahmen ist ein Zurichteblech leicht herausnehmbar angeordnet. Außerhalb der Maschine wird auf dessen Rückseite in bequemer Weise die Zurichtung aufgebracht. Der Rücken der Stanzform sitzt fest und glatt gegen das Zurichteblech, so daß sich die Linien auch im Dauerbetrieb nicht in die Zurichtung eindrücken können. Ein Aufbewahren der Stanzform zusammen mit der Zurichtung ergibt bei Wiederholungsauflagen bedeutende Ersparnisse an Einrichtezeit.

**Absolut unfallsicheres Arbeiten**

ist durch die bewährte KRAUSE - Momentausrückung in Verbindung mit dem Handabweiser gewährleistet. Der an der Vorderkante der Tiegelschwinge angeordnete Handabweiser hebt die Hände der Bedienungsperson zwangsläufig aus und verhindert ein Nachgreifen. Vor dem festen Tiegelfundament mit der Stanzform befindet sich ein Schutzbügel, bei dessen Berührung die Maschine augenblicklich ohne Nachrutschen stillgesetzt wird. Dieser Bügel ist beidseitig durch Plexiglas-Blenden abgeschirmt und verhindert ein seitliches Eingreifen in die Maschine. Außerdem ist eine Einrücksperre für unbeabsichtigtes Einrücken vorhanden.

**Weitgehende Schonung der Stanzformen**

ist durch genaue Parallelstellung und feinste, nach Millimeterbruchteilen regelbare Druckeinstellung gegeben. Auf diese Weise erreicht man exakte Formen aller Rill- und Prägestellen, gleichtiefes Anritzen aller Ritzstellen und sauberes Durchschneiden an den Schnittstellen. Ungewolltes Verändern der Feineinteilung ist durch die in den Zugstangen eingelassenen fein verzahnten Sicherungsplatten ausgeschlossen. Die Stanzplatte aus hochwertigem gehärteten Spezialstahl ist genau geschliffen und besitzt eine hohe Lebensdauer.

**Leichte Bedienung**

ist durch die zweckmäßige Anordnung aller Bedienungselemente gegeben. Die Tiegelschwinge liegt in der Anlagestellung fast waagerecht und in bequemer Höhe. Die Anlagemarken sind rasch einzustellen. Der kräftige Schließrahmen wird durch zwei Riegel mit Knebelschrauben gehalten. Er läßt sich bequem abkippen, ohne daß sich die Stanzform dabei beschädigen kann.

**Hoher, gleichmäßiger Druck**

ist durch den Aufbau gewährleistet. Die vierfach gelagerte Zwischenwelle mit genau auf Mitte liegendem Antriebsrad überträgt den Druck gleichmäßig auf beide Kurbelräder und die starken Zugstangen. Gegendruckstücke an den Kurbelrädern fangen etwa auftretende Abbiegungen auf. Sie werden selbsttätig geschmiert und gereinigt.

Hohe Durchzugskraft

Die auf erstklassigen Wälzlagern schnell laufende Antriebswelle und das schwere Schwungrad geben dem Stanztiegel gewaltige dynamische Kraft. Die günstige Verrippung des Schwingtiegels und des Körpers verhindert Durchbiegung. Die kräftige Antriebswelle ist ohne Außenbock dicht neben dem Schwungrade im Maschinengestell gelagert. Kraftübertragung erfolgt durch Spezial-Lamellenkupplung.

Ruhiger, geräuscharmer Gang

ist durch zweckmäßige Ausbildung der Tiegelschleife und Tauchschmierung im Ölbad erreicht. Durch geschliffene Pfeilverzahnung höchster Genauigkeit ist ein ruhiger Lauf der Antriebsräder gewährleistet.

Erhaltung der Arbeitsgenauigkeit

Für jedes Triebwerksteil ist der bestens geeignete Werkstoff gewählt worden. Die Zugstangen sind aus Sonderstahl geschmiedet (kein Stahlguß!), die Buchsen der Zugstangen aus verschleißfester Bronze, Wellen und Zapfen aus Stahl hoher Festigkeit, Zahnräder und Führungsschleife aus Spezial-Stahlguß. Die Kurbelradwelle aus hochwertigem Qualitätsstahl ist besonders stark bemessen. Dicht an den Lagerstellen sitzende Kurbelräder gewährleisten günstigste Druckaufnahme.

Der Antrieb

erfolgt direkt vom Elektromotor. Der Motor kann oben auf der Maschine bei Ausführung mit Motorbock oder hinter der Maschine aufgestellt werden. Die Einrückung wird durch Fußhebel über bequem nachstellbare Lamellenkupplung bewirkt. Die wahlweise Einstellung auf Dauerlauf oder Selbstausrückung nach jedem Stanzhub geschieht rasch und bequem.

## Rollenschneid- und Wickelmaschinen

Zusammenfassung der zur Zeit von der Firma Maschinenfabrik Goebel GmbH, Darmstadt, gebauten Rollenschneid- und Wickelmaschinen.

Hochleistungs-Rollenschneidemaschine RAPID

Das vielfach bewährte Modell RAPID - d (Tafel VII/1) wird vorzugsweise für die Verarbeitung von Papieren in Gewichten zwischen 7 und 350 g/qm eingesetzt. Je nach Eignung der Materialien können auch gut appretierte Gewebe, in ihrer Machung über die Breite hinweg gesehen gleichmäßige Kunststoff-Folien, stärkere Reinmetall- sowie kaschierte Metallfolien auf ihm befriedigend verarbeitet werden.

Die Maschine wird in Arbeitsbreiten von 1000 mm, 1250 mm und 1600 mm gebaut.

Das maximal mögliche Aufrollvermögen beträgt — in der gleichen Reihenfolge — 800 mm, 800 mm und 600 mm.

Modell RAPID - d läßt, bedingt durch die Lagerung der Schneideinrichtung in der unbeweglichen Maschinenstuhlung, eine maximale Laufgeschwindigkeitsausnutzung bis zu 500 m/min zu. Die Schneideinrichtung nach dem weltbekannten GOEBEL-Schneidsystem (Umschlingung der Untermesserwelle durch die Warenbahn um etwa 150°) verbürgt eine leichte Rollentrennung.

Die Aufwickeleinrichtung ist beweglich gelagert und nähert sich mit zunehmendem Durchmesser der aufwickelnden Rollen der Bodenebene.

Durch Betätigung eines Handaufzuges ist es möglich, nach Beendigung des Rollvorganges die Aufwickeleinrichtung und damit die Fertigrollen noch weiter zu senken und auf einen Tisch oder Transportwagen abzusetzen, wodurch eine besonders leichte Entnahmemöglichkeit der Fertigrollen gegeben ist.

Eine sinnvoll durchdachte Lagerung der Abrollstange und Wickelwellen gestattet einen raschen und bequemen Wechsel der Vorrats- und Fertigrollen.

Die Maschine ist weitestgehend mit Wälzlagern ausgestattet, so daß nur eine geringe Wartung erforderlich ist.

Das Eigengewicht der Aufwickeleinrichtung und das zunehmende Gewicht der aufwickelnden Rollen werden durch ein Zweigruppen-Federsystem ausgelastet. Im Innern der Maschine befindet sich das Federsystem zum Auslasten der aufwickelnden Rollen und an der Außenseite das Federsystem zur Auslastung des Eigengewichts der Aufwickeleinrichtung.

Der die Festigkeit der aufwickelnden Rollen beeinflussende Anpreßdruck gegen eine über der Aufwickeleinrichtung angeordnete Andruckwalze ist durch Verändern der Federspannung der äußeren Federgruppe mittels Handrad einfach regelbar. Das hier erwähnte Federsystem wurde von uns entwickelt, nachdem das bei dem Vorläufer der heutigen RAPID - d angewandte System der Auslastung des zunehmenden Rollengewichts durch Gewichte insofern Nachteile aufwies, als hierdurch einmal das Gesamtgewicht der Maschine unnötig erhöht wurde und zum anderen die Entlastungswirkung träger war als bei der Anwendung von Federn.

Modell RAPID - d arbeitet mit direkt angetriebener Wickelwelle, also nach dem System der freitragenden Wicklung. Hierdurch ist es möglich, alle bekannten Papiersorten — sowohl rauhe als auch hochglatte — und eine ganze Anzahl anderer Materialsorten, wie bereits eingangs erwähnt, befriedigend zu verarbeiten. Das Prinzip der freitragenden Wicklung setzt allerdings voraus, daß die jeweils zur Benutzung gelangenden Wickelwellen so dimensioniert sind, daß ihre Durchbiegung während des Rollvorganges ausgeschlossen ist. Es sollten daher bei allen drei genannten Arbeitsbreiten keine Wickelwellen unter einem Durchmesser von 70 mm verwendet werden.

Soll die Maschine zum Schneiden und Aufwickeln besonders schmaler Streifen (bis herab zu 5 mm) eingesetzt werden, wäre die Ausstattung mit einer Streifentrennvorrichtung erforderlich. Die Typenbezeichnung lautet dann „RAPID - dT" (Tafel VII/2).
Der Antriebsmotor wird senkrecht an die Maschine angebaut, wodurch ihre seitliche Ausladung äußerst gering ist.
Eine Parallelentwicklung zu Modell RAPID - d stellt das Modell RAPID - u dar (Tafel VIII/1), das jedoch mit Tragwalzen ausgestattet und daher für die Verwendung von Aufwickelwellen mit kleinem Durchmesser geeignet ist.
Die Arbeitsbreiten betragen 1000 mm, 1250 mm und 1600 mm, der größte Aufrolldurchmesser 600 mm.
Je nach Schnittbreite und Eignung des zur Verarbeitung anfallenden Materials können ebenfalls hohe Laufgeschwindigkeiten erzielt werden.
Modell RAPID - u wird heute in erster Linie für die Verarbeitung von Kabelpapieren bis zu einer Schnittbreite von 5 mm herab eingesetzt. Damit es diese schwierige Aufgabe befriedigend lösen kann, wird dieses Modell beim Arbeiten derartig schmaler Schnitte mit einer Streifentrennvorrichtung ausgestattet, mit deren Hilfe die geschnittenen Streifen mit einem Abstand von 0,4 mm voneinander zur Aufwicklung gelangen, so daß Trennschwierigkeiten ausgeschlossen sind. (RAPID - uT, Tafel IX).
Bei Modell RAPID - u wird — im Gegensatz zur RAPID - d — die Wickelwelle nicht angetrieben, sondern es werden die auflaufenden Rollen durch zwei angetriebene Tragwalzen und die gleichfalls angetriebene Belastungswalze am Umfang mitgenommen.
Als Zusatzeinrichtung zu dieser Maschine wird das Anilindruckwerk zum Drucken von Längs-, Quer- und Diagonallinien bis zu 4 Farben genannt.
Sowohl Modell RAPID - d als auch Modell RAPID - u können mit einer automatischen Abrollbremse ausgestattet werden, die eine konstante Spannung der durchlaufenden Materialbahn bewirkt. Eine Tänzerwalze kontrolliert die Spannung und gibt entsprechende Impulse an die Bremse. Eine Überwachung durch das Bedienungspersonal ist somit nicht erforderlich (Abb. 6).

2. Hochleistungs-Rollenschneidmaschine SUPER

Hier handelt es sich um eine Maschine, die vorzugsweise für das Schneiden von Zell- und Kunststoff-Folien, paraffinierten Papieren und ähnlichen Materialien sowie Kino- und Rollfilm eingesetzt wird. Sie arbeitet, je nach Schnittbreite und Eignung des Materials, mit Laufgeschwindigkeiten bis zu maximal 300 m/min und liefert einwandfreie Schmalrollen gleicher Festigkeit auch aus Materialien ungleicher Stärke (Tafel VII/2).
Standardmäßig wird Modell SUPER mit einer Arbeitsbreite von 1400 mm gebaut, jedoch ist auch eine Fertigung in Breiten von 800 mm, 1000 mm, 1600 mm und 2000 mm möglich.

Abb. 6

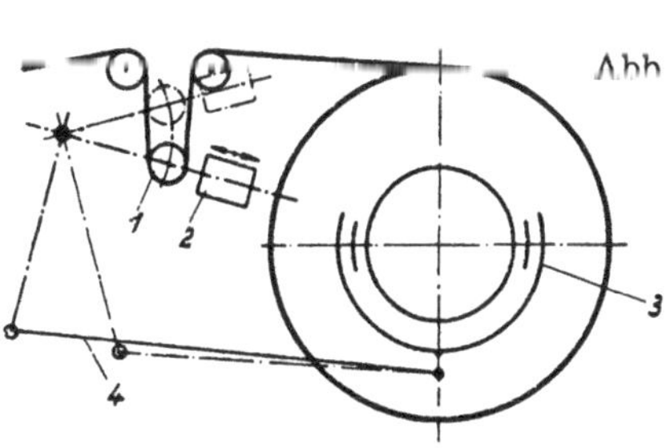


1. Tänzerwalze
2. Einstellbares Bremsgewicht
3. Backenbremse
4. Bremsgestänge

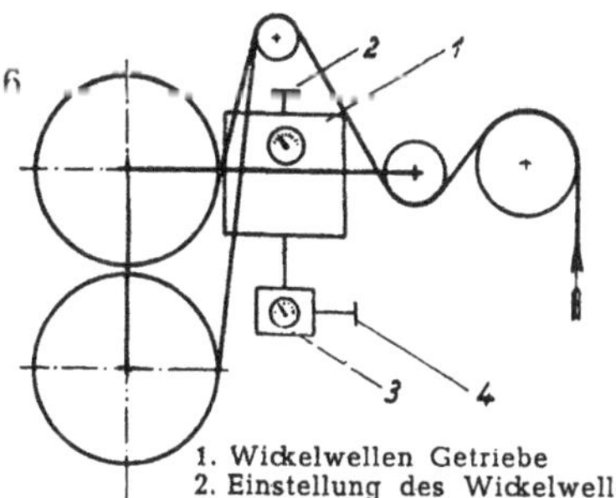


Abb. 7

1. Wickelwellen Getriebe
2. Einstellung des Wickelwellenanfangs ∅
3. Steuergetriebe
4. Einstellung der Werkstoffstärke

Die serienmäßig gebaute 1400 mm breite Maschine läßt ein maximales Aufrollvermögen für beide Wickelwellen von je 500 mm zu.

Die hervorstechendsten Merkmale der SUPER sind:

- die stabile, gedrungene Bauform;
- die automatische Abrollbremse (Funktionsbeschreibung siehe unter Punkt 1 — RAPID —);
- die großdimensionierten Förderwalzen;
- die Aufwicklung auf zwei angetriebenen Wickelwellen;
- die Körnerspitzenlagerung der Wickelwellen sowie
- die automatische Regulierung der Wickelwellendrehzahl mittels eines sogenannten Drehzahlreglers.

Das besondere Problem bei der Verarbeitung von Kunststoff-Folien ergibt sich aus der Ungleichmäßigkeit des Materials und der Glätte seiner Oberfläche. Schmalrollen aus einem glatten Material, wie es Folien sind, lassen sich nur dann transportieren, wenn sie hartgewickelt sind, sonst würden sie auseinanderfallen. Ist ein solches Material, wie es bei Transparentfolien und Film stets der Fall ist, über die Bahnbreite ungleichmäßig stark, so ist die Herstellung gleichmäßig fester Schmalrollen nur möglich, wenn ihre Aufwicklung mit individuellem Wickelzug erfolgt. Dieses Problem ist bei der SUPER so gelöst, daß sie mit 2 Aufwickelwellen, die für die Aufnahme der erforderlichen Friktions-Wickelkörper eingerichtet sind, ausgestattet wird.

Die großdimensionierten Förderwalzen sind mit Gummi bezogen und gewährleisten einen schlupffreien Materialtransport.

Die Körnerspitzenlagerung der Wickelwellen garantiert einen zentrischen Lauf der aufwickelnden Schmalrollen.

Antrieb der Aufwickelwellen über Drehzahlregler:

Mit Hilfe dieses Drehzahlreglers ist es möglich, die Drehzahl der Aufwickelwellen bei ansteigendem Rollendurchmesser automatisch zu reduzieren. Dies ist notwendig, um die bei steigender Umfangsgeschwindigkeit der aufwickelnden Rollen eintretende Erwärmung der Wickelkörper und des Wickelgutes zu vermeiden und die Voraussetzung für eine Ausnutzung der hohen Laufgeschwindigkeiten zu schaffen. Die Einstellung des Drehzahlreglers erfolgt einmalig nach der Materialstärke und dem Anfangs-Wickeldurchmesser auf 2 Skalen. Ein mechanisches Abtasten des Wickelgutes unterbleibt. (Abb. 7, siehe Seite 95)

Falls auf Ausnutzung einer besonders hohen Laufgeschwindigkeit kein ausgesprochener Wert gelegt wird, kann auf den Drehzahlregler verzichtet werden.

### 3. Hochleistungs-Rollenschneidmaschine PRACTICA

Dieses Modell ist als Hochleistungsmaschine für die wirtschaftliche Herstellung von Rollen mit geringem Lochdurchmesser, beispielsweise Registrierkassenrollen, Additionsmaschinenrollen, Telegraphenrollen, Rollen aus gummierten Papieren, einlagigen Fernschreiberrollen etc. anzusprechen.

Die Maschine wird standardmäßig in den Arbeitsbreiten 1000 mm und 1250 mm gebaut und läßt ein maximales Aufrollvermögen bis zu 400 mm zu.

Bei Modell PRACTICA (Tafel X/1) wird die Aufwickelwelle durch die beiden Tragwalzen und die mit Friktionsgetriebe ausgestattete Andruckwalze angetrieben. Daher ist die Benutzung von Wickelwellen mit kleinem Durchmesser möglich, ohne daß eine Gefahr des Durchbiegens besteht.

Die jeweils geschnittene Rollenserie läßt sich leicht aus der Maschine herausnehmen, wodurch die Stillstandszeiten bei Rollenwechsel auf ein Mindestmaß beschränkt werden.

Das Anheben und Senken der Andruckwalze erfolgt durch Kleingetriebemotor mit Fußdrucktaster. Alle Walzen und sonstigen rotierenden Teile, ausgenommen die Abrollstange, laufen in Kugellagern.

Auch Modell PRACTICA ist standardmäßig mit einer automatischen Abrollbremse zur selbsttätigen Konstanthaltung der Materialbahnspannung ausgestattet. Fernerhin besitzt diese Maschine eine automatische Auslösevorrichtung, die bei Erreichen eines eingestellten Wickeldurchmessers in Funktion tritt.

Eine elektrisch wirkende Meterauslösevorrichtung sowie eine Warnstreifendruckeinrichtung zur Kennzeichnung des Rollenendes gelten als Spezial-Zusätze, die jeweils auf Kundenwunsch vorgesehen werden können.

Die ausnutzbare maximale Laufgeschwindigkeit der Maschine beträgt, je nach Materialart und geringster Schnittbreite, etwa 300 m/min.

### 4. Rollenschneid- und Wickelmaschine „WR 1"

Dieses Modell ist eine Neuentwicklung und bestens geeignet für die rationelle Fertigung von Rollen mit geringem Inhalt und kleinem Durchmesser. Arbeitsbreiten: 1000 mm und 1250 mm.

Seine besonderen Merkmale sind:

- die bedienungsbequeme Bauweise;
- die Lagerung aller Walzen und der Schneideinrichtung in Wälzlagern;
- die Schneideinrichtung als solche nach dem GOEBEL-Schneidsystem;
- die Aufwicklung nach dem Prinzip der Umfangswicklung, und
- die Benutzungsmöglichkeit von Wickelwellen mit kleinem Durchmesser, sowie
- eine einstellbare Vorrichtung zum automatischen Anhalten bei gewünschtem Wickeldurchmesser.

Die Maschine kann auf besonderen Wunsch mit automatischer Abrollbremse, motorischer Hebevorrichtung für die Andruckwalze, sechsstelligem Rotations-Meterzähler oder elektrisch wirkender Meterauslösevorrichtung sowie einer Warnstreifendruckeinrichtung zur Kennzeichnung des Rollenendes ausgerüstet werden.

Der erzielbare Durchmesser der Fertigrollen beträgt max. 300 mm.
Je nach Materialbeschaffenheit und Schnittbreite kann Modell WR 1 mit einer Laufgeschwindigkeit bis zu 200 m/min ausgenutzt werden (Tafel XI/1).

### 5. Rollenschneid- und Wickelmaschine „SC"

Auch bei diesem Maschinenmodell handelt es sich um ein von uns neu entwickeltes Modell, das außer für die Verarbeitung von Kunststoff-Folien auch zum Schneiden und Wiederaufwickeln anderer Materialien, beispielsweise Kondensatorenpapieren und dünnsten Rein-Alu-Folien, eingesetzt werden kann und speziell für die Herstellung schmaler Fertigrollen gedacht ist.

Diese Maschine wird standardmäßig in Serienfertigung in den Arbeitsbreiten 500 mm und 800 mm gebaut. Sie kann sowohl mit einer als auch mit zwei Aufwickelvorrichtungen ausgestattet werden, was sich nach dem jeweiligen Einsatzzweck richtet.

Die Abrollvorrichtung kann wahlweise vorder- oder rückseitig an der Maschine angebracht werden. Hierzu gehört gleichfalls eine über Pendelwalze gesteuerte automatische Abrollbremse. Die Abrollstange ist vom Bedienungsstand aus in horizontaler Richtung verstellbar. Eng beieinander liegende Leit- und Förderwalzen gestatten eine weitestgehende Führung der durchlaufenden Warenbahn.

Auch bei diesem Maschinenmodell arbeitet die Schneideinrichtung nach dem GOEBEL-Schneidsystem mit umschlungener Untermesserwelle.

Die Aufwicklung der geschnittenen Streifen erfolgt nach dem Prinzip der Pendelarmwicklung. Das Aufwickelvermögen liegt bei maximal 400 mm.

Wie bereits gesagt, ist die Ausstattung mit 1 oder 2 Aufwickelvorrichtungen möglich, was sich nach dem jeweiligen Einsatzzweck richtet. Hierbei liegen die Wickelwellen auf einer — bzw. zwei — angetriebenen Stützwalze auf. Der Antrieb der Wickelwelle erfolgt über ein ausreichend dimensioniertes Friktionsgetriebe.

Eine elektrisch über Hubmagnet wirkende Durchmesserauslösevorrichtung gestattet ein automatisches Stillsetzen der Maschine nach Erreichen eines vorher beliebig einstellbaren Fertigrollendurchmessers.
Die Maschine ist standardmäßig ausgelegt für eine maximale Laufgeschwindigkeitsausnutzung von 200 m/min, die jedoch abhängig ist von der Art der zur Verarbeitung anstehenden Warensorten und der jeweiligen Schnittbreite.
Modell SC kann weiterhin eingesetzt werden zur Linienklebung von Papier auf Rein-Alu-Folie, wobei die Maschine mit einer zusätzlichen Abrollvorrichtung und einem Streifenklebapparat ausgestattet wird.
Auch dieses Modell läßt sich bei Verarbeitung von Papieren in schmale Breiten mit einer Streifentrennvorrichtung ergänzen.

6. Karton-Rollenschneidmaschine „II E“
Dieses Maschinenmodell ist für die Verarbeitung von Karton bis zu den stärksten in Rollenform herzustellenden Sorten bestimmt. Die Führungswalzen sind im Durchmesser groß dimensioniert, damit der zu verarbeitende Karton keine ungünstige Krümmung erfährt.
Diese Maschine wird in Arbeitsbreiten von 1000 mm, 1250 mm, 1600 mm und 1800 mm gebaut (Tafel X/2).
In die Abrollvorrichtung können Originalrollen mit einem Durchmesser bis zu maximal 1500 mm eingelegt werden.
Die Abrolleinrichtung ist ausgestattet mit einer von der Vorderseite bedienbaren seitlichen Regulierung sowie einer wassergekühlten öldruckbetätigten Bremse.
Ein schwenkbarer Walzenrahmen mit einer Einrichtung für seitliche Verschränkung enthält die Spannwalzengruppe, eine Andruckwalze und das Messerwellenpaar. Der Walzenrahmen kann mittels eines Handrades bequem gehoben und gesenkt werden.
Eine spezialisierte Wickelwellenlagerung gestattet einen bequemen Rollenwechsel, wobei zum einfachen Ausrollen der Fertigrollen besondere Auslaufbügel vorgesehen sind.
Der maximal zu erzielende Fertigrollendurchmesser ist mit 1200 mm begrenzt.
Je nach Materialbeschaffenheit und Schnittbreite können Laufgeschwindigkeiten bis zu 500 m/min erzielt werden.

7. Fotoelektrischer Originalrollen-Seitenregler (Abb. 8)
Ein empfehlenswertes Zusatzgerät für unsere Rollenschneidmaschinen ist der fotoelektrische Seitenregler zum automatischen Ausrichten seitlich verlaufener Originalrollen. Das Ausrichten der Warenbahn geschieht durch Abtasten der Materialbahnkante oder einer Drucklinie. Beim Abtasten nach der Materialbahnkante wird mit einem Fotozellen-Gabelkopf gearbeitet, während das Abtasten nach einer Drucklinie mittels eines Reflektions-Abtastkopfes geschieht.

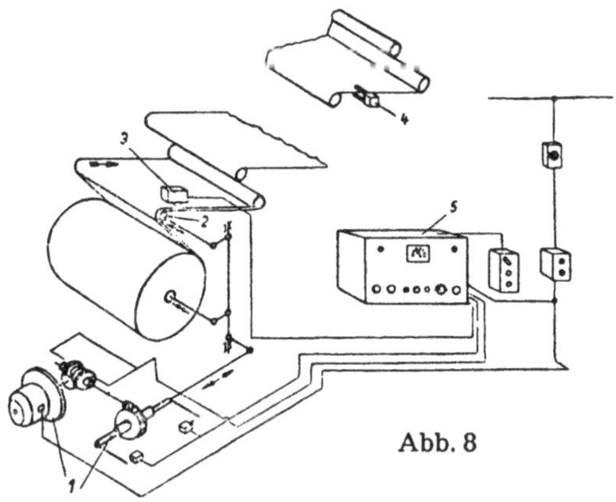


Abb. 8

1. Steuereinrichtung
2. Parallel mit der Originalrolle verstellbare Leitwalze
3. Reflektionsabtastkopf (Steuerung nach Drucklinie)
4. Gabelkopf (Steuerung nach Rand)
5. Schaltgerät

Die Abrollstange der jeweiligen Rollenschneidmaschine, an die der fotoelektrische Seitenregler angebaut wird, ist mit einem Verstellgerät verbunden und wird im gleichen Rhythmus mit einer darüberliegenden zusätzlichen Leitwalze seitlich verstellt. Der Impuls der Fotozelle des Abtastgeräts wird über ein Verstärkergerät auf eine Verstelleinrichtung übertragen.

Der fotoelektrische Seitenregler kann zum Steuern aller Warensorten, also auch durchsichtiger Materialien, wie Zellglas und andere Kunststoff-Folien, eingesetzt werden.

## Das Kleben in der Papierverarbeitung
## Neue naturgesetzlich begründete physikalische Erkenntnisse über die Klebetechnik

Von Hermann Nitz, Berlin - Steglitz

Das Bekleben und Kaschieren von Pappen mittels handwerklicher, sowie mehr oder weniger rationell-maschineller Methoden, unter besonderer Berücksichtigung automatisch arbeitender Maschinen

Nachdem die stürmische Fortentwicklung der letzten Jahrzehnte von handwerklichen, über maschinell - halbautomatische zu ganzautomatischen Produktionsmethoden und darüber hinaus, in der gesamten Papierverarbeitung mehr und mehr industrielle Wirtschaftsformen angenommen hat, zwingt die Rücksichtnahme auf die Erfordernisse maschineller Materialverarbeitungsmethoden, auch die physikalischen Gegebenheiten der Werk- und Klebstoffe unter diesen Gesichtspunkten, strenger als bisher einer kritischen Betrachtung zu unterziehen.

Hierbei dürfen im Interesse einwandfreier Qualitätsarbeit und der Vermeidung von Fehlklebungen bzw. Kaschierungen die naturgesetzlichen Selbstverständlichkeiten natürlich nicht übersehen werden. In der Vergangenheit mußten fehlerhafte Dispositionen, Qualitätsverschlechterungen verbunden mit Repräsentationseinbußen der Fabrikationsprodukte geflissentlich übersehen werden, weil sie abzustellen die Zeit noch nicht herangereift war.

Da aber die wissenschaftlichen Grundlagen zu neuen Erkenntnissen geführt haben, sollen, selbst auf die Gefahr hin, nicht in allen einschlägigen Fachkreisen verstanden zu werden, diese Dinge allgemeinverständlich erörtert werden, zumal sie, neben anderen wichtigen Komponenten, in der Hauptsache mit der besonderen Aufbereitung der Klebstoffe zusammenhängen.

I n e r s t e r L i n i e käme eine äußerst strenge Beachtung der Papier- bzw. Pappen-Faserlaufrichtung insofern in Betracht, als in Schmal- und (oder) Breitbahn bzw. umgekehrt geliefertes Material, unter keinen Umständen untereinander geraten, oder miteinander verwechselt werden darf, wobei die Lieferanten bei Androhung der zur Verfügungstellung anzuhalten sind, auch ihrerseits streng hierauf zu achten.

Auch ist bei der Warenkontrolle durch den Lagerverwalter zu prüfen, ob das gelieferte Material in dieser Hinsicht der Bestellung entspricht, damit die Lagerkartothek auch in dieser Beziehung so stichhaltig vervollständigt werden kann, daß man sich in j e d e r Beziehung auf die entsprechenden Eintragungen verlassen kann.

I n z w e i t e r L i n i e ist zu beachten, daß die sich quer zum Maschinenlauf bildende sogen. „Faserlaufrichtung“ wie sie sich, im Gegensatz zu handgeschöpftem Faserstoffmaterial, durch den Fluß des Faserbreies auf den Lang- und Rundsieben der Papier-Karton- und Pappenmaschinen naturnotwendig ergibt, eine verhältnismäßig gleichgerichtete Ablagerung der länglich geformten Einzelfasern in der Fließrichtung zur Folge hat.

Das ist allerdings nicht so zu verstehen, als ob dieser Vorgang sich mit einer absoluten Gleichmäßigkeit vollzöge, dies ist schon deshalb nicht möglich, weil die Fasern im nassen Zustand äußerst beweglich sind und sich, unterstützt durch die Schüttelbewegung des Flachsiebes daher vielfach auch quer zur Fließrichtung über- und durcheinander legend, nach Abzug des Fabrikationswassers sich gegenseitig sozusagen verfilzen, um je nach der Stoffdosierung, die Form von Papier, Karton oder Pappe anzunehmen.

Immerhin aber ergibt sich bis zum Egoutteur eine gewisse Grundtendenz der Faserablagerung in der Fließrichtung, die zu einer dadurch bestimmten Eigenart in dem physikalischen Verhalten dieser Faserstoffprodukte während ihrer Verarbeitung führt, die nicht übersehen werden darf, und zwar aus folgendem Grund.

Das organische Fasergebilde (Papier, Karton oder Pappe) ist nämlich, wie alle natürlich entstandenen Fasern, mit mikroskopisch feinen Röhrchen (sogen. Kapillare) durchsetzt.

Saugen sich diese Haargefäße voll Wasser, so quellen sie in ihrem Querschnitt und dehnen das Gebilde, zu dem sie auf der Maschine geworden sind, nach dieser Seite entsprechend aus.

Die Richtung, nach der sich dieser Vorgang vollzieht, bezeichnet man als die „D e h n r i c h t u n g".

Wird diesen Gebilden (Papier, Karton, Pappe etc.) das Wasser mehr oder weniger intensiv wieder entzogen, so vollzieht sich andererseits eine entsprechende Schrumpfung (als Kohäsion bezeichnet).

Mithin sind Dehn- und Schrumpfrichtung aller Faserstoffprodukte miteinander identisch.

Diese Tendenz muß in jeder Hinsicht, also sowohl beim Zuschnitt, wie beim Festlegen der Druckanlagen, außerdem aber in der Wahl der geeigneten Klebstoffe für das buchbinderische Fertigmachen unbedingt beachtet werden.

Wird nun mit irgendwelchen Klebstoffen gearbeitet, so erhöhen sich die Schrumpfbewegungen mehr oder weniger und zwar entsprechend der molekularen Dichte des jeweilig zur Verwendung stehenden Klebstoffes im Zustand absoluter Trockenheit.

Grundsätzlich muß daher in mehr oder weniger elastisch oder unelastisch auftrocknende Klebstoffe unterschieden werden.

Die Verschiedenheit in dieser Hinsicht ist beträchtlich, einmal von der Art der verschiedenen Klebstoffe aus gesehen, sie ist weiterhin aber noch davon abhängig, ob und mit welchen Weichmacher — oder Härtemitteln der betreffende Klebstoff aus irgendwelchen Gründen verschnitten wurde.

Kunstharz- bzw. Plastklebstoffe und wasserlösliche Klebstoffe unterscheiden sich, von diesem Gesichtspunkt aus betrachtet, in molekularer Hinsicht, grundsätzlich. Ebenso grundsätzlich unterscheidet sich der elastische Trockenzustand einer Plastklebung, die mit der von Gummiband verglichen werden kann, von dem elastischen Trockenzustand einer Klebung mittels „wasserlöslicher" Klebstoffe, die, im Gegensatz hierzu, hygroskopischer Natur sind, also auf stabilisierter Feuchtigkeit beruhen.

Letztere verhütet eine Versprödung sowohl der verarbeiteten Materialien, wie der Klebstoffe und mit letzteren natürlich deren unerwünscht starke Schrumpfung (sprich Kohäsion).

Hieraus geht also schon hervor, daß Kohäsion (sprich Schrumpfung) jede durch Klebstoffauftrag, also Durchfeuchtung vorangegangene Faserstoffdehnung normalerweise u n t e r ihr ursprüngliches Maß zurück schrumpfen läßt und hierbei soviel Kraft entfaltet, als der Klebstoff, mehr oder weniger elastisch bleibend, auftrocknet.

Hierbei entstehen dann die Oberflächenspannungen, die sich durch Verschnitt der Klebstoffe mit entsprechend dosierten Weichmacher — oder Härtungssubstanzen irgendwie steuern bzw. lenken lassen, was, je nach der Situation, übrigens auch durch Verschnitt mit mehr oder weniger elastisch oder unelastisch auftrocknenden Klebstoffen anderer Natur (siehe Tabellen) erreicht werden kann. Außerdem lassen sich die Schrumpfkoeffiziente mittels geeigneter Methoden messen bzw. feststellen.

In dieser Hinsicht verweist der Verfasser auf die am Artikelschluß veröffentlichten Tabellen A und B wie außerdem auf die Zeichnungen einseitig verzogener Pappen (Seite 108) welche Auswirkungen der Kohäsion zeigen, wie sie bei Verwendung verschiedener Klebstoffarten, bzw. deren Verschnitt mit verschiedenen Weichmacherdosierungen zu Tage treten, sobald der Trockenprozeß abgeschlossen ist.

Endlich führt die Gegenüberstellung der beiden Zeichnungen (Seite 108) mit den zwei verschiedenen Krümmungskurven die, auch in Fachkreisen heute noch immer weit verbreitete Ansicht ad absurdum, daß es Kaschier- bzw. Vorsatzpapiere mit verschiedener „Zugkraft" gäbe.

Zugkraft in diesem Sinne kann, nach den Feststellungen des Verfassers, lediglich das Ergebnis der Kohäsion trocknender Klebstoffe sein, die je nach Bedarf entweder gehemmt oder gefördert werden kann.

Mittel hierzu sind, bei den anorganischen Plastklebstoffen natürlicherweise auch anorganische Weichmacher irgendwelcher chemischer Formeln.

Bei wasserlöslichen Klebstoffen dagegen Feuchtigkeit stabilisierende organische Weichmacher aus dem Pflanzenreich, wie z. B. Delikateß-Rübensaft oder „Sorbit", welch letztere Substanz aus der Klasse der sechswertigen Alkohole infolge ihrer kostspieligen Gewinnung aus Vogelbeeren, neuerdings aus Traubenzucker (Glukose) durch Reduktion mit Wasserstoff in großem Ausmaß, und wirtschaftlich tragbar, industriell gewonnen wird.

Wie bereits darauf hingewiesen, besteht die Wirkung solcher wasserlöslichen Weichmacher in der Vermeidung einer gewissen Versprödung, also in einer Frischhaltung der Zell- und Holzstoff-Faserprodukte einerseits und der Klebstoffmoleküle andererseits auf lange Sicht, deren Wirkung, im Gegensatz zu Glyzerin (vor dessen Verwendung als Klebstoff-Weichmacher in der Papierverarbeitung nachdrücklich gewarnt sei) möglichst jahrelang konstant bleiben sollte, was bei Glyzerin aber nicht zutrifft.

Zweifellos existieren in Gottes unermeßlichem großen Pflanzenreich noch ähnliche, die Feuchtigkeit stabilisierende organische Substanzen, die lediglich zu entdecken und in geeigneter Form unserer Wirtschaft zuzuführen sind.

Eine ähnliche Wirkung erzielt man mit „Chlorkalzium", jedoch bin ich als Nichtchemiker nicht sicher, ob damit versetzte und hygroskopisch hergerichtete tierische Leime nicht etwa alkalisch reagieren und alsdann empfindliche Farben angreifen.

Der buchbinderische Klebetechniker ist also in der Lage, seine Klebstoffe dem zu klebenden oder zu kaschierenden Werkstoffen weitgehend anzupassen oder bei Großverbrauch durch die Klebstoffchemie anpassen zu lassen und zwar sowohl hinsichtlich eines schnellen Anzieh- und Abbindeeffektes, wie plan auftrocknender Fertigprodukte, sowie falten- und spannungsfreier Verklebungen.

An dieser Stelle sei einmal klargestellt, was sowohl bei Klebetechnikern und Papierverarbeitern, wie andererseits bei der Kundschaft in der Industrie und im Verlagsbuchhandel unter einer einwandfreien Klebung oder Kaschierung als allgemein gültig verstanden zu werden pflegt.

Ganz gleich also, ob es sich um stehende, liegende oder hängende Plakate, Kalenderrückwände od. ähnliche Dinge, um eingeklebte Innen- bzw. Vorsatzspiegel bei Mappen oder Buchdeckeln handelt, werden diese, von der Schauseite aus gesehen, mit Recht, zum mindesten „plan" verlangt.

Noch besser ist eine schwach konvexe Krümmung und zwar ohne Rücksicht auf gut oder schlecht gelagerte Pappen.

Da hierbei auch die Klebstoff-Auftragsdosierung pro Quadratmeter Trockensubstanzmenge eine ausschlaggebende Rolle spielt, so sind moderne Kaschiermaschinen so eingerichtet, daß dem in dieser Hinsicht durch feinste und absolut gleichmäßige zentrale Auftragszylinder-Einstellung Rechnung getragen ist.

Um den Klebstoffen Gelegenheit zu ausreichender Entwässerung zu geben und damit den Anzieh- und Abbindeeffekt zu fördern, hat man z. B. bei einer modernen Bogen-auf-Bogen-Klebemaschine einen längeren Weg der mit Klebstoff beschickten Nutzen bzw. Plakate oder dergl. über einige zusätzliche Führungs-Walzen im Untergestell des Pappenauflagetisches vorgesehen.

Die notwendige Länge dieses Weges läßt sich durch Ausschalten der einen oder anderen Walze leicht verkürzen.

Das Trennen der Plakate etc. jeweils zwischen zwei Pappenbogen oder Zuschnitten erfolgt automatisch durch ein gezahntes Messer innerhalb einer Messerpartie, die durch einen Fühler ausgelöst wird, der gegen die Pappenkanten arbeitet.

Bei großem Bedarf an beklebten Pappen zum Zwecke evtl. Weiterverarbeitung, kann diese rationelle Maschine mit einem oder mehreren Trockenzylindern, oder einem Infrarot-Trockenkanal ausgerüstet werden, so daß laufend weiter verarbeitungsfähiges Material abtransportiert werden kann.

Ganz gleich aber, ob große Auflagen auf a) modernen „Bogen-auf-Bogen-Klebemaschinen" oder kleine und mittlere Auflagen auf b) „Transportband-Anleimmaschinen" bei denen also der Klebstoff - Auftragszylinder oberhalb der mit Klebstoff zu beschickenden Fläche angeordnet ist, um die beleimte Fläche nach oben liegend auf das Transportband ablegen und zum Ende transportieren zu können, oder c) mit einer normalen „Ein- oder Zweiwalzen-Buchbinder-Anschmiermaschine" kleinere Auflagen gelegentlich anfallender Kaschier- und Beklebearbeiten erledigen zu können, muß in jedem Fall:

1. die Art des Klebstoffes gleichzeitig mit dem evtl. Verschnitt für mehr oder weniger elastisches Auftrocknen
2. Konsistenz dieser Klebstoffe und
2. das Auftragsvolumen pro Quadratmeter Trockensubstanz,

sowohl mit dem Klebstoffträger, wie mit der kaschierenden Pappe, gemäß der im Verlauf dieser Abhandlung aufgezählten neuen Richtlinien, aufeinander abgestimmt werden.

Oft stehen extreme Materialarten wie z. B. „Preßspan“ oder „Pergaminpapier“ zur Verarbeitung, also Werkstoffe, mit, durch Kalandern oder Friktionierung evtl. unterstützt durch Parafinierung dichtgeschlossenen Oberflächen, in deren Kapillare wasserlösliche Klebstoffe nicht ohne weiteres einzudringen vermögen.

In solchen Fällen empfiehlt es sich, falls man nicht unter Verwendung von „Kunstharz-Dispersionsklebern“ am einfachsten zum Ziele kommt, besondere Poren-Öffnungsverfahren anzuwenden, wie z. B. Abwaschen der geschlossenen Flächen mit warmem Wasser, dem man etwas Soda beigefügt hat.

Eine gute normale Klebung kommt so zustande, indem der Klebstoff durch sein Lösungsmittel „Wasser“ zunächst in die Kapillare der Kleblinge hineingetragen wird.

Dort verdunstet das Wasser, um die Klebstofftrockensubstanz, je nach Weichmacherbeimischung, als eine Art mehr oder weniger elastisch aufgetrocknete Halteanker zurückzulassen.

Die Eindringtiefe der Klebstofflösung endet da, wo durch die Entwässerung eine Verdickung oder Gelatinierung der Klebstoffsubstanz diese daran hindert, tiefer in die Kapillare einzudringen.

Dadurch etwa drohende Oberflächenspannung, die zu einseitiger Materialverkrümmung führt, sind durch Beimischung von entspannenden Weichmachersubstanzen zu kompensieren.

Je geschlossener und unporöser sich die Klebstoff-Auftragsflächen darbieten, umso weniger tief dringen die Klebstofflösungen ein und umso eher bilden sich die gefürchteten Oberflächenspannungen.

Extreme in dieser Hinsicht sind einerseits friktionierter Preßspan bzw. ähnliche Werkstoffe und andererseits gebleichte, im Holländer ungeleimte Holzpappe, die als solche die günstigste Plakatpappe darstellt.

Danach rangieren in dieser Hinsicht, je nach dem Zustand der verwendeten Altpapiersorten mit Bezug auf Holländerleimung und Trocknungsmethoden des Produktes, die sonstigen vielerlei Pappenqualitäten.

Hieraus geht schon hervor, daß mit Bezug auf richtige Pappen-Disposition große Erfahrung dazu gehört, für bestimmte Anforderungen an das Fabrikationsprodukt im Sinne dieser Abhandlung die geeignetsten Werk- und Klebstoffe zu disponieren.

Es dürfte daher für alle Klebetechniker in der Papierverarbeitung ratsam sein, sich mit der Neuartigkeit der hier behandelten Materie grundsätzlich auseinanderzusetzen, damit entsprechende Erfahrungen durch die Praktiker auf diesem Gebiet neu erarbeitet und weitergetragen werden können.

Klebstoffe aller Arten unterliegen auf Grund ihrer wesentlich dichteren molekularen Beschaffenheit einer zumeist wesentlich stärkeren Kohäsion (Schrumpfung) als Faserstoffgebilde.

Die Aufstellung von Meßzahlen in den vorhin erwähnten Tabellen ist also eine notwendige Ergänzung zum besseren Verständnis der vorgeschlagenen Richtlinien bei Klebstoff- und Weichmacherwahl, wenn es darum geht, daß nach Abschluß des Trockenprozesses von Klebungen und Kaschierungen, Oberflächenspannungen unerwünschte konkave Krümmungen an Fertigprodukten der Papierverarbeitung vermieden werden sollen.

Wenn wir die Auswirkungen der Klebstoff-Kohäsion untersuchen, muß vorausgeschickt werden, daß es sich auf Grund einer größeren Anzahl von Experimenten des Verfassers herausgestellt hat, daß bei der verschiedenen Moleküldichte der verschiedenen Klebstoffe sowohl das prozentuale Ausmaß wie die in Gramm ausgedrückte Kraftentfaltung dieser Schrumpfungen (sprich Kohäsion) zwar parallellaufend voneinander abhängig, aber in ihren Werten sehr verschieden sind.

Die Tabellen A und B zeigen dies sehr deutlich.

Tabelle A

*Schrumpfwirkungen verschiedener Leime und Klebstoffe, ausgedrückt in Schrumpfkoeffizienten nach Abschluß des Trockenprozesses. Versuchsdurchführung: Dünn aufgetragener Klebstoff auf vollgeleimten Vorsatzpapieren, Offset-Papieren und schwachgeleimten Druckpapieren.*

Raumtemperatur: 20° C. Relative Luftfeuchtigkeit: 45%.

| Lfd. Nr. | Art des Leimes | Vollgeleimtes Vorsatz- bzw. Offsetpapier | | Schwachgeleimtes Druckpapier | |
|---|---|---|---|---|---|
| | | Querlfd. | Längslfd. | Querlfd. | Längslfd. |
| 1. | Wasser (als Vergleichswert) | 6 v.T. | 5 v.T. | 5 v.T. | 4 v.T. |
| 2. | Zellkleister | 5 v.T. | 4 v.T. | 6 v.T. | 5 v.T. |
| 3. | Handelsüblicher Pflanzenleim | 9 v.T. | 7 v.T. | 6 v.T. | 4 v.T. |
| 4. | Weizenstärke-Kleister | 12 v.T. | 10 v.T. | 15.v.T. | 6 v.T. |
| 5. | Dextrin | 10 v.T. | 7 v.T. | 12 v.T. | 6 v.T. |
| 6. | Hautleim, 4,5° E | 13 v.T. | 9 v.T. | 12 v.T. | 8 v.T. |
| 7. | Knochenleim, elastisch, mit Zusätzen | 5 v.T. | 3 v.T. | 6 v.T. | 3 v.T. |
| 8. | 1 Teil PVA - Leim für Papierverarbeitung, 1 Teil Weizenstärkekleister | 5 v.T. | 5 v.T. | 5 v.T. | 3 v.T. |
| 9. | Handelsüblicher PVA-Leim für Buchrückenverleimung | 5 v.T. | 5 v.T. | 5 v.T. | 4 v.T. |

| | | | | |
|---|---|---|---|---|
| 10. Kunstharz- bzw. sog. Plastleim für Papierverarbeitung, unverschnitten | 4 v.T. | 3 v.T. | 3 v.T. | 2 v.T. |
| 11. 1 Teil Hautleim, 2 Teile Rübensaft | 0 v.T. | 0 v.T. | 0 v.T. | 0 v.T. |
| 12. Hautleim mit Weichmacherzusatz „Karion Sorbit Merck F, flüssig", Mischungsverhältnis 10—20% Konsistenz streichfähig | 3,5 v.T. | 3,5 v.T. | 3,5 v.T. | 3,5 v.T. |

Kein Unterschied zwischen längs- und querlaufender Faserrichtung. Veränderte Verdünnung mit Wasser beeinflußt die Werte kaum.

Tabelle B

*Kraftentfaltung durch trocknenden einseitigen Klebstoffauftrag bei grauer Maschinenpappe, 1 mm stark, Versuchsformat 400 × 500 mm.*

Raumtemperatur + 20° C. Relative Luftfeuchtigkeit: 45%.

| Lfd. Nr. | Art des Leimes | Kraftentfaltung in Gramm | Bemerkungen |
|---|---|---|---|
| 1. | Hautleim mittlerer Qualität, 4,5° E., ohne Weichmacherzusatz | 2.630 | sehr hohe Kraftentfaltung, Röhrenbildung |
| 2. | Weizenstärke - Kleister ohne Weichmacherzusatz | 1.900 | |
| 3. | Kartoffelstärke - Kleister ohne Weichmacherzusatz | 1.620 | |
| 4. | 1 Teil handelsüblicher Plastleim für die Papierverarbeitung mit Zusatz von 1 Teil Weizenstärke - Kleister | 1.620 | |
| 5. | Knochenleim, elastisch, mit Zusätzen | 1.500 | |
| 6. | Handelsüblicher Kunstharz- bzw. Plastleim für Buchrückenverleimung ohne Zusätze | 1.440 | |
| 7. | 1 Teil Hautleim, streichfähige Konsistenz, 1 Teil Sulfitlauge | 770 | weich, alkalisch |
| 8. | 2 Teile Hautleim, 4,5° E., 1 Teil Rübensaft | 250 | neutral, gute Klebkraft |
| 9. | 1 Teil Hautleim in streichfähiger Konsistenz, 2 Teile Rübensaft | 0 | Anzieheffekt und Klebkraft noch genügend |
| 10. | Hautleim, gemischt mit „Karion Sorbit Merck F, flüssig" Mischungsverhältnis 5—20% | zwischen 0 u. 500 | Kraftentfaltung regulierbar, also planbleibend bis leicht gewölbt |

**Einfluß der Auftragsstärke auf die Kraftentfaltung**

bei grauer Maschinenpappe, 1,2 mm Stärke, Format 500 × 500 mm

Raumtemperatur + 20° C. Relative Luftfeuchtigkeit: 45%.

| Lfd. Nr. | Hautleimverbrauch berechnet auf Trockensubstanz | Kraftentfaltung in Gramm | Bemerkungen |
|---|---|---|---|
| 1. | 21,0 Gramm | 6.200 | Röhre |
| 2. | 3,3 Gramm | 1.450 | nur leicht gekrümmt |

Weiterhin findet dieses Zahlenmaterial seine Bestätigung durch die hieraus resultierenden verschiedenen Krümmungskurven, die hier abgedruckt sind.

An dieser Stelle sei, in Wiederholung des bereits Gesagten daran erinnert, daß im allgemeinen zwei, sich auch physikalisch von einander unterscheidenden Klebevorgänge in Betracht zu ziehen sind und zwar:

erstens „Echte Klebungen" und zweitens „Lösungsmittel-Klebungen".

Bei normalen „echten" Klebungen dringt jeder Wasser als Lösungs- oder Streckungsmittel haltige Klebstoff bei manuellem oder maschinellem Auftrag in einer der jeweils vorgesehenen Materialarten angepaßten Konsistenz in die Kapillare oder Papiere, Kartons oder Pappen usw. ein.

Die Eindringtiefe der entsprechenden Klebstofflösung endet da, wo durch die Entwässerung (wie das sog. „Anziehen" zu bezeichnen ist) eine Verdickung oder Gelatinierung derselben diese daran hindert, tiefer in die Kapillare einzudringen.

Die sofort einsetzende Verdunstung der mit der Klestofflösung in das Material eingedrungenen Feuchtigkeit hinterläßt nach Abschluß des Trockenprozesses die Klebesubstanz als eine Art, je nach Verschnitt, mehr oder weniger elastisch aufgetrockneter Halteanker.

Zugleich vollzieht sich das, was wir mit „Kohäsion" bzw. „Schrumpfung" bezeichnen, deren Ausmaße durch die Arten der Verschnitt-Substanzen gegeben ist.

Bei „Lösungsmittel-Klebungen", wie sie bei Materialien anzuwenden sind, welche mit einer wasserunlöslichen Lackierung oder Beschichtung versehen sind, hat das dem Klebstoff (zumeist Plastkleber) beigemischte Lösungsmittel den Zweck, die wasserunlösliche Beschichtung oder Lackierung der zu beklebenden Materialfläche anzulösen und somit eine Vermischung beider Substanzen herbeizuführen.

Nach der Verdunstung des Lösungsmittels ist die Klebung perfekt.

Daneben kennen wir noch eine „Adhäsionshaftung" die darauf beruht, eine absolute Luftleere zwischen zwei Kleblingen herbeizuführen.

Hierfür sind Klebstoffe erforderlich, die nie völlig austrocknen und dadurch ihre Ansaugkraft bewahren.

Diese Art der Haftung hat also nichts mit „Klebung" zu tun.

Immerhin aber ergeben sich Fälle, wie z. B. eine Materialverbindung zusammen mit Glas, emaillierten, oder geschliffenen Mineralflächen.

Und nun zu den Abbildungen.

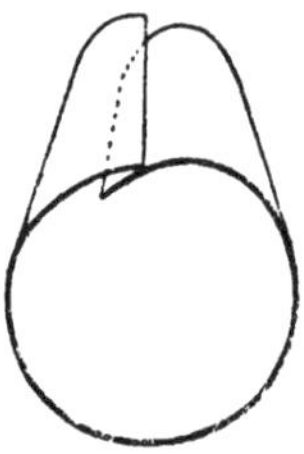

Abb. 9

Abbildung links: Fett aufgetragener hochviskoser, aber völlig weichmacherfreier Hautleim, daher Röhrenbildung. Zu vergleichen mit Experiment Nr. 6, Tabelle A und Nr. 1 Tabelle B.

Abbildung rechts: Fett aufgetragener, ebenfalls völlig weichmacherfreier Weizenstärkekleister. Etwas weniger starke Kohäsion. Zu vergleichen mit Experiment Nr. 4 Tabelle A und Nr. 2 Tabelle B.

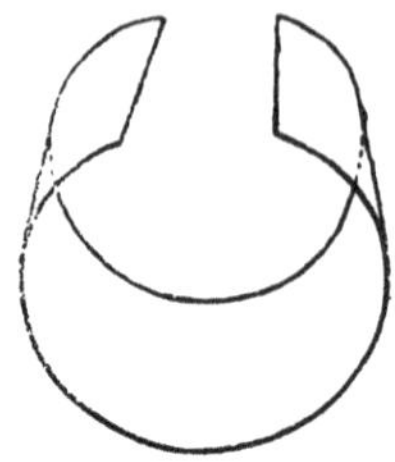

Abb. 10

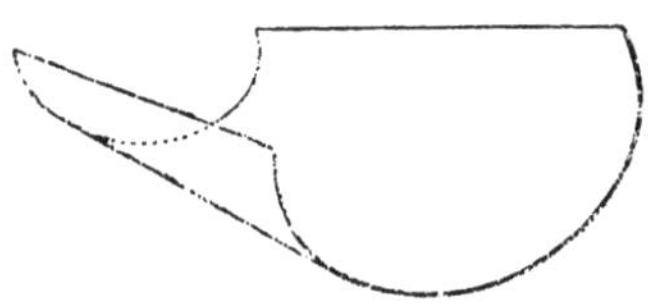

Abb. 11

Fett aufgetragener Knochenleim, elastisch, mit Zusätzen. Zu vergleichen mit Tabelle A Nr. 7 u. Tabelle B Nr. 5.

Zu vergleichen mit lfd. Nr. 10 in Tabelle A und bei Tabelle B unter lfd. Nr. 6.

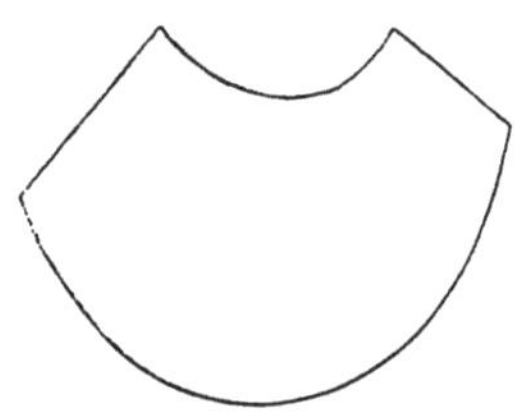

Abb. 12

Krümmungskurve bei Kleisteraufstrich direkt auf Pappe.

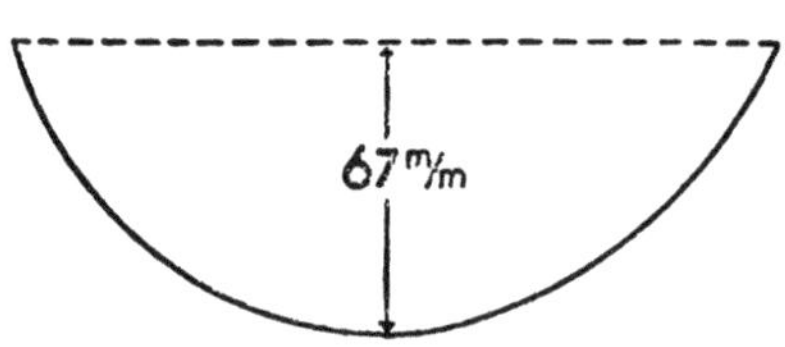


Abb. 13

Krümmungskurve bei Kaschierung mit holzfrei Vorsatzpapier (1/2-Leimung).

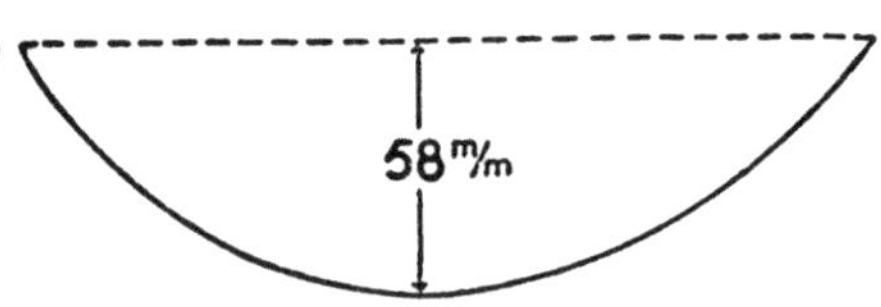


Abb. 14

8. Kapitel

# Großpapiersackherstellung

## Der Großpapiersack und seine maschinelle Herstellung

Moltkes Wort: „Der Krieg ist der Vater aller Dinge“ trifft auch auf die Entwicklung des Großpapiersackes als Verpackungsbehälter zu. Im ersten Weltkrieg 1914—1918, als Jute ein schwer erhältlicher Rohstoff in Deutschland war, kam man auf den Gedanken, den man bisher kaum zu fassen gewagt hatte, eine Füllgutmenge von 100 Pfund Sand in einen papiernen Sack zu schütten. In dieser Form diente der mit Sand gefüllte Großpapiersack beim Schützengrabenbau als Deckungsschutz.

Wider alle Erwartungen gelang der Versuch, der Papiersack hielt stand, und von nun an erstreckte sich diese Idee stürmisch über den ganzen Globus.

### Die Arten der Papiersäcke

Der zuerst hergestellte Großpapiersack war an einem Ende abgenäht, und das offene Füllende wurde nach der Füllung zu einer sogenannten Blume zusammengerafft. Diese wurde mit einer Schnur zugebunden. Der genähte Papiersack hat in Nordamerika eine weitaus größere Verbreitung gefunden als in Europa. Er wird fast stets mit Seitenfalten gearbeitet, einerlei, ob er als oben offener Sack oder als sogenannter Ventilsack Verwendung finden soll. Ein derartiger Ventilsack ist nicht nur unten im Boden zugenäht, sondern auch oben an der Füllseite, und nur als Füllloch bleibt das sogenannte „Ventil“ offen, das sich nach seiner Füllung auf Grund seiner Beschaffenheit durch den Druck des Füllgutes von selbst schließt. Diese Seitenfalte bezweckt, dem Sack nach der Füllung wenigstens annähernd eine Blockform zu geben. Trotz alledem fällt dem Betrachter sofort auf, daß der gefüllte genähte Sack eine unbefriedigende Form besonders in den Ecken hat. Durch Fallversuche hat sich auch gezeigt, daß diese Ecken besonders gefährdet sind und vielfach die Ursache für den Bruch des Sackes bilden.

Hinzu kommt, daß der genähte Sack durch die Nadelstiche auf der ganzen Breite durch nahe aneinanderliegende Löcher perforiert und somit geschwächt ist. Außerdem entstehen durch die Nadelstiche Kanäle in das Sackinnere, so daß die Verwendung von wasserdichtem Papier illusorisch wird und somit hygroskopische Güter darin nicht lagerfähig sind.

Schließlich bedeutet die Naht infolge der hierbei notwendigen Verwendung feinster Baumwollgarne und Jutekordel einen beachtlichen Aufwand. Zudem ist für die Ventilkonstruktion eine verlängerte Ventilzunge notwendig, die aus der vollen Schlauchwand gebildet wird, wodurch ein unnötiger und bedeutender Papierverlust entsteht. Der größte Papierverlust beim Ausarbeiten dieses Ventils entsteht bei der Verwendung des Kröpfschnittes (Abb. 15). Man kann diesen Papierverlust

Kröpfschnitt (Abb. 15)

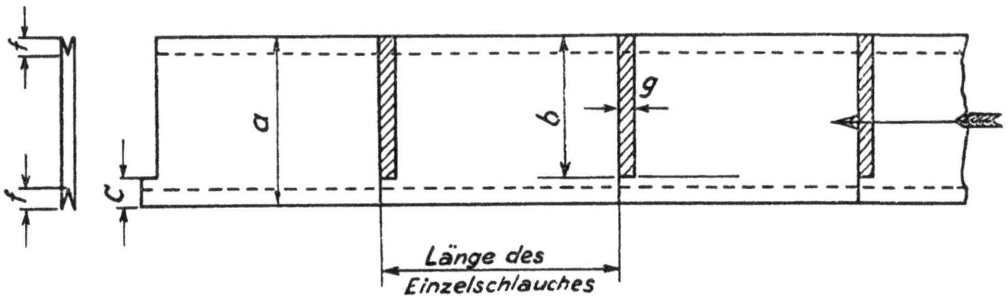


mittels der Sparschnitteinrichtung bis auf 40% des Betrages gegenüber dem des Kröpfschnittes verringern. In diesem Fall ist das Schneidwerk der Schlauchmaschine derartig ausgebildet, daß mit den Messern einmal ein gerader Abschnitt, das andere Mal ein sogenannter Doppelkröpfschnitt ausgeführt wird (Abb. 16).

Sparschnitt (Abb. 16)

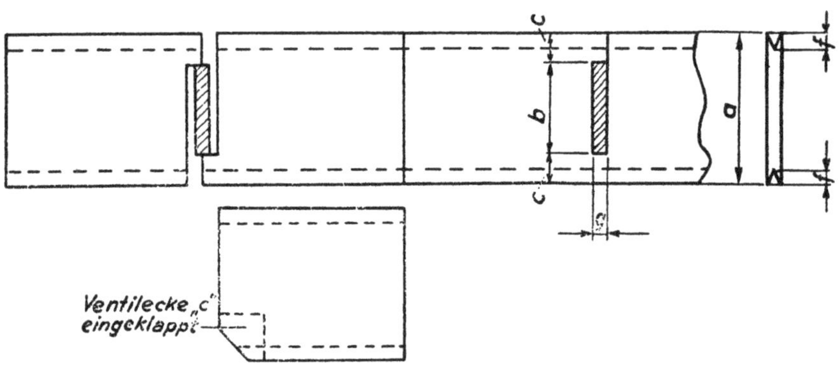


Die Ablage muß als Doppelablage ausgebildet werden, damit die Schläuche jeweils an der Ventilseite einheitlich im Stapel liegen.

Bei der Weiterverarbeitung zu genähten Ventilsäcken werden zuerst die Ventile in den Schlauch eingeschlagen. Diese Arbeit erfolgt im allgemeinen manuell unter Verwendung einer einfachen Schablone. Geübte Mädchen erreichen eine Leistung von 30 bis 40 Einschlägen pro Minute, so daß man mit 10 000 bis 12 000 eingefalteten Ventilen in 8 Stunden rechnen kann.
In jüngster Zeit wurden in den Vereinigten Staaten hierfür auch komplizierte Maschinen entwickelt, die sich jedoch wenig eingeführt haben, besonders weil, wie wir später sehen werden, die Bedeutung des genähten Sackes im Rückgang begriffen ist.

### Der geklebte Kreuzboden-Ventilsack

Das Vordringen des geklebten Sackes gegenüber dem genähten Sack hat sich in den letzten Jahren stetig weiter fortgesetzt. Nordamerika war lange das Land, in dem der genähte Sack die weiteste Verbreitung hatte und ist es auch heute noch. Bei den riesigen Investitionen, die man hier für die Fabrikation der genähten Säcke getroffen hat, ist die Umstellung nicht einfach. Sie vollzieht sich aber gegenwärtig, und allem Anschein nach geht man sofort — unter Umgehung des normalen geklebten Sackes — auf den Staffelsack über.
Im Laufe der Jahre wurden die Maschinen für die Fertigung des geklebten Kreuzbodensackes auf eine sehr hohe Leistungsfähigkeit entwickelt. Diese hohe Leistungsfähigkeit der Maschinen und die Erkenntnis, daß der geklebte Kreuzboden-Ventilsack stärker und billiger als der genähte ist, bewirkten, daß der genähte Sack immer weiter in seiner Bedeutung zurückgedrängt wurde. Der geklebte Kreuzboden-Ventilsack zeigt nach dem Füllen eine schöne Bodenform und liegt besser und sicherer im Stapel. Er ist dichter, denn Regen und Feuchtigkeit können nicht durch die Nahtlöcher eindringen.
Die normale Form eines geklebten Kreuzboden-Ventilsackes hat jedoch noch gewisse Nachteile. Wenn der sogenannte Schlauch an den Enden in herkömmlicher Weise glatt abgeschnitten ist, so muß man in diesem Schlauch sämtliche Papierlagen an den Enden desselben mittels Querklebung miteinander verbinden, um sämtliche Lagen im Boden zusammenzuhalten und zum Tragen zu bringen. Das hat den Nachteil, daß diese Klebenaht leicht hart und spröde wird. Außerdem ist nicht jede einzelne Schlauchlage im Boden für sich verklebt, wie das bei der Längsnaht der Fall ist.
Bei dem gestaffelten Kreuzboden-Ventilsack ist nur eine punktförmige Querklebung erforderlich, damit der Schlauch für die Bodenbildung sicher geöffnet werden kann. Die Lagen der einzelnen Schläuche werden an den Seitenklappen des Bodens für sich verklebt. Dadurch bleibt die Verklebung des Bodens weich und geschmeidig. Diese Biegsamkeit ist für die Festigkeit des Sackes besonders wichtig. Von großer wirtschaftlicher Bedeutung aber ist die Kleister- und Papierersparnis gegenüber dem normalen geklebten Kreuzboden-Ventilsack. Die Papierersparnis beträgt etwa 3% des bei der Fertigung verbrauchten Papiers.

Über die Staffelformen des Kreuzbodens sind in den verschiedenen Ländern bereits eine große Anzahl von Variationen zum Patent angemeldet worden. Eine ganze Anzahl Patente wurde auch bereits erteilt.

### Der geklebte Klotzbodensack

Künftig wird uns die Klotzbodenform als weitere Variante des geklebten Sackes begegnen. In den USA ist diese Form schon seit einiger Zeit eingeführt. In Europa ist die Klotzbodenform bei den kleinen Papiersäcken zwar schon seit längerer Zeit bekannt, aber als Großpapiersack ist sie erst in jüngster Zeit mehr in Erscheinung getreten. Zur Bildung des Klotzbodens ist es erforderlich, daß der Schlauch Seitenfalten aufweist. Der offene Sack in Klotzbodenform hat ungefüllt wie gefüllt ein gefälliges Aussehen, und er hat den Vorteil, daß er durch seine Bodenform auch in geöffnetem aber leerem Zustand eine gewisse Standfestigkeit hat. Diese Eigenschaft prädestiniert ihn in erster Linie für den sogenannten Umsack, d. h. einen Sack, der zur Umhüllung anderer Packungen dient.

### Anwendungsgebiete des Großpapiersacks

Von den beiden Hauptformen — den Ventilsäcken und den offenen Säcken — sollen zunächst die Ventilsäcke betrachtet werden. Es sind drei Hauptverwendungszwecke, die diese Sackform hat:

a) als Zementsack,
b) als Kunstdüngersack,
c) als Sack für Nahrungsmittel: Zucker, Mehl, Stärke.

### Zu a)

Der Zementsack ist auch heute noch immer der Hauptvertreter des Ventilsacks. Zwar hat der offene Transport des Zements in Silos oder auch in Zementtankern dem Zementsack einen gewissen Abbruch getan. Er hat sich bei Großbaustellen durchgesetzt und nimmt in einigen Ländern bis zu 60% des Zementtransportes ein. In Deutschland beträgt er gegenwärtig etwa 25%. Der offene Transport des Zements in Silos hat aber seine Grenzen, insbesondere durch den leeren Rücktransport der Behälter; es ist keine Einwegverpackung. Durch die Zunahme des Zementbedarfs ist die absolute Zahl der benötigten Zementsäcke bisher kaum gesunken. Bei der Zunahme des Großpapiersackes als Verpackungsmittel ist die Abnahme des Zementsackes nur prozentual eingetreten.

### Zu b)

Eines der großen Anwendungsgebiete des Großpapiersacks ist das Verpacken von Kunstdünger. Wir haben es hier im Gegensatz zum Zementsack mit einem wesentlich schwereren Sack zu tun. Während der Zementsack etwa aus drei oder vier Lagen besteht, besteht der Kunstdüngersack aus vier, fünf oder sechs Lagen, und der Sack für Kalkstickstoff und Salpeter hat meistens eine Bitumen-Papierschicht. Die Bodenbreite ist größer als beim Zementsack. Dieses ist durch die Eigenart des Füllgutes bedingt, das nicht so gut rutscht wie Zement. Das Füllrohr der Absackmaschine und damit das Ventil des Sackes und die Bodenbreite müssen größer sein.

Allgemein gehen die Bestrebungen heute darauf hinaus, größere Bodenbreiten als in den vergangenen Zeiten herzustellen, um eine günstigere Sackform in gefülltem Zustand zu erhalten. Diesem Umstand tragen die modernen Ventilbodenmachermaschinen Rechnung.

Z u c)

Der Ventilpapiersack als Verpackung für Nahrungsmittel — Mehl, Stärke usw. — hat ebenfalls in den letzten Jahren stark an Bedeutung gewonnen. Der Mehlsack stellt die höchsten Anforderungen an den Druck. Während Zement- und Kunstdüngersäcke meistens ein- höchstens zweifarbig bedruckt worden, ist bei diesen Säcken ein zwei- bis vierfarbiger Druck durchaus nichts Ungewöhnliches. Häufig besteht die äußere Lage aus weißem, manchmal gekrepptem Papier. Zucker- und Mehlsäcke erhalten — entsprechend den Fülleigenschaften der Materialien — auch breitere Böden, von etwa 12,5 cm an aufwärts. Der Mehlsack hat — entsprechend dem geringen spezifischen Gewicht des Mehls — die größten Abmessungen von etwa 80 bis 90 cm Länge und 60 cm Breite.

Die unter a, b und c genannten Anwendungsgebiete des Ventilsacks nehmen ihrer Bedeutung nach in den verschiedenen Ländern eine unterschiedliche Stellung ein. In Deutschland haben diese drei Anwendungsgebiete schon fast eine gleiche Bedeutung erlangt, während vor ca. einem Jahrzehnt der Zementsack etwa 70% der gesamten Großpapiersackherstellung ausmachte. Es ist daraus ersichtlich, daß der Zementsack in seiner prozentualen Bedeutung zurückgegangen ist und der Großpapiersack sich neue Gebiete erschließen konnte.

Für den Großpapiersackhersteller bedeutet das zugleich einen häufigeren Formatwechsel und damit unerwünschte Stillstandszeiten. Für die Maschinenkonstrukteure bedeutet es die Notwendigkeit, die Umstellung der Maschine von einem Format auf das andere so einfach und so schnell wie möglich vorzusehen.

Bestrebungen sind heute im Gange, von den 50-kg-Ventilsäcken auf 40 oder 25 kg Ventilsäcken herunterzugehen. In einigen Ländern — USA, Japan — ist der 100-lbs-Sack, entsprechend etwa 42 kg, schon verwirklicht worden, und der Trend geht weiter zum Sack von etwa 25 kg. Auch dieser Entwicklung haben Maschinenfabriken in der Konstruktion von Bodenmachermaschinen bereits Rechnung getragen.

Nach den mit beidseitigem Boden versehenen Ventilsäcken soll das Anwendungsgebiet der offenen Säcke betrachtet werden. Der Form nach können drei Arten offener Säcke unterschieden werden: der abgenähte Sack, der Sack mit Kreuzboden und der Sack mit Klotzboden.

Für den genähten Sack gilt das am Anfang Gesagte: Er ist weniger haltbar und hat eine weniger ansprechende Form, wenn er gefüllt ist. Außerdem erfordert er mehr Papier. Neben dem genähten Sack ist es in der Hauptsache der geklebte Kreuzbodensack, der am häufigsten angetroffen wird. Die Anwendungsgebiete dieser beiden Sackarten sind ungeheuer vielseitig. Man benutzt sie für Körnerfutter aller Art, Isolierstoffe, Wolle, Früchte, Abfallstoffe usw. Der Verschluß nach der Füllung kann auf verschiedene Weise bewerkstelligt werden. Entweder wird das obere Ende zur sogenannten Blume zusammengerafft oder es wird durch Abnähen mit eigens dafür konstruierten tragbaren Nähmaschinen verschlossen.

Über den offenen Sack mit geklebtem Klotzboden wurde bereits oben kurz gesprochen. Dieser Sack wird in Europa erst in jüngster Zeit gefertigt und gewinnt Bedeutung als Umsack, um also kleinere Pakete, etwa kg-Pakete mit Zucker, Mehl, Salz oder Seifenpulver hineinzupacken und nicht mehr wie bisher in einen teureren Karton. Dieses Verpacken kann von Hand oder auch maschinell durch einen sogenannten Umsackpacker geschehen. Anschließend wird der Umsack wie ein Paket verschlossen und verklebt und eventuell mit einem Klebestreifen versehen.

### Herstellung der Großpapiersäcke

Die Herstellung der Großpapiersäcke wird in mehreren Arbeitsgängen vorgenommen. Mit Druckmaschinen wird zunächst die äußere Papierbahn des Schlauches bedruckt. Das kann in einem separaten Arbeitsgang oder aber auch in einem mit der Schlauchmaschine gekuppelten Druckwerk geschehen. Nach der Herstellung der Schläuche werden diese entweder auf Nähmaschinen abgenäht oder aber auf einer Ventilbodenmachermaschine mit einem Boden an jedem Ende versehen, in das zugleich ein Ventil eingeklebt wird. Selbstverständlich können diese Ventilbodenmachermaschinen auch nur einen Boden an dem Sack bilden. Sollen offene Säcke mit Böden versehen werden, die etwa 18 bis 32 cm breit sein können, so sind besondere Kreuzbodenlegemaschinen erforderlich. Diese vermögen in der Regel jedoch nur einen Boden an einem Sack zu bilden.

### Die Druckwerke für Schlauchmaschinen

Die Anforderungen an den Druck auf Großpapiersäcken sind in der jüngsten Zeit erheblich gestiegen, besonders bedingt durch die neuen Gebiete, die sich der Großpapiersack erobert hat. Als Druckarten kommen hier der Buchdruck und der flexographische Druck (früher Anilindruck genannt) in Frage. Während der Buchdruck in den Vereinigten Staaten die verbreiteste Anwendung gefunden hat, hat sich heute der flexographische Druck für Großpapiersäcke durchgesetzt. Die Druckmaschinen hierfür sind immer weiter verwollkommnet worden, und der heutige flexographische Druck mit pigmentierten Farben ist nicht mehr mit dem Anilindruck von vor 10 Jahren zu vergleichen. Ein gut ausgeführter flexographischer Druck mit Pigmentfarben kann heute selbst vom Fachmann ohne Lupe kaum noch vom

Buchdruck unterschieden werden. Nachteile des Buchdruckes haben außerdem bewirkt, daß dieser an Bedeutung verloren hat. Ein vollflächig mit Buchdruck bedruckter Sack hat eine sehr glatte Oberfläche. In gefüllter und gestapelter Form kann dadurch leicht ein Verrutschen der Sackstapel erfolgen. Die Kosten für den Buchdruck liegen außerdem in den meisten Ländern höher als für die flexographischen Farben.

Viel diskutiert wird zur Zeit die Frage, ob es richtig ist, die äußere Papierbahn in einem getrennten Arbeitsgang vorher zu bedrucken oder ob es zweckmäßiger ist, das Druckwerk an den Anfang der Staffelschlauchmaschine zu stellen und mit der Hauptmaschine zu kuppeln. Es scheint, daß hier noch keine allgemein gültige Regel gegeben werden kann. Für höchste Anforderungen ist ohne Zweifel die separate Druckmaschine am besten geeignet; der Drucker kann seine ganze Aufmerksamkeit dem Druck zuwenden, was dem Maschinenführer einer Staffelschlauchmaschine mit gekuppeltem Druckwerk nicht möglich ist. Ferner bietet das Vordrucken die Möglichkeit einer besseren Ausnutzung der Staffelsackmaschine, ganz besonders bei kleinen Auflagen, wie sie häufig bei Nahrungsmittelsäcken vorkommen. Bleiben die Schlauchlängen bei verschiedenen Aufträgen gleich — wie es z. B. bei Futtermittelsäcken häufig der Fall ist, wo nur die Aufschrift gewechselt wird — so können die einzelnen Bahnen in der gleichen Rolle aneinandergeklebt werden und die Staffelschlauchmaschine kann ohne Stop durchlaufen. Die Verarbeitung vorbedruckter Papierbahnen macht es erforderlich, daß das Druckbild im Verhältnis zum Schlauchabschnitt durch eine Fotozelle geregelt wird. Diese Aggregate sind heute so allgemein in der papierverarbeitenden Industrie geworden, daß sie längst aus den Kinderschuhen herausgewachsen sind und dem Verarbeiter keine Kopfschmerzen mehr machen.

Bei nicht so großen Anforderungen an den Druck und normal großen Auflagen ist aber das mit der Maschine gekuppelte Druckwerk das Übliche. Um allen möglichen Entwicklungen gewachsen zu sein, haben einige Konstrukteure das gekuppelte Druckwerk gleich so vorgesehen, daß es jederzeit ohne besondere zusätzliche Kosten zu einem selbständigen, von Rolle auf Rolle arbeitenden Druckwerk umgebaut werden kann.

in Tafelanhang (Tafel XIII) wird ein schweres, modernes Vierfarbendruckwerk gezeigt, das mit einer Schlauchmaschine gekoppelt ist. Tafel XII zeigt das gleiche Vierfarbendruckwerk, aber komplettiert zu einem getrennt arbeitenden Vordruckwerk.

Die Farbwerke dieser Druckmaschine müssen heute die bekannten Einrichtungen für die Verarbeitung von Pigmentfarben besitzen, d. h. verchromte, gerasterte Farbauftragwalzen, die einen gleichmäßigen Farbauftrag auf das Klischee des Formatzylinders gewährleisten, Stahl-Gegendruckzylinder, angetriebene Farbwalzen, die eine Änderung des Übersetzungsverhältnisses zu den Rasterwalzen gestatten und die bei Stillstand der Druckmaschine mit langsamer Geschwindigkeit weiterlaufen, um ein Antrocknen der Farben zu verhüten. Farbumlaufpumpen müssen für eine ständige Zirkulation der Farbe in den Farbbehältern sorgen, um das Absetzen von Farbpigmenten zu verhindern. Bei Stillstand der Maschine müssen die Gegendruckzylinder hydraulisch und automatisch von den Farbauftragswalzen abgehoben werden. Um die einzelnen Farbwerke beim Drucken registerhaltig zueinander einstellen zu können, müssen diese während des Laufes der Maschine sowohl in der Länge als auch in der Breite eine gewisse Verstellbarkeit aufweisen.

### Die Schlauchmaschinen

Bei der heutigen Bedeutung des Staffelsacks soll hier nur auf Schlauchmaschinen eingegangen werden, die nicht nur den normalen, sondern auch den an den Enden gestaffelten Schlauch herstellen können. Tafel XIV zeigt eine derartige moderne Staffelsack-Schlauchziehmaschine mit einem gekuppelten Vierfarben-Druckwerk. Die Formate, die auf derartigen Schlauchmaschinen gemacht werden können, zeigen neuerdings bei verschiedenen Konstrukteuren übereinstimmende Maße.

Hinsichtlich der Schlauchbreite, die gefertigt werden kann, kann man diese Maschinen in zwei Klassen einteilen, von denen die erste Schlauchbreiten von etwa 30 bis 65 cm fertigen kann, die zweite Schlauchbreiten von 30 bis 80 cm. Die Schlauchlängen bewegen sich zwischen 60 und 165 cm. Folgende Hauptaggregate gehören zu derartigen Schlauchziehmaschinen:

### Die Abwicklung

Normalerweise sind die Maschinen mit Abwicklungen für 6 Papierrollen ausgerüstet. Die normale Abwicklung sieht einen maximalen Rollendurchmesser von 130 cm vor. Die Befestigung der Rollen auf den Abwickelwellen geschieht durch Konusse mit besonderer Spannvorrichtung. Damit die Papierbahnen in der Maschine nicht verlaufen, müssen sie mit einer gewissen Spannung in der Maschine laufen. Diese Spannung wird durch Abbremsen der Papierrollen erzeugt, und zwar am zweckmäßigsten durch ein Bremsband, da dann die Bremskraft auf die Papierbahn bezogen immer unabhängig vom Rollendurchmesser ist.

Diese Abwicklungen können auch für einen Rollenwechsel während des Betriebes eingerichtet werden, was sehr günstig ist, um die Stillstände der Maschine soweit wie möglich zu verringern. Beim Ankleben der neuen Bahn braucht die Geschwindigkeit der Maschine nur reduziert zu werden.

### Die Querklebung

Zum Zusammenkleben der einzelnen Papierlagen sind sogenannte Querklebungen erforderlich. Bei Herstellung eines Staffelschlauches brauchen die einzelnen Papierbahnen nur punktförmig miteinander verklebt zu werden, da bei der Bodenklebung jede Lage mit sich selbst verklebt wird. Die Querklebung im Staffelsack hat also nur noch den Zweck, die Öffnung des Schlauches in der Bodenmachermaschine durch Aufsaugen zu ermöglichen. Die Feineinstellung der Querklebung zur perforierten Abrißkante kann in einer modernen Schlauchmaschine durch ein Differentialgetriebe auch während des Betriebes eingestellt werden. Für einen sechslagigen Sack sind fünf Querklebungen erforderlich.

### Die Perforation

Die Perforationseinrichtungen haben den Zweck, die Papierbahn über die ganze Breite zu schwächen, damit diese Schwächungslinien später in der Hauptmaschine durch Abriß getrennt werden können. Für einen sechslagigen Sack sind sechs Perforationen erforderlich. Diese müssen im Augenblick der Perforation mit Papiergeschwindigkeit laufen.

Besonders interessant ist auch eine Einrichtung an Staffelsackmaschinen, die es ermöglicht, einen offenen gestaffelten Sack herzustellen, d. h. einen Sack, der an einem Ende glatt abgeschnitten ist, an dem anderen Ende jedoch einen gestaffelten Boden aufweist. Um auch diese Sackart auf einer Staffelsackmaschine herstellen zu können, müssen die Perforationseinrichtungen jeweils einmal perforieren und bei der anderen Umdrehung durch einen besonderen Mechanismus ausgeschaltet werden, da der Schlauch an dieser Stelle dann später im Schneidwerk durch das Schneidmesser glatt abgeschnitten wird.

Der Zugang zu den einzelnen Perforationen sollte so bequem wie möglich sein, denn bei Änderung der Sackbreite müssen die Perforationsmesser ausgewechselt werden. Dieses Auswechseln darf nicht zu viel Zeit beanspruchen und muß nach Möglichkeit auch bei in die Maschine eingezogener Papierbahn ausgeführt werden können.

### Die Längskleisterung

Der Längskleister wird durch umlaufende Rundscheiben aufgetragen. Diese Rundscheiben haben am Umfang eine Aussparung, damit die Längskleisterung nicht bis zur Trennkante des Schlauches erfolgt. Sie müssen deshalb pro Schlauch eine Umdrehung machen, und diese Kleisterlücke muß zweckmäßig durch ein Differentialgetriebe auch während des Betriebes genau zur Schlauchkante einreguliert werden können.

Die Verwendung von Spezialkleister für einzelne Bahnen aus anderem Material ist durch Einsatz einzelner Kleisterkästen möglich.

### Die Schlauchbildung

Nach der Längskleisterung werden die Papierbahnen zum Schlauch gebildet. Dieses geschieht in der sogenannten Schlauchbildungsstation, die zweckmäßig in der gesamten Schlauchbreite mittels eines Handrades einstellbar ist, so daß auch hier die Umstellzeit möglichst heruntergedrückt wird.

### Die Hauptmaschine

Die Hauptmaschine enthält verschiedene Orrgane, die zur Schlauchbildung notwendig sind. Der Vorzug zieht die gesamten Papierbahnen durch die einzelnen bereits erwähnten Organe hindurch bzw. schiebt sie in die noch zu erwähnenden Organe hinein. Ferner ist in der Hauptmaschine die sogenannte Abreißstation untergebracht, die in der Hauptsache aus zwei Walzenpaaren besteht, wovon das erste mit Papiergeschwindigkeit läuft, das zweite mit höherer als Papiergeschwindigkeit. Zwischen diesen Walzenpaaren läuft jetzt der Papierschlauch hindurch und wird zwischen diesen längs den in den Perforationseinrichtungen vorgeschwächten Linien abgerissen.

Um normale, d. h. gerade abgeschnittene Schläuche herstellen zu können, muß in der Hauptmaschine auch ein Schneidmesser vorhanden sein. Bei der Herstellung gestaffelter Ventilschläuche wird es nicht benötigt. Die Schneidvorrichtung wird aber auch zur Herstellung des offenen gestaffelten Sackes benötigt, wie bereits oben unter der Perforationseinrichtung beschrieben wurde.

### Die Ablage

Man unterscheidet sogenannte einfache und Doppelablagen. Während die einfache Ablage in früheren Jahren allgemein üblich war, bedingen die vielseitigen Anforderungen, die heute an eine Schlauchmaschine gestellt werden, mehr und mehr eine Doppelablage. Soll z. B. in der Schlauchmaschine der sogenannte Doppelkröpfschnitt, oder auch Sparschnitt genannt, gefahren werden, so muß man jeweils einen Schlauch auf den oberen Ablagetisch, den nächsten auf den unteren Ablagetisch lenken, damit das Ventil dieser Schläuche jeweils am gleichen Ende sitzt. Werden normale oder Ventil-Staffelschläuche gefahren, so bietet eine Doppelablage die Möglichkeit, die Schläuche gleich paketweise in Stapeln von etwa 10, 15, 20 oder 30 Schläuchen zu sammeln. Sollen offene gestaffelte Schläuche hergestellt werden, so erfordert dieses ebenfalls eine Doppelablage, damit die gestaffelten bzw. glatt abgeschnittenen Enden des Schlauches sich jeweils am gleichen Ende des Stapels befinden.

### Schnittregister-Regler

Werden in einer Schlauchmaschine vorbedruckte Rollen verarbeitet, so muß der Abriß der Schläuche durch ein besonderes Getriebe fotoelektrisch gesteuert werden. Das ist erforderlich durch die Längenänderung, die eine wiederaufgewickelte Papierbahn durch Temperatur- oder Feuchtigkeitsänderungen erlangen kann. Eine Fotozelle tastet in diesem Falle eine Druckmarke auf der Papierbahn ab, vergleicht diesen Wert mit dem einer Kontaktweiche und setzt je nach dem Ergebnis über einen Verstärker einen Regelmotor in Tätigkeit, der nun seinerseits ein Differentialgetriebe steuert, um so das Schneidmesser oder den Abriß in Einklang zur Schlauchlänge zu bringen.

## Die Doppelbodenmachermaschinen (oder Ventilbodenmachermaschinen)

Von der Schlauchmaschine aus gelangen die Schläuche, die zu mit Doppelböden versehenen Ventilsäcken verarbeitet werden sollen, zu den Doppelbodenfalz- und Klebemaschinen. Es ist günstig, wenn die Schlauchmaschine mit einer Doppelablage versehen ist, die die Schläuche gleich in abgezählten Paketen liefert, so daß sie vom Bedienungspersonal nur noch auf den Stapeltisch des Anlegers gelegt zu werden brauchen.

Für die vielseitige Verwendbarkeit der Bodenmachermaschine gilt das gleiche was von den Schlauchmaschinen gesagt wurde. Der Arbeitsbereich ist gegenüber früher erheblich vergrößert worden, entsprechend den Anforderungen, die man an die Ventilsäcke heute stellt.

Schlauchlängen von 60 bis 120 cm müssen in einer Maschine verarbeitet werden können, desgleichen Schlauchbreiten von 35 bis 70 cm und Bodenbreiten von 7 bis 18 cm. Dabei müssen die Maschinen so gebaut sein, daß sie mit wenigen Handgriffen auf andere Sacklängen umgestellt werden können. Etwas langwieriger ist die Umstellung auf andere Schlauch- und Bodenbreiten, aber auch hier sind gewaltige Fortschritte bei den neuen Konstruktionen gemacht worden.

Eine grundsätzlich unterschiedliche Auffassung der Konstrukteure besteht über die Art der Bodenbildung und darüber, ob sie von oben oder von unten erfolgt. Die von unten erfolgende Bodenbildung hat den Vorteil, der einfacheren Zuführung der Ventile und der Bodendeckblätter von unterhalb des Tisches. Die ganze Maschine erhält ein einfacheres Aussehen, da alle Organe durch die Außengestelle der Maschine verdeckt sind.

Die Maschinen, die die Bodenbildung von oben vornehmen, sehen auf den ersten Blick uneinheitlicher aus, sie haben aber den großen Vorteil, daß alle Organe gut zugänglich sind und — man sieht, was passiert!

Die Arbeitsvorgänge der Bodenbildung und der Kleisterung können in ihrer Funktion bequem und zuverlässig überwacht werden, da sie im direkten Blickfeld des Bedienungsmannes liegen.

Heute hat sich die von oben arbeitende, d. h. die Böden nach oben sichtbar bildende Art der Ventilbodenmachermaschinen mehr und mehr durchgesetzt. Eine selbstverständliche Forderung ist, daß jede moderne Bodenmachermaschine heute auch Staffelschläuche verarbeiten kann. Innerhalb der Formatbereiche dieser Maschine müssen auch einseitig offene Säcke gearbeitet werden können, wobei die Verarbeitungsorgane der einen Seite abgeschaltet werden und nur der Boden auf der einen Seite gebildet wird.

Große Vielseitigkeit verlangt man auch von den Ventilen. Sie müssen als einfache Ventile oder als schlauchförmige Ventile ausgebildet werden können. Sie müssen eng an den Falzkanten des Bodens anliegen, damit keine Luftkanäle in diesen Kanten entstehen. Es muß auch möglich sein, sogenannte Taschenventile herzustellen, die für hygroskopische Füllgüter erforderlich sind und nach der Füllung einen praktisch luftdichten Verschluß bilden. Bei der Abfüllung des Ventilsackes in der Füllmaschine ist die Beanspruchung des Ventiles groß; an der vorderen Kante umgefalzte Ventile haben sich hier besonders bewährt, da sie bei der späteren Füllung des Sackes auch harter Beanspruchung der Ventilsackfüllmaschine standhalten.

Ferner müssen die Bodenmachermaschinen mit Bodendeckblatt-Apparaten ausgerüstet sein, die die Möglichkeit bieten, die Böden mit einem Verschlußblatt zu versehen. Die Ablage der Bodenmachermaschine muß zugleich eine Pressung des Sackes bewirken, so daß dieser in fertigem Zustand die Maschine verläßt.

Die Leistung einer derartigen Bodenmachermaschine ist natürlich weitgehend von der Sackart, der Anzahl der Lagen, der Breite des Schlauches und der Bodenbreite abhängig. Man sollte sich hüten, hier mit theoretischen Zahlen zu jonglieren, die in der Praxis des rauhen Alltags nicht zu erreichen sind. 40 000 mit Dopelböden gefertigte Säcke in einer 8-Stunden-Schicht sind ein guter Durchschnitt und verlangen schon hohes Können vom Bedienungspersonal.

Im folgenden sollen die Hauptstationen einer derartigen Bodenfalz- und Klebemaschine besprochen werden, die fast allen Maschinen dieser Art in mehr oder weniger abgewandelter Form eigen sind.

### 1. Der Anleger

Während fast alle modernen Maschinen heute rotierende Bewegungen haben, muß der Anleger seiner Funktion entsprechend immer hin- und hergehende Bewegungen aufweisen. Die Sauger machen beim Anheben des Sackes zum Vereinzeln der Schläuche eine Kippbewegung, und der erfaßte Sack wird durch Blasluft aufgelockert. Da diese hin- und hergehende Bewegung nicht so schnell ausgeführt werden kann wie die übrigen rotativen Bewegungen, so sind die meisten modernen Maschinen mit einem sogenannten Doppelanleger ausgerüstet, der taktweise abwechselnd von einem unteren und von einem oberen Tisch arbeitet. Die Schläuche werden von einer Bedienungsperson paketweise in den Anleger gebracht.

### 2. Der Schlauchausrichter

Nach dem Anlegen der Schläuche und dem Vereinzeln derselben werden diese durch Bänder u. dgl. in die Maschine geleitet, wobei sie seitlich und an der vorderen Kante gegen Anschläge ausgerichtet werden. Diese Anschläge kontrollieren den Schlauch auf seine Lage und sein richtiges zeitliches Ankommen. Zu spät ankommende und schräg liegende Schläuche werden durch elektrische Kontakte kontrolliert und beim Weiterlauf durch eine Weiche aus der Maschine ausgeschieden. Ebenfalls werden zusammengeklebte Schläuche mittels dieser Weiche ausgeschieden.

3. Diagonal-Nutvorrichtung

Um eine exakte Bodenform zu erreichen, besonders auch bei der Herstellung von Staffelschläuchen, hat es sich als vorteilhaft erwiesen, diese in den späteren Falzkanten vorzunuten. Das geschieht in der sogenannten Diagonal-Nutvorrichtung. Diese muß leicht einstellbar sein, da sie bei verschiedenen Schlauchbreiten umgestellt werden muß.

4. Schlauchöffnung

Das Öffnen des Schlauches wird meistens durch Saugluft vorgenommen. Rotierende Sauger greifen an den hochgebördelten Kanten des Schlauches beidseitig an und saugen ihn auseinander, damit die weiteren Öffnungsorgane die Bodenbildung vornehmen können. Nur um dieses Auseinandersaugen richtig zu ermöglichen, ist es notwendig, auch in Staffelschläuchen heute noch eine Querklebung zu haben; sonst würde eventuell nur die äußerste Papierlage von einem Sauger abgehoben und der Schlauch nicht in der Mitte seiner Lagen geöffnet.

5. Bodenöffnung

Es gibt verschiedene, teilweise patentierte Öffnungssysteme, die bei den einzelnen Konstruktionen angewendet werden. Je einfacher die Systeme sind, umso besser haben sie sich meistens in der Praxis bewährt. Komplizierte Mechanismen mit vielen umlaufenden Teilen, sich reckenden Ketten u. dgl. bilden Gefahrenpunkte in der Konstruktion einer Maschine und halten den harten Daueranforderungen, die zu erfüllen sind, nicht stand.
Die Öffnungsorgane müssen aber auch geeignet sein, die verschiedensten Bodenbreiten zu bilden, auch bei verschiedenen Schlauchbreiten. Sie müssen normale glatt abgeschnittene wie an den Enden gestaffelte Schläuche verarbeiten können.

6. Ventileinklebung

Von einer besonderen Rolle wird der Ventilzettel abgewickelt, auf Länge geschnitten, mit Kleister versehen und in den geöffneten Boden eingelegt. Falls ein Sack durch die vorerwähnte Weiche aus der Maschine ausgeschieden worden ist — infolge schiefer Lage oder Zusammenklebens zweier Säcke — so muß der Papiervorzug des Ventilzettels automatisch ausscheiden, damit kein Papierverlust und keine Verkleisterung der Maschine entstehen. Dieser Ventilzettelapparat muß verschiedenartige Ventile einlegen können: einfache Ventile, röhrenförmige Ventile, an der vorderen Seite umgefalzte Ventile. Die Ventile müssen eventuell mit einem Daumenloch versehen sein, damit sie, falls sie als Schlauch eingelegt sind, geöffnet werden können. Neuerdings wird auch das sogenannte Fransenventil verlangt, das aus zwei Lagen Papier, dafür aber jede Lage aus geringer Stärke, gebildet wird. An den inneren Enden sind diese Ventile durch Längsschnitte fransenförmig ausgebildet, damit nach der Füllung des Sackes ein guter Verschluß entsteht.

Leichte Zugänglichkeit des Ventilzettelapparates und leichte Umstellung auf andere Ventillängen müssen gefordert werden. Wichtig ist, daß die Lage des Ventilzettels gut fixiert wird und gut überwacht werden kann. Ferner darf das Ventil nicht verklebt sein, damit unnötige Nacharbeit vermieden wird.

7. Bodenkleisterung

Durch solide Auftragswalzen, die mit Abquetschwalzen zusammen arbeiten, wird der Kleister auf die Formatstücke übertragen. Diese Formatstücke wälzen sich auf dem geöffneten Boden ab und hinterlassen hier den gewünschten Kleisterauftrag. Ein leichtes Auswechseln dieser Kleister-Formatstücke muß verlangt werden, um die Maschinen schnell auf andere Formate umstellen zu können. Der Kleisterauftrag muß exakt und leicht geregelt werden können, und bei Ausbleiben eines Sackes muß auch der Kleisterauftrag automatisch abgeschaltet werden, damit die Maschine nicht verschmiert wird.

8. Umlegevorrichtung der Bodenklappen

Nach dem Kleisterauftrag müssen die Bodenklappen umgelegt werden, womit der Boden zugleich verschlossen wird. Fortschrittliche Maschinen zeigen hier Umlegevorrichtungen, die durch Handgriffe sofort auf jede andere Bodenbreite umgestellt werden können und auch während des Betriebes nachregulierbar sind — die Skalenscheiben zeigen sofort die eingestellte Bodenbreite an.

9. Bodendeckblatt-Apparate

Es gelten hier ähnliche Forderungen wie bei dem unter Punkt 6 erwähnten Ventilzettelapparat. Bei Ausbleiben eines Sackes muß der Papiervorzug automatisch stillgesetzt werden. Man verlangt, daß das Bodendeckblatt seitlich um die äußere Bodenkante gefalzt und daß eventuell zur Verstärkung der Ventileinlage auch an der vorderen Bodendeckblattkante ein Querfalz gebildet werden kann. Die Papierrollen, die zum Bodendeckblatt gebraucht werden, sollten nach Möglichkeit einen Durchmesser bis zu 1 m haben können, damit zu häufige Rollenwechsel die Tagesleistung der Maschine nicht herabsetzen.
Auf Verlangen müssen diese Bodendeckblätter auch bedruckt werden können, und zwar je nach Wunsch mit ein oder zwei Farben. Gute Zugänglichkeit zur Bodendeckblatt-Einrichtung und schnelle Veränderung der Bodendeckblattmaße sind auch hier eine notwendige Forderung des Verarbeiters.

10. Ablage

Nach dem Bodendeckblatt-Apparat gelangen die Säcke in die Ablage. Diese Ablage übernimmt in den meisten Fällen gleichzeitig die Aufgabe der Pressung, damit die frisch verkleisterten Böden, wenn sie auf den Ablagetisch gelangen, nicht wieder aufspringen, sondern bequem von der abnehmenden Person ergriffen und gestapelt werden können.

Tafel XV zeigt eine moderne Doppelbodenfalz- und Klebemaschine in einem großen Verarbeitungsbetriebe.

D e r K r e u z b o d e n l e g e r

Wenn offene Säcke gefertigt werden sollen, so bedient man sich in den meisten Fällen der Kreuzbodenleger. Wie im vorhergehenden Abschnitt für Doppelbodenmachermaschinen erwähnt, können auch diese Maschinen in ihren Formatgrenzen offene Säcke machen und werden auch häufig dazu benutzt.

Sind die Schlauchlängen aber größer als etwa 120 bis 130 cm und die Böden breiter als etwa 18 cm (es lassen sich hier nur Annäherungswerte angeben, da die Formatbereiche bei den einzelnen Maschinentypen verschieden sind), so muß man einen Kreuzbodenleger verwenden, der einen breiten Boden auf einem großen Zylinder bildet. Die größten Bodenbreiten, die auf diesen Maschinen gebildet werden können, gehen bis zu ca. 30 cm, während die Schlauchlängen bis zu etwa 165 cm betragen können.

Die Tagesleistungen dieser Kreuzbodenlegermaschinen liegen erheblich unter denen der Doppelbodenlegemaschinen, obwohl auch hier fast alle Maschinen im Rotationsprinzip arbeiten. Aber die schwere Trommel und insbesondere die großen zu formenden Papierflächen lassen nur eine Leistung bis zu etwa 60 Sack pro Minute zu, was einer Tagesleistung von 20 000 Säcken in 8 Stunden entspricht.

Dieser geringeren Leistung entsprechend, bringt ein automatischer Anleger auch hier kaum Personalersparnis mit sich, und man begnügt sich meistens mit einem halbautomatischen Anleger, der von einer Person bedient wird.

Vom Anleger werden die Schläuche gegen eine vordere Ausrichtstation geleitet, damit kleine Differenzen in den Schlauchlängen die Funktion der Greifer sowie der Falz- und Klebeelemente nicht beeinträchtigen.

Eine Längsschneidvorrichtung kann Einschnitte in die Schläuche machen, damit bei der Bodenbildung eine breitere Klebebasis erreicht wird.

Die Öffnungsstation ist die nächste Station, die der Schlauch passiert. Das Öffnen geschieht heute in der Regel durch Saugluft. Anschließend werden die Schläuche von den Greifern auf dem Zylinder festgehalten, und es erfolgt die Bodenbildung. Bei dieser Bodenbildung kann man die Papierlagen aus den beiden Dreiecktaschen gegeneinanderstoßen lassen, was einen stärkeren Boden ergibt. Das Einlegen eines sogenannten inneren Riegels, eines von innen in den Sack eingelegten Blattes, ist ein Hilfsmittel, um zu verhüten, daß das Füllgut zwischen die einzelnen Papierlagen gerät. Besonders gute Böden ergeben sich aus einem am Bodenende gestaffelten Schlauch; wie in den vorhergehenden Abschnitten erwähnt, lassen sich diese neuerdings auf modernen Schlauchmaschinen fertigen. Außer einer guten Elastizität und größeren Festigkeit, ergeben sich auch gerade bei den breiten gestaffelten Böden bedeutende Papierersparnisse.

Nach der Bodenbildung erfolgt der Kleisterauftrag. Wenn ein Sack ausbleibt, also nicht angelegt wird, so treten automatisch Kleister-Abstellvorrichtungen in Tätigkeit, so daß ein Verschmieren irgendwelcher Maschinenteile nicht vorkommen kann.

Nach dem Auftrag des Kleisters erfolgt das Schließen der Bodenklappen. Auch dieses wird heute von rotierenden bzw. umlaufenden Organen vorgenommen, und zwar gewöhnlich durch Werkzeuge, die an einer in Schlittenführungen laufenden Kette befestigt sind und dem auf der Trommel sitzenden Sack gegenüber eine Voreilung aufweisen.

Gewöhnlich erfolgt nach der vollendeten Bodenbildung noch eine Verstärkung und Dichtung des Bodens durch Aufkleben eines Bodendeckblattes. Der Bodendeckblattapparat ist meistens als Einheit für sich gebildet, damit man ihn wahlweise mit der Maschine verwenden oder fortlassen kann. In einigen Ländern, wie z. B. in den USA, verzichtet man meistens auf ein Bodendeckblatt.

Die Bodendeckblattapparate arbeiten ähnlich wie im Abschnitt über die Ventilbodenleger beschrieben. Auch hier muß bei Ausbleiben eines Sackes der Vorzug abgeschaltet werden, damit kein Zettel abgeschnitten wird, und die Kleisterorgane werden automatisch abgeschaltet, damit kein Kleisterauftrag erfolgt. Mit dem Bodendeckblattapparat können Druckwerke verbunden werden, die das Bodendeckblatt in ein oder zwei Farben bedrucken.

Die so fertiggestellten Säcke wandern in die Ablage, wo sie vom Bedienungspersonal bequem abgenommen werden können.

Tafel XVI zeigt einen modernen Kreuzbogenleger.

### Klotzbodenlegemaschinen für Großpapiersäcke

Der sogenannte Klotzboden — er wurde früher über einen Klotz gebildet und hat eine genau rechteckige Form — ist zweifelsohne der eleganteste Boden. In den USA fand er schon seit längerer Zeit größere Verbreitung. Aber auch in Europa findet er heute mehr Beachtung, besonders nachdem in jüngster Zeit auch deutsche Maschinen hierfür zur Verfügung stehen. Diese Klotzböden müssen aus Seitenfaltenschläuchen gearbeitet werden, wobei die spätere Bodenbreite der Breite des Schlauches, die Bodentiefe der Länge der ausgezogenen Seitenfalten entspricht.

Die Herstellung dieser Klotzbodensäcke kann in einer oder auch in zwei Operationen vorgenommen werden. Wird sie in zwei Arbeitsgängen vorgenommen, so kann man sich jeder vorhandenen Schlauchmaschine bedienen, um zunächst einen Seitenfaltenschlauch herzustellen. Dieser Seitenfaltenschlauch wird dann in einer zweiten Operation auf einem Klotzbodenleger zu einem fertigen offenen Klotzbodensack verarbeitet.

Tafel XVII zeigt einen modernen Klotzbodenleger, in den die fertigen Seitenfaltenschläuche durch zwei Bedienungspersonen angelegt werden. Die einzelnen Stationen sind ähnlich wie in den beschriebenen Kreuzbodenlegemaschinen.

Bei der Konstruktion der Klotzbodenleger wurde besonders darauf geachtet, daß alle Organe leicht von außen einstellbar und gut zugänglich sind, damit die Umstellzeiten so gering wie möglich werden. Das ist bei dieser Maschine besonders wichtig, da die einzelnen Auflagen stückzahlmäßig nicht immer sehr hoch sind. Besonders zu beachten ist bei dieser Maschine, daß die fertigen Säcke über eine Preßablage abgelegt werden, und zwar derartig, daß die nachfolgenden Säcke immer unter den Stapel geschoben werden, so daß die Bedienungsperson an der Ablage die fertigen Säcke sehr bequem von oben ergreifen kann.
Über die Anwendungsgebiete des Klotzbodensackes wurde schon in den einleitenden Abschnitten über den Großpapiersack gesprochen.

## II

## Die moderne Papiersackherstellung

Im Laufe der vergangenen 25 Jahre hat sich der mehrlagige Großpapiersack zu einem unentbehrlichen Verpackungsbehälter entwickelt. In der ganzen Welt werden heute jährlich schätzungsweise 7 Milliarden Papiersäcke für die Verpackung von nicht weniger als 325 Füllgütern verschiedener Art verwendet.
Als „Papiersäcke" gelten branchenüblich alle Ausführungen und Größen, die aus Sackpapier auf den üblichen Papiersackmaschinen hergestellt werden. Um eine begriffliche Unterscheidungsmöglichkeit von den Tüten- und Beutelgrößen zu haben, beginnt man von Papiersäcken zu sprechen, wenn das Produkt aus Länge mal Breite des flachgelegten ungefüllten Sackes nicht weniger als 2700 $cm^2$ beträgt. Diese Unterscheidungsgrenze gilt nicht bei Umsäcken, d. h. Papiersäcken, die vorverpackte Ware aufnehmen. Ventilsäcke gelten branchenüblich stets, ohne Rücksicht auf ihre Größe, als Papiersäcke.
„Sackpapier" ist ein maschinenglattes, normalerweise nicht unter 70 g/qm schweres, aus ungebleichtem, halb- oder ganzgebleichtem Sulfat- oder Kraftzellstoff hergestelltes Papier, das sich u. a. durch eine gute statische Zug-Zerreißbarkeit (Produkt aus Bruchlast und Dehnung) auszeichnet.
Vorzugsweise für Schüttgüter mit hoher innerer Reibung, z. B. Kunstdünger, u. Zucker, kommt auch sog. „Leichtkrepp-Sackpapier" mit einer optimalen Längsdehnung von 8—10% zum Einsatz.
Daneben werden auch farbige, naßfeste, bitumen- und andere kaschierte, imprägnierte, getränkte und (z. B. mit Kunststoffen) beschichtete Lagen verwendet, die den Papiersack äußerst anpassungsfähig machen.
Durch entsprechende Wahl der Formate, der Aufdrucke und endlich der Füll- und Verschlußart kann diese Anpassungsfähigkeit noch gesteigert werden.
Nach der Füll- und Verschlußart unterscheidet man grundsätzlich offene und Ventilsäcke. Offene Säcke werden oft gewählt, wenn es auf eine hohe Pack-

Abb. 17

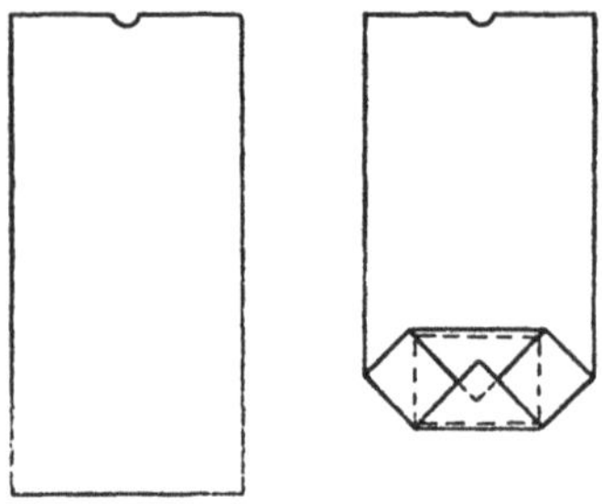

Abb. 18

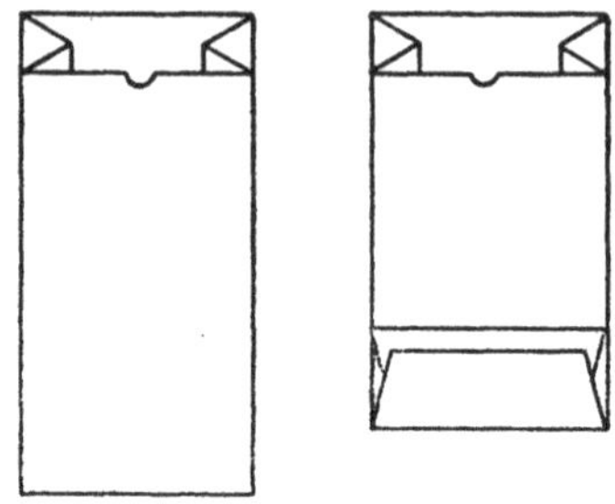

Abb. 19

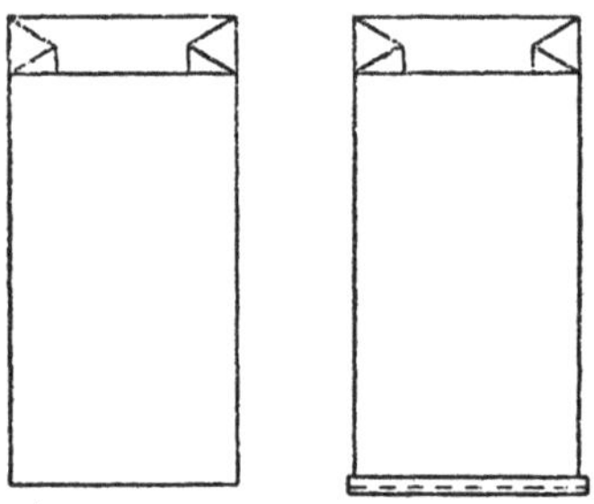

Abb. 20

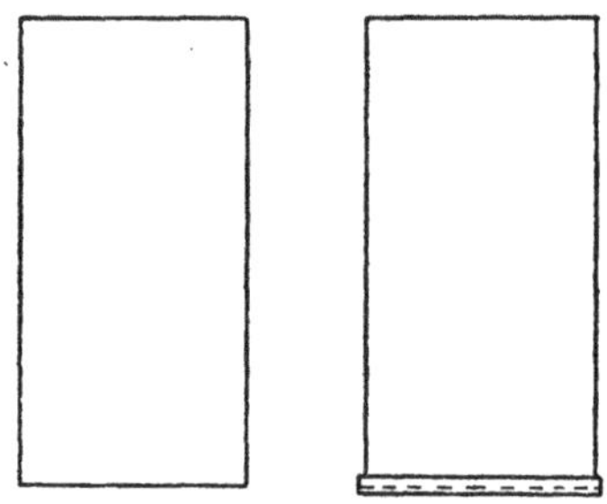

Abb. 21

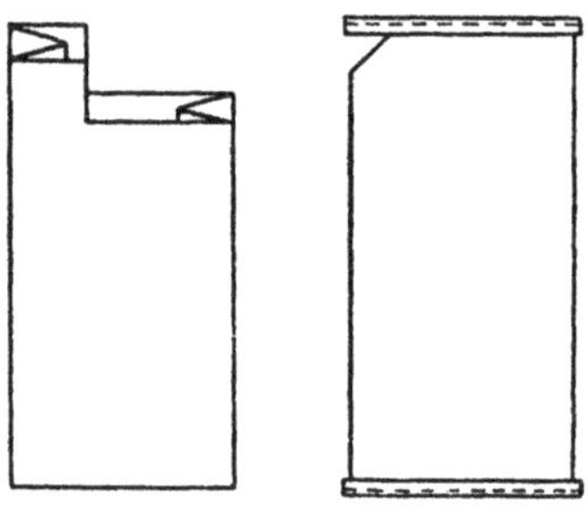

Abb. 22

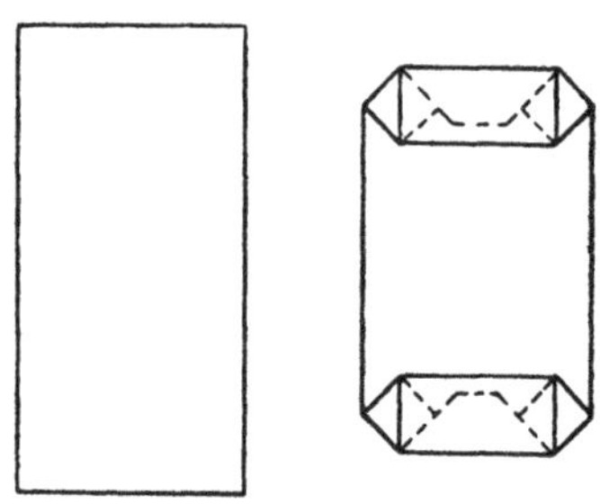

Abb. 23

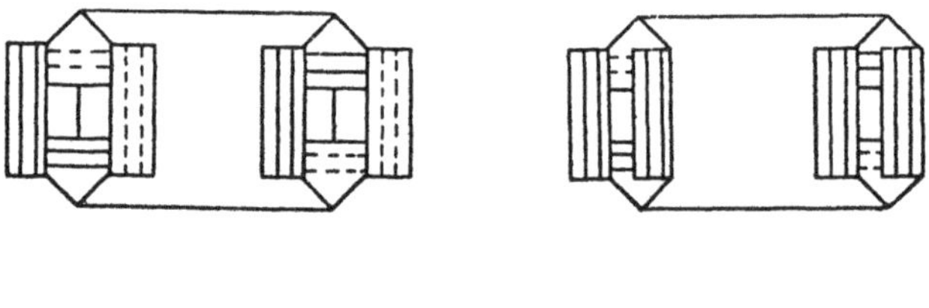

leistung nicht so sehr ankommt, obwohl auch in der Technik ihres Befüllens und ihres Verschließens bedeutende Fortschritte gemacht worden sind (z. B. durch Mehrstutzen-Füllkarussels und automatisierte Abnähtechnik).

Es gibt den offenen geklebten Kreuzbodensack (Abb. 17), der aus einem Flachschlauch besteht, welcher an einem Ende einen geklebten Kreuzboden hat. Der Kreuzboden kann mit einem Bodendeckblatt versehen werden. Diese Sackart gewährleistet eine gute Standfestigkeit.

Daneben gibt es auch den in Europa weniger vorkommenden offenen geklebten Klotzbodensack (Abb. 18), bei dessen Herstellung man von einem Faltenschlauch ausgeht. Er kommt hauptsächlich als Umsack für Kleinpackungen in Frage.

Wird ein Faltenschlauch einseitig durch Abnähen mit einem Kreppstreifen geschlossen, so spricht man von einem offenen genähten Faltensack. (Abb. 19).

Offene Flachsäcke (Abb. 20) lassen sich, ausgehend von Flachschläuchen, durch den Verschluß eines Bodens mittels Nähens oder Klebens herstellen.

Innerhalb der Gruppe der Ventilsäcke kennt man den genähten und den geklebten Ventilsack.

Der genähte Ventilsack (Abb. 21) spielt in Europa eine wesentlich geringere Rolle als der geklebte Ventilsack und kommt hierzulande vorzugsweise als Exportverpackung von Zement zur Verwendung. Er besteht aus einem an beiden Enden abgenähten Faltenschlauch, in den an einer Ecke ein Ventil eingearbeitet ist. Die Ventilöffnung kann, etwa durch Einfügen einer Manschette, in besonderer Weise ausgestaltet werden.

Sehr große Bedeutung besitzt der in Europa von allen Sacktypen am meisten verwendete geklebte Ventilsack (Abb. 22. Gegenüber den offenen Säcken zeichnet er sich durch größere Haltbarkeit und dadurch aus, daß er eine höhere Packleistung möglich macht. Zum rieseldichten Verschluß der Ventilöffnung nach dem Befüllen kann eine Ventilmanschette eingearbeitet werden.

Eine noch verbesserte Version stellt der Staffelsack (Abb. 23) dar, die besonders bei viellagigen Säcken zweckmäßig sein kann und sich seit Anfang der 50iger Jahre in Europa stetig ausbreitet. Seine Vorzüge bestehen einmal in einer gewissen Papierersparnis, die sich durch den möglichen Verzicht auf das sonst übliche Bodenblatt noch steigern läßt. Es kommt hinzu, daß durch das Verkleben jeder einzelnen Papierlage mit sich selbst die Böden stärker werden. Der beim Staffelsack wegen der nur tupfenweise erforderlichen Querklebung geringere Leimverbrauch macht zugleich die Böden elastischer.

Im Hinblick auf die gegenwärtige und wachsende Bedeutung des geklebten und gestaffelten Ventilsacks soll die Technik speziell seiner Herstellung näher beschrieben werden.

Drei Arbeitsgänge der Herstellung lassen sich hierbei unterscheiden:

a) das Bedrucken der Außenlage,
b) die Schlauchherstellung und
c) die Herstellung der Böden und des Ventils.

Die ersten beiden Prozesse werden noch weitgehend innerhalb einer einzigen Maschine, nämlich der Schlauchziehmaschine, vollzogen. Sie können aber auch getrennt werden. In diesem Fall wird die Papierbahn, die für die Außenlage in Frage kommt, in einer kompletten Druckmaschine vorbedruckt. Sie wird dann im Arbeitsgang b) mittels Fotozellensteuerung in der Schlauchziehmaschine registerhaltig, d. h. in Übereinstimmung des Drucks mit der Schlauchlänge, zusammen mit den inneren Papierlagen verarbeitet.

a) Das B e d r u c k e n d e r A u ß e n l a g e erfolgt in Europa üblicherweise in Flexographie. Entsprechend den hohen Anforderungen, die heute an die Qualität des Drucks gestellt werden, sind die modernen Druckwerke für bis zu vierfarbigem Druck und so eingerichtet, daß sie sich sowohl zum Einbau in Schlauchziehmaschinen als auch zur Komplettierung zu selbständigen Druckmaschinen eignen. Bei Verarbeitung von sogenannten Pigmentfarben wird empfohlen, Rasterwalzen als Farbauftragswalzen zu verwenden. Die Druckwerke sollten so konstruiert sein, daß bei einem Stillstand der Maschine automatisch alle Druckzylinder (hydraulisch) abgehoben werden und die Farbwalzen weiterlaufen.
Ein wichtiger technischer Fortschritt besteht darin, daß bei den in die modernsten Schlauchziehmaschinen eingebauten Druckwerken das zeitraubende und durch den erforderlichen Vorrat an Wechselrädern bisher kostspielige Auswechseln von Formaträdern bei einer Änderung der Schlauchlänge entfällt. Dieser Vorteil wird durch ein im Maschinenkopf der Schlauchziehmaschine befindliches Stufenrädergetriebe möglich, das dem Schneidwerk eine große Variationsbreite verleiht.

b) Die S c h l a u c h h e r s t e l l u n g vollzieht sich in der Schlauchziehmaschine. Die bis zu sechs Papierrollen sind horizontal hintereinander gelagert, um ein bequemes Heranbringen der neuen Rollen und insbesondere einen „fliegenden Rollenwechsel“ während des Weiterlaufs der Maschine zu erlauben. Am äußersten Maschinenende ist das Druckwerk angeordnet, durch das die Außenlage hindurchläuft, bevor sie zusammen mit den anderen Lagen in den sogenannten Schleifenzug gelangt. Dieser sorgt für eine stets konstante Papierspannung während jeder Phase des Maschinenlaufs, ein bei der Fabrikation von Staffelsäcken unbedingtes Erfordernis.
Es folgt die Perforiereinrichtung, wo die Bahnen in den Linien geschwächt werden, entlang derer später der Abriß erfolgen soll. Hier haben sich solche Systeme bewährt, die mit Zackenmessern arbeiten, die in Rillenwalzen einstechen. Die Messergeschwindigkeit sollte für jede Bahn einzeln auch während des Laufs verstellt werden können.

Es ergeben sich wirtschaftliche Vorteile daraus, daß die Perforierwerke für die einzelnen Bahnen senkrecht übereinander angeordnet sind. Einmal wird dadurch erreicht, daß die gleichzeitig entstehenden Schwächungslinien später auch in ein und demselben Schlauchende zusammenkommen. Diese Tatsache ist geeignet, die registerhaltige Verarbeitung einer vorbedruckten Außenlage mittels Fotozellensteuerung ganz erheblich zu vereinfachen. Zum anderen werden die Papierbahnlängen zwischen den Aggregaten verkürzt und ein Wandern der Staffelung und Perforation bei Änderung der Maschinengeschwindigkeit vermieden. Bei einem Wechsel der Formatlänge können sämtliche Perforationen zur gleichen Zeit nach einer gemeinsamen Skala innerhalb weniger Minuten auf die neue Schlauchlänge eingestellt werden. Die senkrechte Anordnung der Aggregate übereinander führt auf diese Weise zu kürzeren Umstellzeiten und zu einer wünschenswerten Ausschußersparnis.

Die Querklebung dient bei gerade abgeschnittenen Säcken dem Zusammenhalt der Lagen im Boden. Beim Staffelsack hingegen soll sie nur das Aufziehen der Schlauchenden zur Bodenbildung auf den Ventilsack-Bodenlegemaschinen ermöglichen und braucht daher nur aus Leimtupfen zu bestehen.

Die Längsklebung nimmt den Leimauftrag entlang einer der Papierbahnen vor, kurz bevor der Schlauch gebildet wird.

Eine interessante Vorrichtung, deren Nutzen sich leicht errechnen läßt, gestattet es, die einzelnen Leimscheiben der Längsklebung automatisch immer in gleichem Abstand von den Papierbahnkanten zu halten. Hierdurch kann die Überlappung bei der Schlauchbildung wesentlich herabgesetzt und eine Rohstoffersparnis von bis zu 1% erzielt werden. Diese (patentierte) Sparklebung der Firma Gartemann & Hollmann, Bielefeld, dient auch der Arbeitserleichterung und zugleich der Fabrikationsgüte, weil sich dank des garantierten Verlaufs der Längsklebung ihre sonst notwendige ständige Überwachung erübrigt.

Durch eine automatisch ferngesteuerte Regulierung der Papierrollen in den Rollenständern wird einem seitlichen Verlaufen der Papierbahnen, z. B. wegen schlechter Rollenwicklung, vorgebeugt. Diese automatische Fernregulierung der Rollenständer stellt ebenfalls einen Fortschritt gegenüber der vor der üblichen hydraulischen oder elektrischen Regulierung auf Grund manueller Veranlassung dar.

Bei den modernen Schlauchziehmaschinen ist der sich an den Schlauchbildner anschließende Maschinenkopf so ausgebildet, daß zwei Zugwalzenpaare vorhanden sind. Diese können im Arbeitstakt der Maschine hydraulisch abwechselnd von dem Schlauch abgehoben werden, damit ein Quetschen eines etwa über die ganze Schlauchbreite reichenden Querklebungsstreifens vermieden wird. Die oberen Zugkörper können mit Preßluft angedrückt werden, was eine gute Kontrolle und Druckbeständigkeit gestattet.

Auch im Bau des Schneidwerks werden die während der letzten Jahre in der Schlauchmaschinentechnik gemachten Fortschritte sichtbar. Durch eine Parallelführung von Ober- und Untermesser sowie durch die Einregulierung der Messergeschwindigkeit auf die Papiergeschwindigkeit wird eine stark verbesserte Leistung und Sauberkeit des Schnitts erreicht. Bei Säcken, welche kombiniert gestaffelt und geschnitten werden, erfolgen Schnitt und Abriß im gleichen Moment. Während früher bei einer Änderung der Schnittlänge ein zeitraubendes Auswechseln von Formaträdern notwendig war, weisen moderne Schlauchziehmaschinen ein sinnreiches Stufenrädergetriebe auf, dessen Variationsbereich bis zu 122 Wechselräder einspart. Nach jahrelangem Dauerbetrieb solcher Getriebe kann ihnen eine hervorragende Bewährung in der Praxis bescheinigt werden.

Staffelsackmaschinen bedürfen einer Abreißvorrichtung. Systeme, die aus einem langsamer als das Papier laufenden Festhaltewalzenpaar und einem schneller laufenden Abreißwalzenpaar bestehen, scheinen gegenüber Systemen, die mit Abreißsegmenten arbeiten, den Vorteil zu haben, daß die Abreißgeschwindigkeit proportional zur Schlauchlänge immer gleich bleibt. Der bisherigen Schwierigkeit, hierzu große Massen eines Hebelsystems bewegen zu müssen, ist man durch eine sehr exakt und abnutzungsfrei arbeitende hydraulische Betätigung der Walzenpaare ausgewichen.

Angesichts der hohen Beanspruchung moderner Schlauchziehmaschinen sind eine möglichst schwere Bauausführung sowie selbsttätige Ölumlaufschmierung an allen wesentlichen Getrieben natürliche Voraussetzungen.

Die hiermit beschriebenen Schlauchziehmaschinen sind regelmäßig als Universalmaschinen konstruiert und können daher im gleichen Maße für die Herstellung aller eingangs genannten Sacktypen verwendet werden.

c) Zur Herstellung der Böden und des Ventils dienen sogenannte Ventilsack-Bodenlegemaschinen.

Die auf der Ablage der Schlauchziehmaschine in handlichen Stapeln gesammelten Schlauchabschnitte werden auf Paletten geschichtet und zur Weiterverarbeitung an den Anleger der Ventilsack-Bodenlegemaschine gebracht.

Arbeiten die modernen Schlauchziehmaschinen in Richtung des Faserverlaufs, also längs der Papierbahn, so werden die Schlauchabschnitte um 90° gedreht weiterverarbeitet, was eine gleichzeitige Bodenbildung an beiden Schlauchenden gestattet.

Zum Vereinzeln und Anlegen der Schläuche, benutzt man automatische Doppelanleger, die abwechselnd von zwei Stapeln arbeiten. Die Schläuche werden durch Sauger von den Stapeln abgehoben und danach Transportrollen und Bändern übergeben, die jeden einzelnen Schlauch ausrichten. Der Anlegeapparat besitzt eine Vorrichtung, die das Zuführen von zwei eventuell aneinanderklebenden Schläuchen verhindert.

Die einzelnen Schläuche werden dann durch Ketten übernommen und durch die verschiedenen Bearbeitungstationen geführt.

In der Vorrillungs- und Bodenaufziehstation werden die Bodenseiten an ihren Falzstellen vorgerillt. Die Bodenbildung soll möglichst rotierend und doch zwangsläufig erfolgen, so daß auch bei schweren Säcken (z. B. mit mehreren bitumenkaschierten Lagen) die Böden immer exakt sind. Während sich bei normalen Geradschnittsäcken mit mittleren Bodenbreiten die Arbeitsweise, nach der die Böden von unten gebildet werden, gut bewährt hat, können bei der Fertigung von Säcken mit großen Bodenbreiten und bei Staffelsäcken die Böden vorteilhafterweise von der Seite oder von oben gelegt werden.

Auf die Bodenklebe-Einrichtung folgt der Ventilverstärkungsapparat, der auch zum Einlegen eines Zettels oder einer Manschette in das Ventil geeignet ist.

Schließlich durchläuft der Schlauch die Bodenfalz- und Schließstation mit Formatblechen für die jeweilige Boden- und Ventilgröße.

Es können nun noch (bedruckbare) Bodendeckblätter, die jedoch bei Staffelsäcken entbehrlich sind, aufgeklebt werden, bevor der fertige geklebte Ventilsack in die Ablage mit Anpreßeinrichtung eintritt.

Die beschriebenen Ventilsack-Bodenlegemaschinen können ohne weiteres auch für die Fabrikation geklebter Säcke mit einer Bodenbreite bis zu 18,5 cm eingesetzt werden, die an einer Seite offen sind.

Für die Herstellung offener geklebter Kreuzbodensäcke mit breiteren Böden kommen allerdings Spezialmaschinen in Betracht, die als Kreuzbodenfalz- und Klebemaschinen bekannt sind.

Diese Maschinen sind durchweg mit einem Aggregat zum gleichzeitigen Anbringen eines Bodenverschlußblattes ausgerüstet. Zur Kennzeichnung des Sackinhalts bei liegender Lagerung können (Anilin-) Flexographiedruckwerke eingebaut werden, die das Bodenblatt im gleichen Arbeitsgang bedrucken.

Genähte offene und Ventilsäcke werden durch das Abnähen von entsprechenden Faltenschläuchen auf einseitig oder doppelseitig arbeitenden Nähaggregaten fabriziert. Nach moderner Technik werden dabei die Nähkreppstreifen automatisch abgeschnitten.

In USA finden sich komplizierte Maschinen zur Herstellung genähter Ventilsäcke, die in einem Arbeitsgang das Ventil legen, eine Ventilmanschette einfügen und sodann die Schläuche doppelseitig abnähen können.

Auf den Tafeln XVIII — XXI werden zu vorstehend behandeltem Thema vier Maschinen gezeigt, die zum Fertigungsprogramm der Herstellerfirma gehören.

9. Kapitel

# Die maschinelle Herstellung von Tüten und Beuteln

Die maschinelle Herstellung von Tüten und Beuteln hat die früher übliche Handklebung fast vollständig ersetzt. Heute werden wohl nur noch Spezialbeutel von Hand gefalzt und geklebt, und auch bei diesen Arbeiten sucht man nach Mitteln und Wegen, um wenigstens eine teilweise maschinelle Anfertigung zu erreichen. Vorherrschend ist im übrigen die Arbeit von der Rolle, d. h. die von der Rolle kommende Papierbahn wird maschinell gefalzt und geklebt. Dabei ist die Arbeitsfolge bei den verschiedenen Maschinentypen fast immer die gleiche: Die Bahn wird zu einem Schlauch geformt und geklebt, der Schlauch wird abgeschnitten und am vorderen Schlauchende der Boden gefalzt und geklebt. Diese Arbeiten werden kontinuierlich durchgeführt, und es gibt kaum noch eine Maschine, die mit Stillständen arbeitet, wobei die Leistung sehr beschränkt sein würde.

Die bekannten Tüten- und Beutelmaschinen lassen im allgemeinen neben der Verarbeitung der gebräuchlichen Beutelpapiere auch die Verwendung von kaschierten Metallfolien, anderer kaschierter Papiere oder unkaschierter Metallfolien und Zellglas (letztere als Zwischen- bzw. Außenlagen) zu. Damit ist bereits angedeutet, daß sich mehrlagige, sogenannte gefütterte Beutel herstellen lassen.

Für Reklameaufdrucke wird der Anilindruck bevorzugt. Zu diesem Zweck können die Beutelmaschinen mit Vorsatz-Anilindruckwerken ausgestattet werden. Diese sind direkt mit den Beutelmaschinen verbunden, so daß Bedruckung und Beutelanfertigung in einem Arbeitsgang erfolgen. Die Bahn läuft zunächst durch das Druckwerk und wird dann im bedruckten Zustand ohne Unterbrechung des Arbeitsablaufes zur Beutelmaschine geleitet. Es ist aus dieser Darstellung leicht zu erkennen, daß die Farben in kürzester Zeit trocken sein müssen, welche Voraussetzung die auf Spritbasis aufgebauten Anilinfarben gut erfüllen. Werden stärker deckende Anilinfarben, sogenannte Pigmentfarben, verwendet und ist das zur Verwendung kommende Papier nicht sehr saugfähig, so muß die Farbtrocknung durch Anbau von Trockenvorrichtungen beschleunigt werden. Für den Druck lassen sich größtenteils bis zu 4 Farbwerke einsetzen, d. h. der Reklameaufdruck kann sich aus bis zu 4 unterschiedlichen Farbtönen zusammensetzen. Vielfach wird dem Aufdruck besondere Wichtigkeit beigemessen, da ein guter Druck verkaufsfördernd ist. In solchen Fällen werden die Papierrollen in einem besonderen Arbeitsgang sorgfältig vorgedruckt. Hier ist neben Anilin- auch der Tiefdruck zu nennen, der für anspruchsvolle Kunden in Betracht kommt, aber wegen der wesentlich höheren Zylinderkosten usw. größere Auflagen bedingt. Um entsprechend vorgedruckte Rollen verarbeiten zu können, müssen die Beutelmaschinen mit Reguliervorrichtung ausgerüstet werden, wodurch der Schlauchabschnitt registergenau zum Druck eingestellt und gehalten wird. Zur Beibehaltung dieser Übereinstimmung wird der Aufdruck heute durch eine Fotozelle abgetastet, die bei eintretenden Unstimmigkeiten sofort eine Korrektur über den Regulator bewirkt. Eine Beobachtung durch das menschliche Auge und Regulierung von Hand ist bei den schnellaufenden Maschinen kaum denkbar.

Nach diesen allgemeinen Erläuterungen muß noch gesagt werden, daß sich verschiedene Beutelarten herstellen lassen. Der an der Maschine stehende Beutelmacher muß also weitreichende Kenntnisse (Beutel- und Maschinenarten, Maschineneinstellung, Maschinenwartung, Papierzusammensetzung, Kleistersorten) besitzen, und es ist deshalb nicht verwunderlich, daß man den Beutelmacherberuf bei den stetig wachsenden Anforderungen zum Lehrberuf erhoben hat.

Der Fachverband der Beutelindustrie sieht eine besondere Aufgabe darin, für jeden Beuteltyp Normgrößen aufzustellen. Diese Bemühungen sollten von allen Seiten unterstützt werden, denn es wird von besonderem Vorteil für eine rationelle Herstellung von Tüten und Beuteln sein, wenn sich Maschinenbauer und Beutelhersteller auf bestimmte Standardgrößen einstellen können.

Nachfolgend werden nun in kurzer Form die verschiedenen Beuteltypen, deren augenblickliche Bedeutung sowie die vom Fachverband hierfür herausgegebenen Standardgrößen besprochen:

1. Spitztüten

Es handelt sich um die einfachste Beutelart mit nur einer Klebenaht. Das abgeschnittene Blatt wird diagonal durchgefalzt, so daß sich eine spitz zulaufende Tüte bildet. Die maschinelle Fertigung ist verhältnismäßig einfach, da das abgeschnittene Blatt ja nur den Klebefalz, den Diagonalfalz sowie einen Kleisterauftrag zu erhalten braucht .

Da die Waren heute durchweg fertig verpackt zum Verkauf kommen, ist die Spitztüte nicht mehr so sehr gefragt. Sie wird noch in beschränktem Umfange beim Verkauf loser Lebensmittel verwendet. In größerem Umfange wird sie noch zum Einpacken von Obst eingesetzt.

| Normgrößen: | Abschnittlänge | Zuschnittgröße | Inhalt |
|---|---|---|---|
| | 190 mm | 190 × 220 mm | 125 g |
| | 230 mm | 230 × 260 mm | 250 g |
| | 280 mm | 280 × 310 mm | 500 g |

Gezeichnete Form der Spitztüte: (Abb. 24, Seite 134)

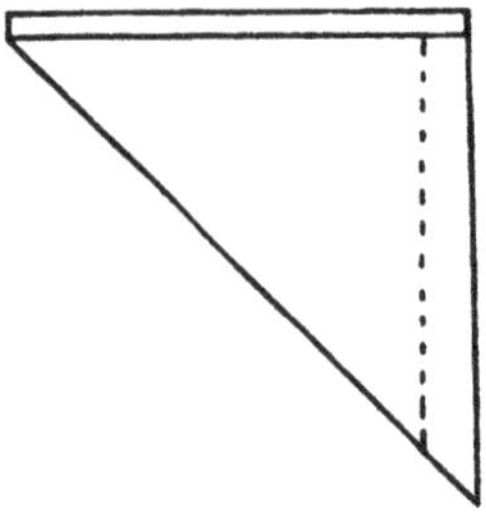

Abb. 24

Abb. 25

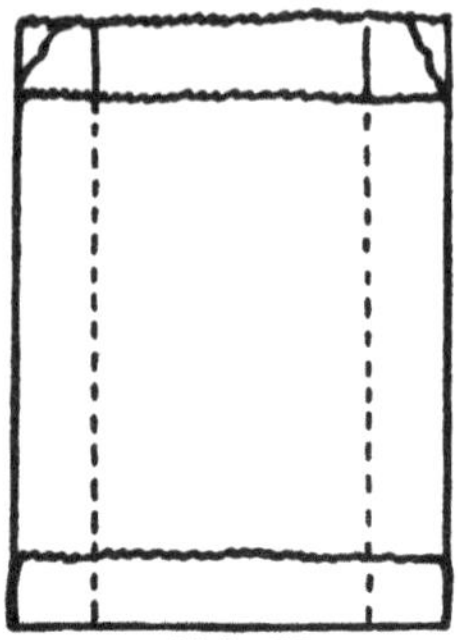

Abb. 26

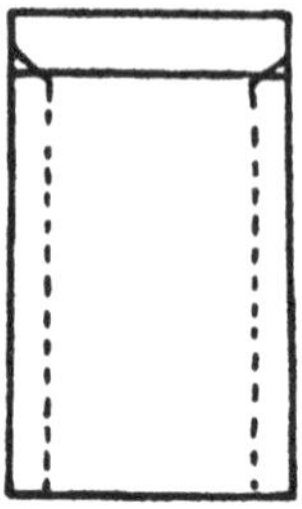

Abb. 27

2. F l a c h - und S e i t e n f a l t e n b e u t e l

Diese Beutelart läßt sich ebenfalls verhältnismäßig leicht herstellen. Die von der Rolle kommende Bahn wird unter Benutzung eines entsprechenden Formatbleches zu einem Schlauch geformt und geklebt. Anschließend werden dann die einzelnen Schlauchstücke abgeschlagen. Abschlagbrücke und Formatblechkopf sind mit scharfen Zähnen versehen und haben einen kleinen Abstand voneinander, so daß gezahnte sowie versetzte Abschlagkanten entstehen. Durch den versetzten Abschlag wird erreicht, daß die unteren Schlauchenden nur einmal umgelegt zu werden brauchen, aber trotzdem eine geschlossene Bodenbeklebung ergeben.

Für Flach- und Seitenfaltenbeutel besteht nach wie vor guter Absatz. Bekannt sind die in großen Massen hergestellten Bäckerbeutel sowie die Beutel zum Verpacken von Kurzwaren. In größeren Formaten wird diese Beutelart gern zum Verpacken von Wäsche und Hüten eingesetzt. Ausschlaggebend für den guten Absatz dürfte aber auch der Preis sein, da die Schlägermaschinen Flach- und Seitenfaltbeutel mit hoher Leistung herausarbeiten, ohne an das Papier besondere Ansprüche zu stellen.

Neue N o r m g r ö s s e n : siehe am Ende dieses Beitrages.

Gezeichnete Form des Flach- und Seitenfaltenbeutels: (Abb. 25, 26)

3. Z w e i n a h t - F l a c h b e u t e l

Es wurde bewußt darauf verzichtet, den Zweinaht-Flachbeutel mit unter Punkt 2 aufzuführen. Die Art desselben weicht nämlich stark vom Schlauchflachbeutel ab. Es wird in diesem Fall kein Schlauch gebildet, sondern die von der Rolle kommende Bahn wird seitlich nur auf einer Breite von etwa 1 cm zum Teil ausgeschnitten und umgefalzt. Der umgefalzte Teil wird mit Klebstoff versehen. Alsdann erfolgt der Abschnitt des Blattes und eine Querfalzung desselben etwa in der Mitte. Der in dieser Weise gewonnene Beutel hat also keine Klebung am Boden, sondern er hat nur zwei seitlich liegende Klebenähte, die dieser Beutelart den Namen geben. Durch die erwähnte

Manier wird erreicht, daß der Beutel eine mehr oder weniger große Klappe bekommen kann, in dem die Querfalzung mehr oder weniger aus der Mitte heraus verlegt wird.

Der Zweinaht-Flachbeutel findet ebenfalls einen guten Absatz. Er ist bekannt zum Verpacken von pulverisierten Artikeln in kleinen Mengen, Gewürzen, Tees, Zigarren, Bonbons usw.

Normgrößen

| Beutelbreite in mm | Beutellänge in mm | Klebestreifen-breite in mm | Klappenbreite in mm | Zuschnitt Rohmaße in mm |
|---|---|---|---|---|
| 43 | 68 | 11 | 14 | 65 × 150 |
| 43 | 78 | 11 | 14 | 65 × 170 |
| 53 | 78 | 11 | 14 | 75 × 170 |
| 63 | 93 | 11 | 14 | 85 × 200 |
| 75 | 102 | 12,5 | 16 | 100 × 220 |
| 75 | 117 | 12,5 | 16 | 100 × 250 |
| 75 | 150 | 12,5 | 20 | 100 × 320 |
| 85 | 117 | 12,5 | 16 | 110 × 250 |
| 85 | 132 | 12,5 | 16 | 110 × 280 |
| 95 | 132 | 12,5 | 16 | 120 × 280 |
| 95 | 150 | 12,5 | 20 | 120 × 320 |
| 105 | 150 | 12,5 | 20 | 130 × 320 |
| 115 | 150 | 12,5 | 20 | 140 × 320 |
| 115 | 160 | 12,5 | 20 | 140 × 340 |
| 125 | 150 | 12,5 | 20 | 150 × 320 |
| 125 | 170 | 12,5 | 20 | 150 × 360 |
| 130 | 180 | 12,5 | 20 | 155 × 380 |
| 140 | 190 | 12,5 | 20 | 165 × 400 |
| 150 | 200 | 12,5 | 20 | 175 × 420 |
| 160 | 210 | 12,5 | 20 | 185 × 440 |
| 170 | 220 | 12,5 | 20 | 195 × 460 |
| 180 | 230 | 12,5 | 20 | 205 × 480 |

Gezeichnete Form des Zweinaht-Flachbeutels: (Abb. 27)

4. Kreuzbodenbeutel

Hier haben wir jetzt einen Beutel, bei dem der Boden nicht einfach umgefalzt wird. Es ist vielmehr so, daß der Flachschlauch am vorderen Ende aufgezogen und entsprechend ausgewalzt wird. Wir haben dann ein offenes Bodenquadrat, auf welches sich der Leim auftragen läßt. Im Anschluß daran werden dann die beiden in Laufrichtung gegenüberliegenden spitzen Ecken, die sogenannten Bodenklappen, übereinander gelegt. Der untenstehend gezeichneten Beutelform können Sie entnehmen, daß die Falzkanten am Boden über Kreuz laufen, weshalb in diesem Fall von einem Kreuzbodenbeutel gesprochen wird. Der Vorteil bei diesem Beutel liegt darin, daß der Kreuzboden flächig ist, so daß der gefüllte Beutel gut hingestellt werden kann. Außerdem ist das durch die Bodenform gegebene Füllvolumen größer: man spricht von einem Raumbeutel.

Es gibt heute zwei Maschinenarten für die Herstellung derartiger Beutel. Bei den herkömmlichen Maschinen wird die Bodenfalzung durch hin und her gehende Organe ausgeführt, die also durch Exzenter und Führungen gesteuert werden. Dadurch ist eine Begrenzung in der Leistung gegeben. Zur Erreichung höherer Leistungen gibt es weiter moderne Maschinen mit sogenannten Bodenfalzzylindern. Es handelt sich hierbei um Zylinder mit einer größeren Anzahl Greiferstationen, die zum Teil unter Zuhilfenahme von Saugluft den Schlauch öffnen und in geöffnetem Zustand sicher führen, während für den Kleisterauftrag und für das Umlegen der Bodenklappen um den Zylinder herum angeordnete Stationen sorgen. Die größere Anzahl an Greiferstationen läßt eine höhere Leistung zu, bedingt aber andererseits mehr Zeit und Kenntnis für die Einstellung der Maschine.

Kreuzbodenbeutel werden in den Einzelhandelsgeschäften zum Verpacken der verschiedensten Lebensmittel verwendet. Sie werden zum großen Teil aber auch zum vorherigen Abpacken von Waren auf Füllmaschinen eingesetzt und in diesem Zusammenhang sei besonders auf die Mehl-, Zucker- und Kaffeebeutel hingewiesen.

Normgrößen:

| Beutelbreite in mm | Beutellänge in mm | Klebestreifenbreite in mm | Zuschnitt in mm | Inhalt kg |
|---|---|---|---|---|
| 130 | 180 | 20 | 280 × 220 | 0,25 |
| 145 | 200 | 20 | 310 × 240 | 0,5 |
| 145 | 220 | 20 | 310 × 260 | 0,5 |
| 170 | 260 | 20 | 360 × 310 | 1 |
| 200 | 290 | 20 | 420 × 350 | 1,5 |
| 230 | 370 | 20 | 480 × 440 | 2,5 |
| 280 | 450 | 20 | 580 × 530 | 5 |
| 320 | 470 | 30 | 570 × 560 | 7,5 |
| 360 | 520 | 30 | 750 × 620 | 10 |
| 360 | 590 | 30 | 750 × 690 | 12,5 |
| 360 | 640 | 30 | 750 × 750 | 15 |
| 420 | 630 | 30 | 870 × 750 | 20 |

Gezeichnete Form des Kreuzbodenbeutels:

Abb. 28 (bei noch offenem Bodenquadrat)

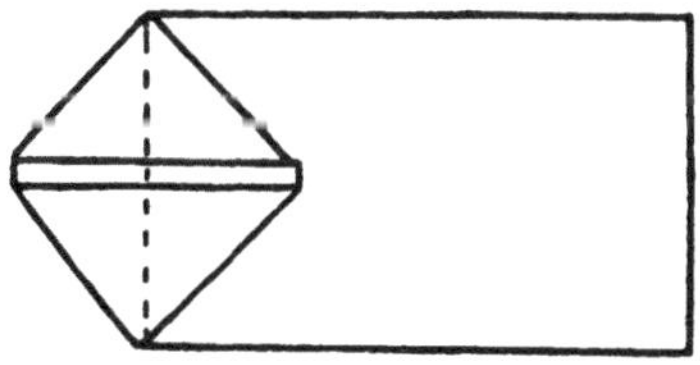

Abb. 29 (fertig)

5. B l o c k b o d e n b e u t e l

Dieser hat ebenfalls wie der vorher beschriebene Beutel einen aus dem aufgezogenen Schlauch gebildeten Boden. Nur wird in diesem Fall nicht vom Flachschlauch, sondern vom Seitenfaltenschlauch ausgegangen. Dadurch wird ein Höchstmaß an Raum im Beutel erreicht, so daß der Blockbodenbeutel heute zu den gängigsten Verpackungen gehört. Auch bringt die eckige Blockform des gefüllten Beutels es mit sich, daß er sich gut in Kartons verpacken bzw. ohne Raumverlust lagern läßt.

Ähnlich wie bei den modernen Kreuzbodenbeutelmaschinen sind auch die Blockbodenbeutelmaschinen mit Bodenfalzzylindern ausgestattet. Die Bodenbildung ist jedoch etwas schwieriger, da von einem Seitenfaltenschlauch ausgegangen wird. Es kommt hier besonders darauf an, daß eine gute Schlauchbildung erfolgt, weil sonst der Boden nicht einwandfrei rechtwinklig werden kann. Die Herstellung von Blockbeuteln stellt an den Bedienungsmann die höchsten Anforderungen .

Hinsichtlich des Einsatzes der Blockbodenbeutel können die gleichen Gebiete wie beim Kreuzbodenbeutel aufgezählt werden. Es muß aber hinzugefügt werden, daß der Blockbodenbeutel wegen seiner hervorragenden Eigenschaften im Vormarsch ist und den Kreuzbodenbeutel zum Teil sehr stark zurückgedrängt hat.

N o r m g r ö ß e n f ü r F l a c h - u. S e i t e n f a l t e n b e u t e l :

| Beutelbreite bei Faltenbeuteln bei ausgezogener Falte) in mm | Beutellänge in mm | Klebestreifenbreite in mm | Zuschnitt im Rohmaß in mm |
|---|---|---|---|
| 90 | 120 | 20 | 200 × 140 |
| 110 | 170 | 20 | 240 × 190 |
| 130 | 200 | 20 | 280 × 220 |
| 150 | 190 | 20 | 320 × 210 |
| 150 | 240 | 20 | 320 × 260 |
| 170 | 240 | 20 | 360 × 260 |
| 170 | 280 | 20 | 360 × 300 |
| 200 | 240 | 20 | 420 × 260 |
| 200 | 280 | 20 | 420 × 300 |

Fortsetzung der Normgrößen:

| | | | |
|---|---|---|---|
| 200 | 320 | 20 | 420 × 350 |
| 200 | 350 | 20 | 420 × 380 |
| 230 | 280 | 20 | 480 × 300 |
| 230 | 350 | 20 | 480 × 380 |
| 230 | 410 | 20 | 480 × 440 |
| 280 | 410 | 20 | 580 × 440 |
| 280 | 500 | 20 | 580 × 580 |
| 320 | 410 | 20 | 660 × 440 |
| 320 | 500 | 20 | 660 × 530 |
| 400 | 480 | 30 | 830 × 510 |
| 450 | 550 | 30 | 930 × 580 |
| 500 | 580 | 30 | 1030 × 620 |

Normgrößen für Blockbodenbeutel:

| Beutelbreite (bei eingelegter Falte) in mm | Boden- bzw. Faltenbreite in mm | Klebstreifen-breite in mm | Beutellänge in mm | Zuschnitt im Rohmaß in mm |
|---|---|---|---|---|
| 62 | 33 | 15 | 130 | 205 × 160 |
| 62 | 33 | 15 | 170 | 205 × 200 |
| 70 | 35 | 15 | 170 | 225 × 200 |
| 70 | 50 | 20 | 126 | 260 × 160 |
| 70 | 50 | 20 | 225 | 260 × 260 |
| 80 | 45 | 20 | 212 | 270 × 250 |
| 80 | 45 | 20 | 225 | 270 × 260 |
| 80 | 50 | 20 | 220 | 280 × 260 |
| 85 | 60 | 20 | 278 | 310 × 320 |
| 105 | 65 | 20 | 270 | 360 × 320 |
| 105 | 65 | 20 | 300 | 360 × 350 |
| 130 | 78 | 19 | 290 | 435 × 350 |
| 130 | 78 | 19 | 330 | 435 × 390 |
| 135 | 80 | 20 | 365 | 450 × 430 |
| 150 | 85 | 20 | 365 | 490 × 430 |
| 175 | 110 | 20 | 440 | 590 × 520 |
| 175 | 110 | 20 | 470 | 590 × 550 |

Gezeichnete Form des Blockbodenbeutels:

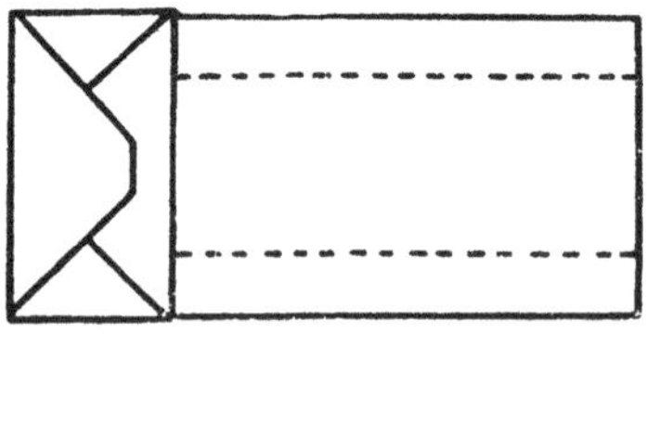

Abb. 30

6. Sondererzeugnisse

Bei den Sondererzeugnissen wird fast immer von einer der vorerwähnten Beutelformen ausgegangen. Zunächst sei erwähnt, daß die verschiedenen Beutel mit Zellglasfenstern oder Sichtstreifen hergestellt werden können. Kartoffelbeutel werden mit Löchern oder Gewebefenstern versehen. Weiter werden bei wertvollen Verpackungen oft geprägte Papiere verwendet. All' diese Arbeiten lassen sich maschinell ausführen.

Ein großes Gebiet hat sich die Tragetasche erobert. Da gibt es die Zweinaht-Tragtasche zum Verpacken von Manufakturwaren, Schreibwaren, Prospekten usw., die vollmaschinell einschließlich Griffstanzung hergestellt werden kann. Wenn mehr Raum benötigt wird, so geht man dagegen vom Kreuzbodenbeutel oder Blockbodenbeutel aus: Die Beutel werden maschinell hergestellt und dann nachträglich mit Tragebändern aus Kordel oder Papier versehen. Eine vollmaschinelle Anfertigung dieser Taschenart in zwei Arbeitsgängen ist inzwischen für die kleineren Größen (Lebensmittel- und Schuhtragtaschen) möglich geworden.

Bei den großen Konfektionstragetaschen mit schmalem Blockboden werden die Schläuche größtenteils maschinell hergestellt, während die weiter notwendigen Arbeiten mehr oder weniger von Hand ausgeführt werden müssen. Eine Maschine für diese Taschenart befindet sich in Vorbereitung.

## Neuzeitliche Maschinentypen als Voraussetzung zur wirtschaftlichen Fertigung von Verpackungsmaterial

(Blockbodenbeutel aus Papier und Zellglas für Füllgüter, Tragetaschen, Grammophonplatten u. a. m.)

Die papierverarbeitende Industrie ist maßgeblich beteiligt an der Bereitstellung der verschiedensten Verpackungsmittel, in denen die Erzeugnisse der Nahrungs- und Genußmittelindustrie abgepackt in bestimmte Gewichtsteile aus unserem täglichen Leben nicht mehr fortzudenken sind.

Die Verpackung schlägt zu Buch. Wertmäßig betrugen die Aufwendungen für Verpackung in der Bundesrepublik 1954 fast 3 Milliarden DM. Etwa die Hälfte davon kosteten Papier und Pappe. Bei der Höhe der Summe ist zu bedenken, daß die Verpackung sich mehr und mehr zu einem verkaufsfördernden und verderbverhindernden Bestandteil der Ware entwickelt hat. (D. A.)

Ich habe daher in dem jetzt vorliegenden zweiten Teil des Buches „Die Papierverarbeitung“ der Herstellung der Verpackungsmittel auf neuzeitlichen Maschinen

*) Normblätter über die deutschen Beutel-Normgrößen können vom Beuth-Vertrieb GmbH., Berlin W 15, bzogen werden.

einen größeren Raum eingeräumt dank der Mitarbeit der maßgebenden Firmen des Maschinenbaues für diese Sparte.
Die werterhaltende, hygienisch einwandfreie, rationelle und geschmackvolle Verpackung der Nahrungs- und Genußmittel darf keine Nebenaufgabe bleiben, sondern ist gegenwärtig geradezu als ein unmittelbarer Bestandteil der Lebensmittelproduktion anzusprechen.
Die Tüten- und Beutelfabrikation spielt dabei eine ganz besondere Rolle. Sie ist als Beweis anzusprechen für die kulturelle Aufwärtsbewegung, die unser Leben unverkennbar nach dem Niedergang des Wirtschaftslebens genommen hat.

Die nachstehend beschriebenen Maschinentypen sind Erzeugnisse der Firma Windmöller & Hölscher, Lengerich in Westfalen.

Flach- und Seitenfaltenbeutelmaschine „Cello-Matador 1311"

In den letzten Jahren wurde eine Sonderkonstruktion für die Anfertigung von Flach- und Seitenfaltenbeuteln aus Zellglas und beschichteten Papieren entwickelt und diese unter der Bezeichnung „Cello-Matador 1311" auf den Markt gebracht (Tafel XXII). Diese Maschine arbeitet mit einer Leimklebung und einer Heißsiegeleinrichtung. Die beigegebene grafische Darstellung zeigt sieben verschiedene ausgeführte Bodenbildungen bzw. Bodenverschlüsse.
Es bleibt noch zu erwähnen, daß sich diese Maschine in den Kreisen der Zellglasverarbeiter größter Beliebtheit erfreut. Neuerdings wird die Maschine auch mit großem Erfolg für die Verarbeitung von beschichteten Papieren eingesetzt.

Beutelausführungen:

Bei Mitlieferung entsprechender Sondereinrichtungen, insbesondere für Leimklebung und Heißsiegelung, können nachfolgend beschriebene Beutel- bzw. Bodenarten als Flach- oder Seitenfaltenbeutel mit oder ohne Daumenloch hergestellt werden. (Bild 31)

1. Geklebte Beutel mit zweimal umgelegtem Boden (siehe Abbildung 1).
2. Beutel mit einmal umgelegtem Boden (Innenklebung). Die innere Verleimung im Boden wird durch Auftragen von Klebestreifen vor der Schlauchbildung erreicht (siehe Abbildung 2).
3. Heißgesiegelte, am Boden zweimal gefalzte Beutel, bei denen der Beutelraum bis an den Siegelstreifen heranreicht (siehe Abbildung 3).
4. Heißgesiegelte, am Boden zweimal gefalzte Beutel. Nach der zweiten Falzung wird der Boden mit der Beutelwand verklebt (siehe Abbildung 4).
5. Heißgesiegelte Beutel, bei denen das Schlauchende versiegelt und nach der Falzung mit der Beutelwand verklebt wird (siehe Abbildung 5).
6. Heißgesiegelte Beutel, bei denen das Schlauchende versiegelt und zweimal umgelegt und verklebt wird (siehe Abbildung 6).

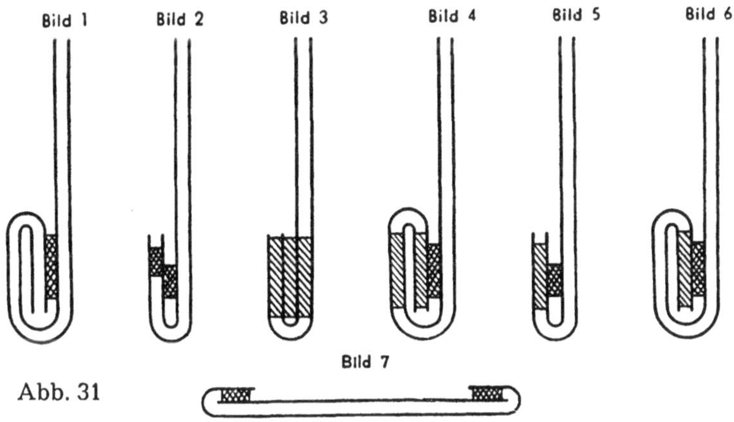

Abb. 31

7. Beutel aus zwei Bahnen verschiedener Stoffarten, z. B. Vorderseite aus Zellglas, Rückseite aus Pergamyn (siehe Abbildung 7).

Leistungen:

Zellglasbeutel mit Leimklebung bis zu 300 Stück pro Minute;
Zellglasbeutel mit Heißsiegelung bis zu 250 Stück pro Minute;
Beutel aus beschichteten Papieren bis zu 160 Stück pro Minute.

Flach- und Seitenfaltenbeutelmaschine „Poly-Matador"

Erstmalig wurde auf der DRUPA 1958 diese Flach- und Seitenfaltenbeutelmaschine zur Verarbeitung von Polyäthylen-Folie vorgeführt. Es sei insbesondere auf die hohe Leistung dieser Konstruktion hingewiesen. Bei der Herstellung von Polyäthylenbeuteln mit einer Schlauchlänge bis zu 30 cm können pro Minute 150 Beutel darauf gefertigt werden. Diese Leistung liegt weit über der Kapazität der üblichen Polyäthylen-Beutelmaschinen (Tafel XXIII/1).
Wie bei der „Cello-Matador 1311", kann auch hier für die Herstellung bedruckter Beutel eine Fotozellensteuerung eingebaut werden.

Neue Flachbeutel-Heißsiegelmaschine — Modell „CS"

Diese Konstruktion ist für die Herstellung sogenannter Suppenbeutel aus Aluminium-Folie oder auch sogenannter Verbundfolie (Zellglas und Polyäthylen kaschiert) gedacht. Der Beutel weist ein Optimum an Dichtigkeit auf und wird deshalb von den bekannten Firmen Maggi und Knorr zum Verkauf ihrer Erzeugnisse in Millionenauflagen benutzt. Die tägliche Produktion von etwa 100 000 Beuteln ist in acht Stunden mühelos zu erreichen.
Auch dieses Modell kann zur Verarbeitung vorher bedruckter Rollen mit einer Fotozellensteuerung ausgestattet werden (Tafel XXIV).

Allgemeines:
Mit dem Bau dieser Maschine wurde der jüngsten Entwicklung in der Verpackungstechnik Rechnung getragen und eine Anlage geschaffen, die trotz hoher Leistung die empfindlichsten Verpackungsmaterialien wie Aluminiumfolien nicht beschädigt und einen vorbildlich sauberen Beutel anfertigt, der — wie Versuche beweisen — ein Optimum an Dichtigkeit dem Füllgut gegenüber garantiert.

Die Maschine
Diese arbeitet von der Rolle, wobei vorerst nur solche Materialien zur Verarbeitung kommen können, die sich allgemein für das Siegelverfahren mittels erhitzter Preßbacken eignen wie z. B. lackierte Alufolie und Zellglas-Wetterfest. Die Siegelhitze wird durch einen Wärmeregler konstant gehalten und kann selbstverständlich den Anforderungen jeder Stoffart angepaßt werden.
Die Stoffbahn wird in der Längsrichtung um ein Formatblech gelegt, so daß ein je nach Bedarf mehr oder weniger offener Schlauch gebildet wird. (Maßgebend hierfür ist, ob der Beutel mit oder ohne Verschlußklappe gearbeitet werden soll). Durch einen in Längsrichtung hin- und hergehenden Schlitten werden beim Vorwärtsgang gleichzeitig mehrere Beutel heißgesiegelt. In den meisten Fällen werden sechs Beutel in einem Arbeitsgang gefertigt, jedoch kann die zur Verfügung stehende Siegelfläche von 35 × 35 cm auch in anderer Nutzanordnung arbeiten.
Nach dem Siegeln wird die Bahn zunächst in Längsrichtung getrennt und die so entstehende Doppelbahn durch einen Querschneider auf Format geschnitten. Die fertigen Beutel fallen dann schuppenförmig auf eine Zähl- und Ablegevorrichtung.

Für die Verarbeitung vorbedruckter Rollen wird die Maschine mit einer Fotozellensteuerung ausgestattet.

Die Leistung
Die Maschne ist sehr einfach zu bedienen und arbeitet wegen der besonderen Anordnung der Siegelelemente sehr ruhig und zuverlässig. Diese Leistung richtet sich nach der Größe der gleichzeitig gesiegelten Beutel und beträgt im Durchschnitt 300 Stück in der Minute bei sechs Beuteln pro Arbeitsgang.

Tragtaschenmaschine „CX"
Zur Herstellung sogenannter Zweinaht-Tragtaschen mit Handgriff wurde vor kurzer Zeit das Modell „CX" auf den Markt gebracht.

Eine Vielzahl von Kundenwünschen Rechnung tragend wurde für die vollautomatische Fertigung von Tragtaschen diese neue Maschine entwickelt, die wie alle Windmöller & Hölscher-Konstruktionen ein Höchstmaß an Präzision und Zweckmäßigkeit in sich vereint. Eine robuste, solide Bauweise, ein vielseitiges Anwendungsgebiet, leichte Zugänglichkeit zu allen Arbeitsstationen und ein großer Arbeitsbereich sind die charakteristischen Merkmale dieser Maschine.

Die neue Zweinaht-Tragtaschenmaschine kann als eine Weiterentwicklung der Zweinaht-Flachbeutelmaschine „CL“ angesprochen werden. Sie dient der Herstellung großformatiger Zweinaht-Flachbeutel mit und ohne Klappe. Durch den Einbau entsprechender zusätzlicher Einrichtungen läßt sie sich weiter für die Fertigung von Seitenfaltenbeuteln, Zweinaht-Tragtaschen und Grammophonplattentaschen einsetzen (Tafel XXV).

Aus den Seiten der Papierbahn werden durch geeignete Schneidwerkzeuge ca. 15 mm breite Streifen ausgeschnitten. Die Abfallstücke werden durch einen Exhauster zuverlässig abgesaugt. Die stehengebliebenen Randstreifen werden umgefalzt und bilden den Klebefalz. Die Abschnittlänge wird durch das Wechselrad bestimmt. Das abgeschnittene Stück wird im Falzzylinder, etwa in der Mitte, quer gefalzt und die vorauslaufende vordere Hälfte wird im weiteren Verlauf auf die nachfolgende hintere Hälfte umgelegt, so daß ein Beutel entsteht, der an den Seiten je eine Längsklebenaht trägt, jedoch am Boden nicht geklebt zu werden braucht.

Für die Herstellung von Tragtaschen besitzt die Maschine eine zusätzliche Abrollvorrichtung. Von dieser wird eine Kartonbahn durch ein besonderes Schneidwerk geführt. Der hierin gefertigte Kartonzuschnitt wird auf die Papierbahn geleitet und mit dieser derart verklebt, daß nach erfolgter Beutelbildung das obere Beutelende eine ausreichende Verstärkung für den Handgriff erhält.

Stanzung der Grifflöcher: im kontinuierlichen Arbeitsablauf werden durch ein rotierend ansetzendes Stanzwerkzeug die Grifflöcher für die Tragtaschen gearbeitet. Das Stanzwerkzeug ist leicht auswechselbar auf dem Umleitzylinder angebracht. Durch einfachen Austausch der Stanzform können so beispielsweise auch Grammophonplattentaschen mit kreisrundem Loch gefertigt werden.

Vorrillung: Ferner kann eine Rillvorrichtung in die Maschine eingebaut werden. Sie stellt einen Vorbruch an der Beutelöffnung her, der ein leichtes Umfalzen des Beutelrandes ermöglicht.

Die Beutelablage erfolgt nach dem bewährten System mit Greiferzylinder und automatischer Zählvorrichtung. Die Beutel werden aufrechtstehend zu jeweils 50 Stück abgezählt im geordneten Stapel auf den Auflagetisch geschoben, wodurch eine einfache Abnahme gewährleistet ist.

Reguliereinrichtung: Im Falle der Verarbeitung vorbedruckter Papierrollen erhält die Tragtaschenmaschine eine zuverlässig arbeitende Reguliervorrichtung mit Fotozellensteuerung. Durch diese Einrichtung wird das Druckbild stets im richtigen Verhältnis zum Abschnitt gehalten.

Anilin-Druckwerk: Sollen im gleichen Arbeitsgang Beutel oder Tragtaschen hergestellt und bedruckt werden, so kann die „CX 1294“ mit den Anilindruckwerk „Alina X 992“ gekuppelt werden, das sich mit bis zu vier Farbwerken ausstatten läßt. Die Konstruktion dieses Druckwerkes entspricht den neuesten Erfahrungen und es ist so gewählt, daß ein perfektes Zusammenarbeiten mit der Tragtaschenmaschine gewährleistet ist. Besonders groß dimensionierte Formatzylinder gestatten auch den Bedruck der in der Tragtaschenmaschine erreichbaren maximalen Abschnittlängen von 104 cm.

Der Antrieb erfolgt über einen stufenlos regulierbaren Drehstrom-Nebenschlußmotor mit einer Leistung von 5 kW, der mit motorischer Bürstenverstellung und Druckknopfsteuerung geliefert wird.

### Neue Kreuzboden-Beutelmaschine „Record"

In Anlehnung an die Blockbodenbeutelmaschinen-Konstruktion wurde eine neue Kreuzbodenbeutelmaschine unter der Bezeichnung „Record" auf den Markt gebracht, bei der die Bodenbildung ebenfalls über einen rotierend arbeitenden Bodenfalzzylinder erfolgt. Diese Maschine weist bei der Verarbeitung von gewöhnlichen Papieren Spitzenleistungen von ca. 400 Beutel / Minute auf.

Das gleiche Modell kann auch für die Verarbeitung von Zellglasbeuteln geliefert werden. In diesem Fall wird die Maschine mit einem zusätzlichen Bodendeckblatt-Apparat ausgerüstet, um eine optimale Festigkeit und Dichte der Böden zu erreichen. Die Bodendeckblätter werden in einem Arbeitsgang mit der Beutelherstellung aufgebracht.

Die Maschine hat in Anlehnung an die bewährte Bauart der Klotzbodenbeutelmaschine „Triumph" *) einen besonders schweren Unterbau erhalten, der auch bei höchstmöglicher Tourenzahl einen absolut ruhigen und geräuscharmen Lauf sichert

Die „RECORD" kann mit einfacher und auch doppelter Fütterungseinrichtung sowie, zur Verarbeitung vorbedruckter Rollen, mit einer Regulierungsvorrichtung mittels Fotozellensteuerung geliefert werden.

Der Antrieb erfolgt über einen Drehstrom-Nebenschlußmotor mit Druckknopfschaltung (Tafel XXVI).

Zur direkten Verbindung mit der Beutelmaschine kommt für die Papierverarbeitung die Anilindruckmaschine „Alina X 992" in Frage. Die Konstruktion dieser Druckmaschine entspricht den neuesten Erfahrungen auf dem Gebiete des Anilindruckes, so daß allerbester Qualitätsdruck damit erzielt werden kann.

Die Anilindruckmaschinen können auf Wunsch mit Einrichtungen zum Abheben der Klischeezylinder sowie zum Weiterlaufen der Farbwalzen bei Stillstand der Maschine, mit Rasterwalzen und einer Einrichtung für seitliche Verschiebung ausgestattet werden.

---

*) Diese Maschine wurde ausführlich besprochen im ersten Band der „Papierverarbeitung" von Walter Hess. Erschienen im Technischen Verlag Herbert Cram, Berlin W 15, Genthiner Str. 13. Halbleinen. 200 Seiten. Preis DM 12,80.

### Fensterausstanz- und Einklebemaschine Modell „ZL“

Während in den früheren Jahren Fensterbeutel fast ausschließlich in einem Arbeitsgang hergestellt wurden, bedient man sich heute gern der kleinen Spezialmaschine zum Fensterausstanzen und Einkleben. Diese Maschine, die unter der Bezeichnung „ZL“ geführt wird, wird in der Regel mit einer Anilindruckmaschine in Verbindung gebracht. Auf diese Weise werden in einem Arbeitsgang mit einem Fenster versehene und vorbedruckte Rollen hergestellt, die auf den mit Reguliervorrichtung ausgestatteten Beutelmaschinen in einem zweiten Arbeitsgang zu Flach-, Kreuz- oder Blockbodenbeuteln weiterverarbeitet werden.

Diese Spezialmaschine arbeitet von Rolle auf Rolle und wird in 80 cm Arbeitsbreite gebaut. Der größte Fensterabstand beträgt 65 cm (Tafel XXIII/2).

In der Regel wird diese Maschine mit einer Friktionsaufwickelvorrichtung ausgestattet und mit einer Anilindruckmaschine in Verbindung gebracht. Die auf diese Weise in einem Arbeitsgang mit einem Fenster versehenen und vorbedruckten Rollen werden in den mit Regulierungsvorrichtungen ausgestatteten Beutelmaschinen in einem zweiten Arbeitsgang zu Flach-, Kreuz- oder Klotzbodenbeuteln weiterverarbeitet.

Die Fensterform kann beliebig gewählt werden. Für jede Abschnittslänge ist ein entsprechendes Fensterformat erforderlich.

Diese Neukonstruktion hat sich in der Praxis bereits bestens bewährt. Die Fenster werden mit größter Präzision ausgestanzt.

Um sicherzustellen, daß das ausgestanzte Fensterblatt nicht in der Papierbahn verbleibt und dadurch zu Störungen Anlaß gibt, wird dieses von einer Zange gefaßt und durch einen Exhauster abgesaugt. Die Konstruktion ist äußerst stabil und gewährleistet eine zuverlässige Arbeit.

## II.

Die nachstehend beschriebenen Maschinentypen sind Erzeugnisse der Firma Fischer & Krecke, Maschinenfabrik, Bielefeld.

Bevor eine Rolle Papier, Metallfolie, Zellglas oder beschichtetes Material zur Weiterverarbeitung in eine Maschine genommen wird, spricht man vom Rohstoff, der beim Papierverarbeiter das Rollenlager füllt.

Nimmt man nun beispielsweise einen 2fach gefütterten, also aus 3 Lagen bestehenden, besseren Kaffeebeutel zur Hand, wird einem bewußt, welchen Weg der Rohstoff durchlaufen muß, bevor er zu einer solchen Luxuspackung gestaltet wurde.

Es soll an dieser Stelle deshalb die maschinelle Weiterverarbeitung des Papiers und der Folie kurz besprochen werden.

Zunächst ist festzustellen, daß für jede Packungsart eine besondere Spezialmaschine entwickelt wurde. Die einfachen Tüten- und Beutelmaschinen bleiben hierbei unbeachtet, da sie lediglich zur Herstellung von Massenpackungen dienen. Der wirtschaftlichen Entwicklung entsprechend, hat sich die Luxuspackung, die Klarsicht-Packung sowie die aromadichte Packung aus beschichteten Papieren immer mehr eingeführt. Einen großen Aufschwung nahm in den letzten Jahren die Fabrikation der sogenannten Klotz- oder Blockbodenbeutel. Die Amerikaner waren uns in der Herstellung dieser Packungen früher immer weit voraus. Heute dürfte zwischen den drüben und hier gefertigten Packungen kaum noch ein Unterschied bestehen.

Möglich war die Einführung der Klotzbodenbeutel durch die Verbesserung und Weiterentwicklung der Klotzbodenbeutelmaschinen, von denen wir das Modell „COMBI" der Firma Fischer & Krecke, Bielefeld, zur Beschreibung heranziehen.

Die Firma Fischer & Krecke hat sich als erste europäische Firma mit der Konstruktion von Klotzbodenbeutelmaschinen, die von der Rolle arbeiten, befaßt und entwickelte das erste Modell bereits im Jahre 1928. Seither wurde die Maschine immer weiter vervollkommnet und dient heute zur Verarbeitung der diffizilsten Materialien. Selbst Beutel aus Zellglas lassen sich einwandfrei auf den COMBI-Maschinen herstellen.

Das Bedrucken der Beutel kann entweder gleichzeitig mit Hilfe von vorgestellten Anilindruckwerken erfolgen oder aber in der Weise, daß die Rollen zunächst vorgedruckt und dann nachträglich mit Hilfe einer Fotozellensteuerung durch die Beutelmaschine laufen.

Besonders schöne Effekte werden bei der Verarbeitung von Metallfolien erzielt. Auch eine cellophanierte Packung, bei der die Innenlagen aus Zellulose, Pergament oder Pergamin bestehen, während für die Außenlage ein Zellglas gewählt wird, spricht sehr an. Sie wird in der Hauptsache von Kaffeeröstereien verwendet, während die Keksfabriken der Metallfolie den Vorzug geben.

### Blockbodenbeutelmaschine „Modell Combi"

für die pulverdichte Kaffee-, Tee-, Kakao-, Mehlbeutel und Frischhaltepackungen.

Der Blockbodenbeutel, im Auslande, vornehmlich in den USA schon seit vielen Jahrzehnten als Selbstöffnerbeutel für die Massenverpackung bekannt, eroberte sich in den letzten 25 Jahren auch in Europa ein immer größeres Absatzgebiet. Die Vorteile dieses Beutels sind zu bekannt, als daß hierüber noch sehr viel gesagt werden müßte. Die Beutel öffnen sich durch einfaches Schwenken oder Aufziehen an beiden Enden völlig selbsttätig; ein Aufspreizen oder Hineingreifen mit der Hand ist also nicht erforderlich. Dadurch, daß der Beutel mit seitlichen Falten und rechteckigem Boden versehen ist, steht die gefüllte Packung aufrecht wie ein

Karton. Er ist deshalb auch am besten geignet für die Verwendung auf automatischen Abfüll- und Verschließmaschinen. In Europa befaßte sich die Firma Fischer & Krecke, Bielefeld, als erste Firma mit der Herstellung einer von der Rolle arbeitenden Blockbodenbeutelmaschine und betrachtet sich daher auch als Pionier, der dem Blockbodenbeutel in Deutschland und Europa in steigendem Maße Eingang verschaffte. Der immer größer werdende Bedarf in diesen Maschinen hat Veranlassung gegeben, ständig Verbesserungen vorzunehmen. Ganz besonderer Wert wurde auf eine leichte Zugänglichkeit neuartiger Verstelleinrichtungen gelegt, die teilweise ein Einstellen der Maschine während des Laufs ermöglichen. Der abgeschnittene Schlauch wird dabei nach oben tangential an die große Bodenmachertrommel geführt. Die vorgenannte Firma kann auf ihren Maschinen außer den gewöhnlichen Beuteln aus Cellulose- und Pergaminpapieren auch einfache und gefütterte Blockbodenbeutel in den verschiedensten Kombinationen, wie sie für das Verpacken von Kaffee, Tee, Kakao, Backmehl, Zwieback, Keks u. dergl. gebräuchlich sind, herstellen. Das Modell „Combi O" (Tafel XXVII) kann darüber hinaus auch für die Herstellung von einwandigen Zellglasbeuteln geliefert werden. Da hierfür eine Spezialausführung der Bodenbildungsorgane erforderlich ist, muß ein diesbezüglicher Wunsch bei Bestellung ausdrücklich bekanntgegeben werden. Zur Verstärkung des Bodens bei Zellglasbeuteln kann das Modell COMBI O mit einem Deckblattaufklebe-Apparat geliefert werden, der das Bodendeckblatt im gleichen Arbeitsgang anbringt; die Leistung der Maschine wird dadurch in keiner Weise herabgesetzt. Für die COMBI-Modelle wurde neuerdings auch eine Einrichtung geschaffen, die es ermöglicht, bei der Herstellung gefütterter Packungen absolut pulverdichte Blockbodenbeutel herzustellen. Die Papierbahnen werden dafür mit verschieden breiten Bodeneinschnitten versehen, wodurch sich das Futterpapier im Boden soweit umlegt, daß durch den aufgetragenen Bodenkleister der Boden vollkommen dicht verschlossen wird. Das Enstellen der Querklebung für das Futterpapier geschieht dabei mittels Grob- und Feineinstellung während des Laufs ohne Benutzung eines Werkzeuges. Die bei der Bodenbildung früher übliche Falzzange ist daher nicht mehr vorhanden. Der nicht zu vermeidende Querbruch ist somit auf ein Minimum herabgesetzt. Die neuen Blockbodenbeutelmaschinen der Firma Fischer & Krecke arbeiten die Beutel wahlweise mit glatt- und feingezahntem Schnitt. Die Schlauchbildung kann bei den Modellen COMBI O und 1 wahlweise nach oben oder unten erfolgen; im letzteren Falle kann man auch Beutel mit Mittelklebung herstellen.

Ebenso darf die Bodenoblate rund oder eckig sein, oder die Bodenlappen können in der Spitze zusammenlaufen. Alle Beutel können auch mit Fingerausschnitt gefertigt werden. Das Schließen des Bodens erfolgt durch ein patentiertes Koppel-Getriebe. Die bislang in den Maschinen befindliche Ketten-Station für den Umlegestab ist also in Fortfall gekommen. Gleichzeitig sei auf eine ebenfalls patentierte Vorrichtung hingewiesen, die bei der Bildung des Bodenquadrates verhindert, daß sich die Schmalkanten unschön ausbeulen, was vor allem bei der Verarbeitung von empfindlichen Papieren wichtig ist. Dadurch werden alle Böden gleichmäßig exakt. Die Bildung des Bodens geschieht u. a. durch Saugluft. Hierdurch wird ein Beschädigen des Bodens, wie dies beim Bilden mit Nadeln vorkommt, vermieden. Die Beutel werden in tadellos ausgerichtetem Stapel zum Ablagetisch geführt, wobei jeder 50. Beutel etwas hochgehoben wird. Selbstverständlich werden alle COMBI - Modelle außer mit Zentralschmierung und Fütterungseinrichtungen auch mit allen sonstigen Zusatzeinrichtungen wie Markenstempel-Apparat, Feuchtwerken, Tourenzähler, Tachometer (Sichtstreifenfenstereinrichtung bei den Modellen O und 1), sowie den modernsten Anilindruckwerken für Mehrfarben-Aufdruck ausgerüstet. Das Druckwerk wird vor die Beutelmaschine gesetzt und mittels Gelenkwelle mit der Beutelmaschine gekuppelt. Der Antrieb erfolgt von der Beutelmaschine aus. Da das Bedrucken vor der Falzung der Schlauchbahn erfolgt, kann der Beutel auf beiden Seiten und auch in den Seitenfalten mit Aufdruck versehen werden. Für die Verarbeitung von pigmenthaltigen Anilinfarben wird das Anilindruckwerk u. a. mit folgenden Extra-Einrichtungen ausgerüstet:

Umlaufende Farbwalzen, die auch bei Stillstand der Maschine weiterlaufen, um ein Verkleben und Verkrusten der Spezial-Deckfarben zu verhindern.

Trockenvorrichtungen für Kalt- und Warmluft, auch mittels Infrarotstrahler, beheizten Walzen oder dergl.

Raster-Auftragswalzen für jedes Farbwerk, um gleichmäßige und quetschfreie Farbabgabe zu sichern.

Bei der Verarbeitung vorgedruckter Bahnen sorgt eine Reguliervorrichtung dafür, daß der Druck immer auf der gewünschten Stelle des Beutels erscheint. Wechselräder für die Schlauchlängen werden beim Arbeiten mit der Reguliervorrichtung für fotoelektrische Papierbahnsteuerung nicht benötigt, da die Abschnittslängen durch ein stufenlos regelbares Getriebe erzielt werden. Die Fotozellensteuerung ermöglicht es in jedem Falle, vorgedruckte Bahnen ohne manuelle Bedienung zu verarbeiten; sie reguliert sowohl vor- als auch rückwärts. Eine solche Regulierung der Papierbahn ist auch erforderlich, wenn auf der Fensterausstanz- und Einklebemaschine Modell FM vorgefensterte Papierrollen zur Verarbeitung gelangen. — Selbstverständlich werden die Maschinen komplett geliefert mit Kommutator-Motor, der durch Druckknopfschaltung gesteuert wird.

Die COMBI - Modelle verarbeiten, wie bereits erwähnt, nur Rollenpapiere und zwar — je nach den Formaten — in den verschiedensten Breiten. Die erforderlichen Papierrollenbreiten richten sich nach den Beutelbreiten und errechnen sich, je nach Beutelbreite, wie folgt (Abb. 32):

2mal Beutelbreite zuzügl. 4mal Faltentiefe
zuzügl. 2—3 cm für die Längsklebenaht.

Abb. 32

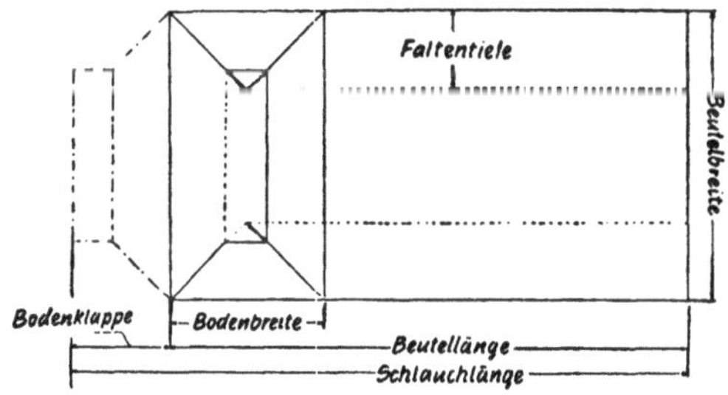


Die Formatumstellung erfolgt bei Veränderung der Beutelbreite durch Auswechseln des Formatbleches und der Falzmesser sowie durch Verstellen oder Auswechseln der in den Falzzylindern befindlichen Finger bzw. eines Falzschiebers.

Die gewünschten Schlauchlängen werden durch Einsetzen eines Wechselrades erzielt, wobei jeder Zahn eines Wechselrades 1 cm der Schlauchlänge entspricht. Beim Verarbeiten vorgedruckter Bahnen mittels Fotozellensteuerung ist das Wechselrad nicht erforderlich.

Für jede Bodenform wird ein Kleistermuster ausgewechselt.

Wenn in einem Arbeitsgang Beutel mit ein- oder mehrfarbigem Anilindruck hergestellt werden, wird für jede Schlauchlänge pro Farbe selbstverständlich noch ein Klischeezylinder mit den dazugehörigen Rädern für das Anilindruckwerk benötigt. Was unter Schlauchlänge, Beutellänge, Beutelbreite und Bodenhöhe zu verstehen ist, veranschaulicht nebenstehende schematische Darstellung. Wie ersichtlich, ist die Schlauchlänge = Beutellänge plus Bodenklappen.

Von der Rolle arbeitende Zellglas-Beutelmaschine Modell IDEAL zur Herstellung von Flach- und Seitenfaltenbeuteln mit Glattschnitt.

Die stabile und gut durchdachte Konstruktion verleiht der Maschine einen ruhigen Gang. Ein Vibrieren ist wegen des sehr starken Unterbaues auch bei höchsten Tourenzahlen nicht möglich. Sämtliche beweglichen Teile arbeiten rotierend und sind der hohen Tourenzahl entsprechend. fast alle in Kugellagern gelagert. Schwingende Teile, die die Leistung beschränken könnte, befinden sich nicht in der Maschine. Das Modell IDEAL (Tafel XXVIII) erzeugt Glattschnitt-Flachbeutel mit und ohne Seitenfalten mit einer Dauerleistung bis zu 300 Beuteln pro Minute. Es ist dabei selbstverständlich Voraussetzung, daß das Material sowohl hinsichtlich der Güte als auch seiner sonstigen Beschaffenheit nach dieses zuläßt. Die Falzmechanismen sind so angeordnet, daß mit der geringst möglichen Menge Zellglas ein tadelloser Boden gefalzt und geklebt werden kann. Die geklebten und gefalzten Böden besitzen dennoch die notwendige Festigkeit und unbedingte Pulverdichtigkeit.

Es lassen sich auf der Maschine auch bedruckte Flach- und Seitenfaltenschläuche herstellen. Dafür kann der Schlauch vorgebrochen, d. h. einmal quergeknickt werden, um die spätere Fertigung eines Kreuz- oder Klotzbodenbeutels von Hand bedeutend zu erleichtern. Dieses Vorbrechen geschieht durch das normale Falzwerk, so daß also keine zusätzlichen Teile erforderlich sind. Die Maschine verarbeitet selbstverständlich außer dem Zellglas-Material auch dünnere Zellulose- und Pergaminpapiere. Sie ist auch so eingerichtet, daß Beutel aus einer oder zwei Bahnen hergestellt werden können. In letzterem Falle besteht die Rückseite des Beutels aus gewöhnlichem Papier oder Pergamin und die Vorderseite aus Zellglas. — Das Kleben der normalen unlackierten Zellglasmaterialien erfolgt in der bekannten Weise durch Auftragen des Klebstoffes durch die Länge und Bodenklebeeinrichtungen. Anstelle dieser Klebeeinrichtungen treten beim Verarbeiten lackierter und anderer wetterfester Materialien die Heißklebe-Vorrichtungen für die Längs- und Bodenklebung. Diese arbeiten in der Weise, daß durch elektrisch beheizte Falzzangen und Andrückrollen die Lackschichten der Zellglasbahnen aufgelöst und dadurch fest miteinander verbunden werden. Automatische Wärmeregler sorgen dafür, daß die gewünschten Hitzegrade immer auf gleicher Höhe gehalten werden, wodurch eine absolut störungsfreie Funktion der Maschine gewährleistet ist. Diese Flachbeutel aus wetterfesten Zellglas-Materialien weisen dieselbe notwendige Festigkeit und Pulverdichtigkeit auf wie die mit Zellglas-Leim geklebten und gefalzten IDEAL - Beutel.

Auf besonderen Wunsch wird die Maschine auch mit einer Einrichtung für einen Daumen-Ausschlag ausgerüstet, der das Öffnen der Beutel erleichtert. Die Vorrichtung dafür arbeitet vollkommen rotierend.

Die Herstellung gefütterter Beutel für Spezialzwecke ist ebenfalls ohne weiteres möglich. Zu diesem Zwecke wird eine zweite Rollenlagerung und eine Querklebevorrichtung eingebaut. Eine Einrichtung für Seitenklebung an Flachbeuteln kann ebenfalls mitgeliefert werden.

Das Ablesen der Tagesleistung kann durch einen sechsstelligen Tourenzähler erfolgen. Soll die Minutenleistung direkt abgelesen werden, so muß ein Tachometer eingebaut werden. Diese letzteren Vorrichtungen werden ebenfalls nur auf besondere Bestellung geliefert.

Die Ablage der Beutel bzw. Schläuche erfolgt durch die neueste Rotations-Trommelablage, welche die Beutel mittels Greifer in tadellos ausgerichtetem Stapel zum Ablagetisch führt, wobei jeder 25. Beutel etwas hochgehoben wird. Die Beutel können trotz der hohen Leistung der Maschine also mühelos abgenommen werden.

Das gleichzeitige Bedrucken der Beutel erfolgt mittels schnell trocknender Anilin-Farben, da die Farben bekanntlich nicht in das Zellglas - Material eindringen können, sondern auf der geschlossenen Oberfläche trocknen müssen. Die von der Lieferfirma vorgebauten Anilindruckwerke sind in kräftiger und zweckentsprechender Bauart gehalten, um den hohen Ansprüchen, die beim Bedrucken von Zellglas gestellt werden, voll zu genügen. Das Bedrucken der Zellglasbahn ist in der ganzen Breite möglich. Der Beutel wird also von der Rolle fertig gefalzt, geklebt und mit Aufdruck auf beiden Innen- und Außenseiten und evtl. auch in den Seitenfalten versehen. Das Druckwerk ist so konstruiert, daß alle Plattenzylinder und Auftragswalzen mit einem Hebelgriff von der Papierbahn und Auftragswalze abgerückt werden können. Selbstverständlich kann das Druckbild während des Laufes in Laufrichtung des Papiers und quer hierzu bequem eingestellt werden. Die Betätigung aller Einrichtungen geschieht von der Bedienungsseite der Maschine aus.

Da beim Bedrucken von Zellglas-Materialien fast ausnahmslos mit Deckfarben (auch Anilin-Gold- und Silberfarben) gearbeitet wird, wird das Anilindruckwerk mit folgenden Extra-Einrichtungen ausgerüstet:

Umlaufende Farbwerke, auch bei Stillstand der Maschine, um ein Verkleben und Verkrusten der Spezial-Deckfarben zu verhindern.

Trockenvorrichtungen für Kalt- und Warmluft, auch mittels Infrarot-Strahler oder dergleichen.

Nach Wunsch außerdem:

Raster-Auftragswalzen für jedes Farbwerk, für gleichmäßige und quetschfreie Farbabgabe und

geheizte Walzen, speziell für das Bedrucken wetterfester Materialien.

Sollen vorgedruckte Rollen verarbeitet werden, so ermöglicht eine einfach und genau arbeitende Regulierungsvorrichtung die Papierbahn so zu steuern, daß das Druckbild stets auf der gewünschten Stelle des Beutels erscheint. Die erforderlichen Papierrollenbreiten richten sich nach den Beutelbreiten und errechnen sich bei Beuteln aus einer Bahn wie folgt:

bei Flachbeuteln (Abb. 33).

2mal Beutelbreite zuzügl. 2—3 cm für die Längsklebenaht
zuzügl. 4mal Faltentiefe.

Abb. 33

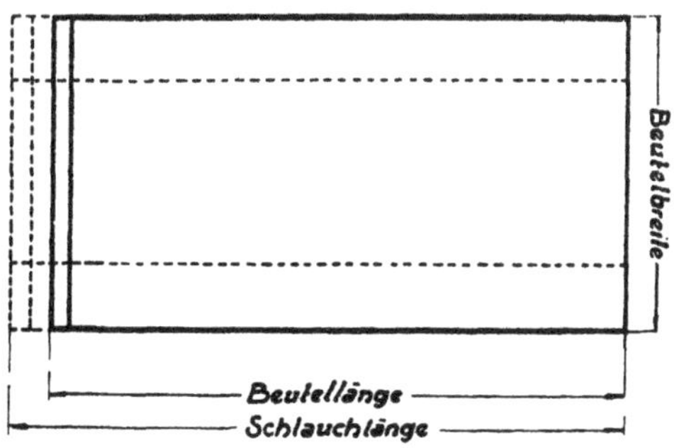

Bei Beuteln aus 2 Bahnen müssen die erforderlichen Rollenbreiten jeweils von Fall zu Fall an Hand der zu erzeugenden Muster errechnet werden.

Die Beutellänge bzw. Schlauchlänge spielt bei der Festlegung der Papierbreiten keine Rolle! Die Formatumstellung erfolgt bei Veränderung der Beutelbreite durch einfaches Auswechseln der Flach- bzw. Faltenbeutelbleche. Die Faltenbeutelbleche können auch für Flachbeutel verwendet werden, wenn das obere Blech abgenommen wird. Die gewünschten Schlauchlängen werden durch Einsetzen entsprechender Wechselräder erzielt, wobei jeder Zahn eines Wechselrades 5 Millimeter der Schlauchlänge entspricht. Die Schlauchlänge ist gleich der Beutellänge zuzüglich ca. 18—20 Millimeter für den Bodenfalz. Bei Bestellung ist nach Möglichkeit immer ein Muster jeder gewünschten Größe einzusenden; anderfalls sind die Beutelbreiten und Schlauchlängen genau anzugeben. Was unter Schlauchlänge zu verstehen ist, veranschaulicht die schematische Darstellung (Bild 20).

Das Auswechseln der Plattenzylinder bzw. Einrichten des Anilindruckes geschieht ebenfalls in allereinfachster Weise.

Formatbleche, Wechselräder und Plattenzylinder für weitere Formate können auch jederzeit später nachgeliefert werden.

Von der Rolle arbeitende Flachbeutelmaschine Modell „PERFEKT 3" zur Herstellung von Tragetaschen, Schallplattentaschen, Großkuverts usw. mit und ohne Seitenfalten.

Die Tragetasche aus Papier ist vom Verpackungsmarkt nicht mehr wegzudenken. Ob Kaufhäuser oder Spezialgeschäfte, Weinhandlungen oder Selbstbedienungsläden, alle Sparten des vielfältigen Verkaufswesens gehen mehr und mehr zur Verwendung der Tragetaschen über. Durch die früher übliche Handarbeit oder die halbautomatische Fertigung ist der Bedarf kaum noch zu decken. Durch die Weiterentwicklung der seit Jahrzehnten bewährten Perfekt - Modelle 1 und 2 wurde eine Neukonstruktion herausgebracht, die eine Papier-Tragetasche von der Rolle in einem Arbeitsgang mit ausgestanzten Tragegriffen herstellt. Zusätzliche Handarbeit ist also bei der neuen Zweinaht-Flachbeutelmaschine Modell 3 Perfekt 3 nicht mehr erforderlich (Tafel XXIX). Die Tragetaschen können (gefüttert oder ungefüttert) mit oder ohne Verschlußklappe und wahlweise mit oder ohne Seitenfalten gefertigt werden. Die Auslage der Werkstücke erfolgt durch die bewährte Greifertrommelablage, die die fertigen Werkstücke sicher und in tadellos ausgerichtetem Stapel zum Ablagetisch führt, so daß die Bedienungsperson jedem Tempo der Maschine mühelos folgen kann. Jedes 50. Werkstück wird dabei etwas hochgehoben. Gegenüber der kleineren Perfekt-Modell 1 und 2 ist die Tragetaschen-Maschine Modell Perfekt 3 zusätzlich mit Vorrichtungen zum Auftragen und Einkleben der Kartonstreifen sowie zum Ausstanzen der Tragegriffe ausgestattet. Die Tragegriffe können in verschiedenen Größen und Formen gehalten werden. Die Maschine eignet sich nicht nur für die Herstellung von Tragetaschen, es können auch Großkuverts mit und ohne Verschlußklappe sowie Schallplattentaschen mit und ohne Lochausstanzung und gefütterte und ungefütterte Packungen hergestellt werden. Die Verschlußklappen können je nach dem Verwendungszweck der Beutel kurz oder lang gehalten werden. Die Länge der Verschlußklappe wird durch Einstellen des Querfalzes erreicht. Die Papierbahnführungen sind so gehalten, daß ein faltenfreies Einlaufen des Papiers gewährleistet ist. Die durch einen Ausschneide-Apparat aus der Papierbahn herausgetrennten kleinen Papierstreifen werden durch einen Exhaustor abgesaugt. Die Beutel können selbstverständlich im gleichen Arbeitsgang mit zweiseitigem Ein- oder Mehrfarben-Anilindruck versehen werden, wie das bei den übrigen Tüten- und Beutelmaschinen der Herstellerfirma der Fall ist. Kommen Papierrollen zur Verarbeitung, die im Tief-, Buch- und Offsetdruck vorgedruckt sind, dann wird die Maschine mit einer Fotozellensteuerung für vorgedruckte Bahnen ausgerüstet. Der Herstellungsprozeß der Tragetaschen und dergleichen ist dann der, daß die Papierrollen auf der in Frage kommenden Rotationsmaschine vorgedruckt und nachträglich in der Beutelmaschine verarbeitet werden. In diesem Falle sorgt die Reguliereinrichtung dafür, daß der Druck stets auf der gewünschten Stelle der Packung erscheint. Für das Ablesen der Tages-, Stunden- oder Minutenleistungen werden auf Wunsch Tourenzähler und Tachometer mitgeliefert.

10. Kapitel

# Papierspezialitäten

## Der Lampenschirm aus Karton

Karton, also Papier einer gewissen Stärke, ist wohl das älteste Material zum Abschirmen von Licht. Schon vor vielen hundert Jahren verwendeten die Japaner das von Hand gefertigte „Japanpapier" aus den sehr festen Fasern des Maulbeerbaumes, das mit Öllacken optisch aufgehellt wurde, zur Herstellung von wandartigen Schirmen, die vor die Lichtquelle (Öllampen) gestellt wurden, um so ein diffuses angenehmes Licht zu erzeugen. Bis heute dürfte es kein transparentes Material geben, das ein so sanftes Licht und von so besonderem Lustre ergibt als der „geölte" Karton.

Dieser besondere beleuchtungstechnische Effekt wurde im Abendland merkwürdigerweise erst sehr spät wieder entdeckt; und zwar erst in den zwanziger Jahren, bis dahin wurde außer Glas fast ausschließlich dünne Seide für Lampenschirme verwendet. Der Kartonschirm trat einen ungeahnten Siegeszug an. In Deutschland allein wurde vor dem Kriege weit über eine Million Quadratmeter Lampenschirmkarton verarbeitet.

Der zweite Weltkrieg führte nicht nur zu einem Stop in der technischen Weiterentwicklung der „geölten" Lampenschirmkartons, sondern die durch die Kriegswirtschaft bedingte Verknappung an geeigneten Rohmaterialien und die zwangsläufig notwendig gewordene Verwendung von Ersatzstoffen zu einer wesentlich verschlechterten Qualität. Es mußte gewöhnlicher Leinölfirnis verwendet werden; die damit präparierten Kartons vergilbten und wurden gar nach längerer Zeit in der von der Glühbirne ausgestrahlten Hitze braun. Und was schlimmer noch war, der Zusatz von nicht trocknenden Mineralölen ließ den Karton „schmierig" werden, er nahm Staub auf und wurde bald unansehnlich. Als Kaschierkarton unter Seide verwendet, „fettete" das Mineralöl durch und erzeugte Fettflecken auf der Seide. Die und andere Übelstände und Mängel sind jedem Lampenschirmfabrikanten aus der Kriegs- und Nachkriegszeit bekannt. Der Lampenschirmkarton kam in Mißkredit, zumal ihm in dieser Zeit eine Konkurrenz erwuchs; die Kunststoff-(PVC-)Folie. Unterzieht man die technischen Gegebenheiten unter Einbeziehung auch den ästhetischen Forderungen einer exakten Analyse, dann kommt man folgerichtig zu dem Ergebnis, daß die Plastik-Folie weniger eine Konkurrenz für den Lampenschirmkarton darstellt, sondern vielmehr zur Seide. Effekte wie solche mittels Seide oder dünner seidengleichen PVC-Folie zu erzielen sind, können bei Anwendung des auch in seinen dünnen Stärken „starren“ Kartons niemals erreicht werden. Auch werden die Hersteller von Lampenschirmkarton niemals diese Vielzahl von zum Teil bewundernswerten Dessins (Druck) auf den Markt bringen können, wie die Seidenmanufakturen und die Hersteller der Plastikfolien, da diese ja in ihren unzähligen Dessins nur zum allergeringsten Teil für Lampenschirme verwendet werden sondern als „Stoffe“ für Gardinen, Tischtücher, für Kleider, Krawatten u. a. mehr, während die dessinierten Kartons eben nur und ausschließlich für den Lampenschirm zur Anwendung kommen.

Dafür weist aber der Karton eine Eigenschaft auf, die mit Seide alleine nicht und mit Plastik nur bedingt erzielt werden kann. Der Karton ist praktisch das einzige Material, das dem Lampenschirmhersteller die Fertigung von Schirmen in starren, glatten stereometrisch eindeutig bestimmten Formen z. B. die klassischen Kegelstümpfe oder auch schiefe (Schuten), ermöglicht. Man könnte sagen: der Karton nimmt eine Zwischenstellung zwischen Seide oder Plastikfolie und Glas ein. Letzterem gegenüber hat der Karton den Vorteil, daß er mit Seide oder Plastikfolie, die in unzähligen Dessinierungen liegen, kombiniert werden kann als Kaschierkarton, der dem losen Seidengewebe oder der gleich schmiegsamen dünnen Plastikfolie erst die notwendige Steife verleiht, um unter Verwendung dieser starren Schirme in geometrisch klar und eindeutig definierte Formen fertigen zu können.

Die Entwicklung solcher Kaschierkartons hat die Lampenschirmkartonhersteller vor eine schwierige Aufgabe gestellt. Ein solcher Karton muß weitgehend hitzebeständig sein, von fast milchglasartiger Klarheit in der Transparenz, praktisch nicht vergilben und auch in der Wärme nicht „durchfetten“. Die auftretenden Probleme sind gelöst. Längst sind an Stelle des „Öl“ schlechthin — auch die sogenannten „modifizierten“ Öle z. B. konjugierte Leinöle und dgl. genügten den Ansprüchen nicht— aus der Fabrikation verschwunden. An ihre Stelle traten moderne kunststoffartige Körper, mit deren Lösung die Rohkartons unter genauer Innehaltung bestimmter Arbeitsbedingungen präpariert werden, wie denn auch die Rohkartons selber in jahrelanger Entwicklungsarbeit von den führenden Feinpapierfabriken immer weiter verbessert wurden.

Was lag näher, als den weiteren Schritt zu tun, diese Kartons nun weiter zu „veredeln“, sie farbig zu gestalten d. h. mit farbigen Lacken zu überziehen und auf eben diesen nunmehr farbig lackierten Kartons — daß diese „abwaschbar“ sind d. h. mit feuchtem Tuch von Staub und dgl. gereinigt werden können, versteht sich von selbst — eigentliche Dessins insbesondere im Siebdruckverfahren mit fast plastischer Wirkung aufzubringen. Damit sind den Lampenschirmfabriken Kartons an die Hand gegeben, die auch einer Kaschierung mit Seide oder Plastikfolie nicht mehr bedürfen. Es mag die Ansicht des Verfassers dieser Zeilen bleiben: Das „schönste“ Licht von unerreichtem Lustre wird immer der naturfarbene glatte oder genarbte „Pergament-Schirm“ geben, der mit einer Kunstharzschicht überzogen kein „Papier“ mehr ist, sondern auch einen „Kunststoff“ darstellt, der dem Schirmgestalter die weitesten Möglichkeiten zur künstlerischen Ausgestaltung gibt „Papier — vielfach noch verständlicher Weise aber sehr zu Unrecht mit dem Odium des unzulänglichen, des „billigen“, dem Stande der Technik nicht Entsprechenden belastet, Papier ist der Grundstoff so manches höchstwertigen Kunststoffes, von dem der Laie zumeist nicht ahnt, daß die Hälfte und mehr seines Gehaltes aus „Papier“ besteht. Freilich nicht aus Papier schlechthin, sondern aus in jahrzehntelanger Entwicklungarbeit von den führenden Papierfabriken gefertigte hochwertige Rohpapiere. Wer weiß, daß die wunderbaren Kunstplatten wie Resopal, Pollopas und dgl., daß Stoffe wie IGRAF und viele „Kunstleder“ auf der Basis von „Papier“ gearbeitet sind in Kombination mit hochwertigen Kunstharzen unter Anwendung sehr komplizierter Fabrikationsverfahren. In diesem Sinne stellt auch der Lampenschirm-„Karton“ einen hochentwickelten Kunststoff dar, als welchen er angesehen und propagiert werden möchte.

Dunkeln Lampenschirm-Kartons heute schneller nach als im Kriege?

Diese Frage kann man aus beweiskräftigen Gründen und mit gutem Gewissen eindeutig verneinen, so weit es sich um die Markenware der in der Fabrikation von Lampenschirm-Kartons seit Jahrzehnten führenden Firmen handelt.

I. Welche Lampenschirm-Kartons dunkeln nach und welches sind die Gründe hierfür?
und zum anderen

II. Gibt es heute auf dem Markt Lampenschirm-Kartons die n i c h t vergilben, geschweige denn nachdunkeln?

Die so gestellten Fragen können exakt beantwortet werden.

Zu I.

Alle Lampenschirm-Kartons, welche mit Leinöl oder Leinölfirnis imprägniert worden sind, haben die Neigung, nach gewisser Zeit zu vergilben, wobei diese Vergilbung bis zum Braun-, ja gar Dunkelbraunwerden fortschreiten kann. Die Eigenschaft zu vergilben und nachzudunkeln kann dem Leinöl auch mit Mitteln der modernen Chemie nicht genommen werden. Es gibt zwar gewisse chemisch behandelte und dadurch hinsichtlich ihrer Neigung zum Vergilben verbesserte Leinöle, so daß mit diesen präparierte Kartons im Laufe der Zeit zum mindesten nicht bis zum Braunwerden nachdunkeln, doch weisen auch die mit diesen Spezial-Leinölen imprägnierten Kartons immer eine gewisse Vergilbung auf. Durch die Verwendung solcher chemisch vorbehandelten Spezial-Leinöle ist der Stand der Technik bei den in der Fabrikation von Lampenschirm-Kartons führenden Firmen v o r dem Kriege gekennzeichnet, und damit die damals erzielbare Qualität der Lampenschirm-Kartons hinsichtlich ihrer Vergilbung.

Nach dem Kriege nun sind verschiedene Lampenschirm-Fabrikanten dazu übergegangen, Rohkarton, in noch dazu meist ungeeigneter Qualität, zu kaufen und diesen in eigener Werkstatt selber zu „ölen“. Als sogenanntes „trockendes“ Öl — die nicht trocknenden, stark fettenden Steinöle, flüssigen Paraffine oder ordinären Spindelöle als übler Notbehelf schieden sehr bald aus — kam für diese Werkstätten, welche ja über die komplizierten maschinellen Vorrichtungen zum Imgrägnieren von Karton ebensowenig verfügen, wie über die unerläßlichen chemischen Labtoratorien zur Prüfung der zu verwendenden Öle bzw. diese ersetzenden Kunststofte wie auch der Rohkartons, nur Leinöl in Frage. Die so aus „selbst geölten“ Karton hergestellten Schirme, zunächst wunderbar hell und völlig „trocken“ neigten naturgemäß zum Vergilben und, wurde ungeprüftes, minderes Leinöl verwendet, gar zum Braunwerden. So kam es, daß nach dem Kriege Karton-Lampenschirme (wohlverstanden nicht der von den Spezialfabriken gelieferte Lampenschirmkarton) auf dem Markte erschienen, die stark nachdunkelten. Leider haben manche dieser Lampenschirm-Fabriken in dem irrigen Glauben, auf diese Weise billiger zu fahren, das erst nach dem Kriege aufgenommene „Selberölen“ beibehalten, so daß auch heute noch Kartonschirme in den Handel kommen, die vergilben und nachdunkeln — sehr zum Schaden des an sich durch keinerlei anderen Stoff gleicher Preislage zu ersetzenden und ästhetisch auch den höchsten Ansprüchen genügenden Lampenschirm-Kartons, der nach dem heutigen Stand der Technik völlig bzw. nahezu völlig unvergilbbar hergestellt werden kann.

Zu II.

Die schon vor dem Kriege führenden Fabriken, welche die verschiedenen Arten Lampenschirm-Kartons der bekannten Marken herstellen, verwenden schon längst nicht mehr Leinöl, auch nicht in der chemisch verbesserten Qualität, sondern Gemische gewisser Kunststoffe mit Kunstharzen u. a. m., deren Verarbeitung freilich nicht einfach ist, komplizierte Apparaturen erfordert und schließlich auch eine wissenschaftlich orientierte Fabrikation. Diese Kartons dunkeln nicht nach. Die aus ihnen gefertigten Lampenschirme weisen zuweilen eine geringfügige Vergilbung auf, die anteilig auch auf die Lackierung der fertigen Schirme zurückzuführen ist, insofern auch der hochwertigste Nitrolack noch dazu in der Strahlungswärme der Glühbirne immer ein wenig vergilben wird. Unter diesen nicht nachdunkelnden Marken der führenden Firmen gibt es — und gab es bereits schon vor dem Kriege — einen porzellanartig wirkenden weißlichen Karton, der völlig unvergilbend ist und auch nach Jahren sich nicht im Ton verändert.

## Herstellung von Papierservietten

Zu den Papiererzeugnissen, die aus dem täglichen Leben nicht mehr fortzudenken sind, gehören auch die Papierservietten. Um diese in der heutigen Qualität und zu niedrigen Preisen auf den Markt bringen zu können, war eine jahrzehntelange Entwicklung von Spezialmaschinen erforderlich.

Zuerst nahmen sich die Falzmaschinenfabriken dieses Artikels an und konstruierten Maschinen, die nur das gekreppte oder Seidenpapier von der Rolle schnitten und mit Falzschwertern den Kreuzbruch erzeugten. Erst später gingen dann Spezialmaschinenfabriken daran, auch die Prägung in der Maschine zu erzeugen und den gesamten Ablauf des Falzens und Schneidens rotationsmäßig durchzuführen. Die ersten derartigen Automaten dürften wohl von der Firma J. Heinrich Spoerl in Düsseldorf gebaut worden sein.

Als dann später der Anilindruck für Tüten und Beutel immer mehr Verbreitung fand, lag es nahe, daß auch Servietten-Maschinen mit Anilindruckwerken versehen wurden. Etwa zu der gleichen Zeit wurden dann Automaten konstruiert, die für verschiedene Formate verstellbar waren, wodurch die Produktion auf rund 10 000 Stück je Stunde stieg.

Bei den mehrbahnigen Maschinen unterscheidet man solche, die von einer Papierrolle arbeiten, die im weiteren Lauf durch die Maschine längsgeteilt wird, und solchen Maschinen, die von mehreren Rollen — meist übereinander — arbeiten.

Die von einer Rolle arbeitende Maschine hat den großen Vorteil, daß nur diese eine Rolle beaufsichtigt werden muß bezüglich Papierspannung und Seitenregulierung, und die Maschine braucht zum Rollenwechsel nur einmal gestoppt zu werden. Das ist von erheblichem Vorteil für die Dauerleistung bei diesen schnellaufenden Maschinen. Noch größer wird dieser Vorteil, wenn die Bahn mehrfarbig bedruckt werden soll. Für jede Farbe ist nur 1 Farbwerk nötig, wohingegen die Mehrrollenmaschine z B. bei 3 Rollen 3 Farbwerke benötigen würde, um alle Bahnen nur einfarbig zu bedrucken. Ein weiterer Nachteil der Mehrrollenmaschine ist der, daß nicht alle Papierrollen zu gleicher Zeit abgewickelt sein werden, so daß sich ein großer Papierabfall oder häufig Maschinenstillstand ergibt.

Eine einbahnige Maschine mit 5 Farben Anilin-Pigmentfarbendruck und Trocknungseinrichtung durch Infrarotstrahler zeigt das Bild auf Tafel XXX. Auf diesem Bild ist auch deutlich eine Wiederaufwickelvorrichtung zu sehen. Häufig ergibt es sich bei den Verarbeitungsbetrieben, daß die Maschinen für die Serviettenproduktion nicht voll ausgelastet sind. In diesem Falle ist die Anordnung der Wiederaufwickelvorrichtung günstig, denn man kann nun die Anilindruckmaschine allein laufen lassen und von Rolle zu Rolle drucken.

Eine zweibahnige Hochleistungs-Maschine mit einer Leistung von 60 000 Servietten je Stunde zeigt Tafel XXXI. Diese Maschine arbeitet, wie oben beschrieben, von nur einer Papierrolle. Die zweite Lagerung, die zu sehen ist, dient lediglich dazu, um die nächste Papierrolle vorzubereiten, wenn die erste noch abläuft, um so den Stillstand beim Rollenwechsel auf ein Minimum herabzudrücken.

Um das Bild abzurunden, zeigen wir auf Tafel XXXII noch eine kleine Papierservietten-Maschine mit zwei angebauten Farbwerken. Diese Maschine wird über-

all da eingesetzt, wo kleine und mittlere Auflagen nicht die Anschaffung einer großen Maschine mit hoher Leistung und vielen Farbwerken rechtfertigen.
Für die Herstellung von Papierservietten stehen somit die verschiedensten Maschinentypen zur Verfügung, je nachdem, ob es sich darum handelt, nur weiße geprägte Hotelservietten oder vielfarbig bedruckte Festtagsservietten bzw. einfache Reklameservietten zu erzeugen.

## Vom Knallbonbon und seiner Herstellung

Im ersten Teil meines praktischen Handbuches über die Papierverarbeitung, erschienen 1958 im Technischen Verlag Herbert Cram, Berlin, wird u. a. über Krepp- und Seidenpapierwaren sowie über die Erzeugnisse berichtet, die von der Industrie bereitgestellt werden zur Erhöhung der Festesfreuden.
Wurfschlangen (Papierschlangen) und das bekannte Konfetti, sind Erzeugnisse, die hinsichtlich ihrer Verwendung beschränkt sind auf die Silvesterfeiern zu Hause, bei Freunden oder in Gaststätten.
Es gibt noch einen Artikel, der nicht auf eine einzige „Großveranstaltung" beschränkt ist und das ist der altbekannte Knallbonbon.
Dieser dient nicht nur zur Unterhaltung bei einem besonders festlichen Anlaß, sondern man findet ihn vertreten bei Familienfeiern, Jubiläen, Herrenabenden, Geburtstagen u. a.
Nur sehr wenige Firmen haben sich auf diesen Artikel spezialisiert, der früher einmal ein gefragter Exportartikel war, so lange sich nicht die Importländer durch hohe Einfuhrzölle abgeschirmt hatten.
Allein in London gab es vor dem Kriege über 15 Knallbonbonfabriken, darunter eine große mit über 1500 Arbeitern. Hieraus geht hervor, daß diese Firmen ganz groß ins Geschäft gekommen sind, umsomehr, als der sonst so kühle Engländer sich für diesen Artikel sehr stark „erwärmt" hat.
In gewissen Umfang ist der Knallbonbon auch heute noch exportfähig, wenn er auch von den vielen anderen Erzeugnissen der Luxuspapierfabrikation weit überflügelt wird.
Die Herstellung der Knallbonbons erfolgt vorwiegend durch weibliche Hilfskräfte, meist in Akkordarbeit. Sie erfordert eine große Fingerfertigkeit, sehr viel Geschmack für Farbenharmonie und wohl auch ein gewisses Maß an künstlerischem Geschmack bei der Zusammenstellung der Dessins.
Auch dieser Artikel zur Erhöhung der Festesfreude bestrickt in der Hauptsache durch seine ästhetische, abwechselungsreiche äußere Aufmachung.
Als Grundstoff dient u. a. Seidenpapier (18 g/qm), Kreppapier (40 bis 50 g/qm), weiße und farbige Druckpapiere (50 g/qm), Gold-, Silber- und farbige Folien usw.

Die Fransen, die dem Artikel ein originelles Aussehen geben, werden durch eine kleine Spezialmaschine (Handarbeit) hergestellt. In eine Papphülse, die in den Mantel eingerollt wird, kommen die „Überraschungen" hinein. Diese bestehen in Bonbons, kleinen Scherzartikeln, eingerollten Papiermützen zum Aufsetzen, sowie nicht zu vergessen gedruckten Verslein (für den Export in Fremdsprachen), die mit ulkigen Texten versehen sind, und die nach dem Verknallen dem Inhalt entnommen werden.

Der Arbeitsvorgang sei kurz umrissen: Papierzuschnitt, Ausfransen, Hülseeinschlagen, deren oberes und unteres Ende abbinden und den Rand verkleben.

Die kleinen Seidenpapiermützen, die häufig in den Knallbonbons enthalten sind, werden mit Stärkekleister geklebt. Zu allen sonstigen Klebungen wird ein schnelltrocknender Klebstoff verwendet, schon im Interesse der raschen manuellen Herstellung dieses Artikels.

Ein alter Fachmann, der in Berlin ca. 40 Jahre eine bekannte Knallbonbonfabrik geleitet hat, gab mir freundlicherweise ein Interview über den Knallbonbon, dessen wesentlicher Inhalt vorstehend gebracht wurde, und der mir dankenswerter Weise aus seiner Praxis noch die folgende kurze aufschlußreiche Abhandlung über diesen Artikel gab:

Das Material

„Das Material, das in der Hauptsache zum Knallbonbon verarbeitet wird, ist meistens: Seidenpapier, Kreppapier in allen möglichen Farben und Ausführungen, Gold- und Silberpapier und farbige Folien, sowie auch Tüll und Seidenstoffe.

In eine Hülle von Krepp- oder Seidenpapier wird eine hohle Hülse getan, in der eine kleine Scherzsache oder eine Seidenpapiermütze steckt — oder auch beides zusammen. Außerdem ein lustiger kleiner Vers und die Hauptsache: der Knallstreifen. Äußerlich werden die Knallbonbons dann mit einem Bild, einer Blume oder einer lustigen Figur dekoriert.

Verwendung des Knallbonbons

Der Knallbonbon ist der schönste Familienscherzartikel. Zu jeder Familienfeier, zu jedem gemütlichen Beisammensein gehört er unbedingt dazu.

Ich will Ihnen den Gebrauch der Knallbonbons einmal schildern. Wenn die Festteilnehmer in bunter Reihenfolge an der Tafel Platz genommen haben, werden die Knallbonbons verteilt. Dann zereißen der Herr und die Dame den Knallbonbon, der mit Knall auseinanderspringt. Wenn dann der Inhalt — unter großem Gelächter — bewundert worden ist, werden die Verse der Reihe nach vorgelesen. Auch dadurch entsteht — durch die oft drastischen Verse — große Lustigkeit. Wer einmal ein solch' fröhliches Fest mitgemacht hat, wird immer wieder Knallbonbons verwenden.

Herstellung

Die Herstellung der Knallbonbons ist hauptsächlich Frauenarbeit.

Versand

Der Knallbonbon war auch ein vorzüglicher Exportartikel. Leider hat der Krieg sich auch hier verheerend ausgewirkt. Einige Länder sind zur Selbstanfertigung übergegangen. Andere Länder haben sich durch hohe Einfuhrzölle geschützt."

## Spitzenpapiere

Über die Zweckbestimmung der Spitzenpapiere hat der Herausgeber im 6. Kapitel seines 1958 erschienenen Fachbuches „Die Papierverarbeitung" wie folgt berichtet, um denjenigen Lesern, die dieses Buch noch nicht besitzen sollten, eine allgemeine Einführung über die Bedeutung der Spitzenpapiere zu geben*).

„Ben Akiba werden die Worte zugeschrieben: ‚Es ist alles schon dagewesen'. Sie waren schon liebe alte Bekannte in den vielen Jahren der Vorkriegszeit, die Spitzenpapiere, und sind jetzt wieder zu haben, die von jeder Hausfrau so geschätzten preiswerten Torten-, Fisch-, Tisch- und Plattenpapiere aus Papier hergestellt für die Ausstattung des gastlichen Tisches zur Erhöhung der gastronomischen Lebenskultur.

Schon vor dem Kriege waren diese Erzeugnisse ein begehrter Verkaufsartikel in den Papiergeschäften. Die wenigsten Verbraucher wissen, wie diese Erzeugnisse hergestellt werden. Sie wirken verkaufswerbend, weil sie billig, praktisch und formschön sind. Sie werden, soweit sie als Tellerdekoration dienen, nach jedesmaligem Gebrauch erneuert, da der niedrige Verkaufspreis des Einzelstückes solchen „Luxus" gestattet.

Auf den schmalen Kantendekorationen für Kartonagen der verschiedensten Art, wie Bonbonieren, Wäschepackungen u. a. haben wir alle schon unseren Blick ruhen lassen. Sie sind kleine Meisterwerke der Papierkunst.

Gerade die Kartonagenindustreie ist ein dankbarer Abnehmer der Spitzenstreifen, die sie zur Innenausstattung von Kartons benötigt. Aus den unendlich vielen Mustern dieser Streifenpapiere ist zu ersehen, wie leistungsfähig die Technik auf diesem Gebiet ist.

Während in der guten alten Zeit die Tochter des Hauses oder gar die Hausfrau sich selbst bemühte, durch mühsame Klöppeleien Küchenkanten herzustellen, nimmt ihnen heute die Industrie nicht nur diese Arbeit ab, sondern liefert im Ansehen gleichwertigen Ersatz in den aus Papier gefertigten Erzeugnissen. Handarbeiten können durch Maschinenarbeit annähernd ersetzt werden, die früher zu deren Anfertigung verwendete Zeit ist dadurch anderweitig verfügbar."

*) In dem vom gleichen Verfasser 1958 erschienenen praktischen Handbuch „Die Papierverarbeitung", erschienen im Technischen Verlag Herbert Cram, Berlin W 35, 200 Seiten DIN A 5, Halbleinenband, Preis 12,80 DM, finden Interessenten auf den Seiten 89—95 eine aufschlußreiche Darstellung des Gesamtgebietes der Spitzenpapierfabrikation.

# I.

Eine auf der DRUPA 1958 ausstellende Firma hat mir freundlicherweise die nachstehenden Ausführungen für das vorliegende Fachbuch zum Abdruck überlassen*). Sie fertigt nach eigenen oder vorgeschriebenen Entwürfen jährlich viele Millionen Spitzendeckchen und Kapseln der verschiedensten Größen an.

Die Erzeugung von Spitzenpapieren ist kein neuer Fabrikationszweig. Die rotationsmäßige Herstellung wurde vor etwa 50 Jahren in Deutschland entwickelt.

Verzierte Plattenunterlagen, ideenreich gemusterte Tassendeckchen, Königskuchenpapiere, Pralinen- und Gebäckkapseln sind Zeugen eines gediegenen Lebenensstandards. So haben Spitzenpapiere in Deutschland auch nur in jenen Jahren seit der Jahrhundertwende eine Rolle gespielt, auf die Krieg, Inflation, Arbeitslosigkeit und RM-Währung keinen Einfluß hatten. Um so größer ist die Bedeutung solcher Verzierungen in den sogenannten „normalen" Zeiten. Das Auge ißt mit, und — das Auge kauft mit. Bei der Wahl der Ware betrachtet der Käufer nicht nur den Verkaufsgegenstand, sein Blick erfaßt gleichermaßen den ganzen Rahmen des Dargebotenen. Das Anpreisen durch eine stilechte Verzierung ist demnach Teil der Verkaufswerbung.

So kurz in vielen Fällen die Lebenszeit solcher Spitzenpapiere ist, so beachtenswert ist ihre Bedeutung und so kompliziert ist die Herstellung dieser kleinen Kunstwerke. Es beginnt mit dem Entwurf. Die Musterungsmöglichkeiten sind praktisch unbegrenzt, ihre Vielzahl wird durch die Phantasie des Gestalters bestimmt. In Handarbeit werden von Teilstücken des Musters Schablonen hergestellt, die über die Walzengraviermaschine stückweise und maßgerecht auf die Walze übertragen werden. Nach der Pausvorlage schlägt der Graveur mit verschiedengroßen Punzen — kleinen, spitzzulaufenden Werkzeugen aus Werkzeugstahl — das Muster in die Ausfräsung der Stahlwalze. Jeder Schmetterling, jede Blume und jedes Karo müssen mit der Hand eingraviert werden und verlangen eine Vielzahl von Schlägen. Dabei ist äußerste Präzision Voraussetzung. Zwischen der Gravur wird die Walze verschiedentlich nachgeschliffen, weil das Schlagen zu Niveauunterschieden in der Rundung führt.

In der Rotationsmaschine läuft die gravierte Stahlwalze gegen eine Papierwalze, bis sich das Muster genau und tief genug übertragen hat. Erst dann beginnt die eigentliche Fertigung. Die Rotation „schluckt" die Papierrolle und liefert Rohdeckchen. Viele fleißige Hände befreien die Rohdeckchen von den haften gebliebenen Abfallresten. Am Ende des Produktionsvorganges präsentiert sich dann das Spitzenpapier in der ganzen Schönheit seiner Musterung.

---

*) Papierwarenfabrik Willi Kuhles, Düsseldorf.

## II.

Es ist eigenartig, daß manche Erzeugnisse im Wechsel der Mode kommen und gehen, andere aber durchaus, allem geschmacklichen Wandel zum Trotz, sich halten. Spitzenpapiere, teilweise als Torten-, Fisch- und Plattenpapiere im Dienste geschmackvoller Tischdekoration stehend, werden hauptsächlich zum Schmücken der Kanten für Kartonagen, Bonbonnieren, Wäschepackungen usw., aber auch als Küchenkanten verwendet. Sie werden in der Regel auf Walzwerken gearbeitet, die in ihrer Bauart den Prägekalandern ähneln. Das verarbeitete Papier ist gewöhnlich dünn, muß aber in sich festen Zusammenhalt haben, um den vielen, dicht aneinanderliegenden Schneiden standzuhalten, ohne auszureißen.

Während man früher beim Arbeiten von einer gravierten Platte, sei es mit Bleihammer oder Walzwerk, nur mit Mühe einen sauberen Schnitt beziehungsweise eine auffallende Prägung erzielt, stellen die heutigen Maschinen die Spitzenpapiere ausnahmslos in einem Arbeitsgang her. Unterhalb der Bleiwalzen läuft noch eine glatte Stahlwalze, die die durch die Schneiden entstehenden Unebenheiten glattdrückt. Die Maschinen haben drei Arbeitswalzen, deren starker Druck gegeneinander das von der Rolle abgewickelte Papier schneidet und prägt. Gewöhnlich verarbeitet man — je nach Stärke des Papiers — zwei, drei oder auch vier Lagen gleichzeitig. Um die gemeinsam gestanzten und geprägten Papierbahnen wieder leicht auseinandernehmen zu können, hat man vor den Arbeitswalzen Streuapparate angeordnet, die Talkumpulver zwischen die Bahnen streuen. Die mittlere der drei Walzen ist eine mit Schneide- und Reliefgravierung versehene Stahlwalze. Unter ihr läuft eine glatte Stahl- oder Bleiwalze, seitlich dazu eine Papier- oder Matrizenwalze. Die nach dem Talkumieren zu einer Bahn vereinigten Papierlagen passieren zum Herstellen des Durchbruchs die gravierte Stahl- und die glatte Unterwalze. Die Bahn läuft um die gravierte Stahlwalze herum, während sie von der Seite durch die reliefierte Papierwalze angepreßt wurde. Die auf der Maschine hergestellten Bahnen werden zu Rollen von etwa 100 m Länge aufgewickelt. Benötigt man, wie dies bisweilen der Fall ist, kürzere Streifen von etwa 1 m Länge, so erhält man diese unmittelbar durch einen an die Maschine angebauten Querschneider.

Es gibt Spitzenpapiermaschinen mit einem oder mehreren Druckwerken; diese bedrucken die Papierbahnen zunächst und prägen sie anschließend. Eine solche Kombination von Druck und Prägung ist bei Küchenkanten beliebt, die dann Häkelerzeugnisse nachahmen sollen. Bei Kuchenpapieren spritzt man zuweilen die Ränder in mannigfachen Varianten farbig an. So gibt es auch mit Silberbronze umrandete Papiere für Jubiläen.

Für die Spitzenpapierherstellung kommt wohl nur holzfreies Zellulosepapier in Frage. Einmal haben die Papiere beim Lauf durch die Walzen hohe Spannungen auszuhalten, dann aber sollen selbst feine Spitzenmuster noch eine bestimmte Festigkeit aufweisen. Einige praktische Hinweise für die Herstellung mögen hier von Interesse sein.

Um die einzelnen Papierstreifen aus den Durchbruchstellen leichter entfernen zu können, läßt man gern die fertigen Streifen noch zwischen zwei mit langhaarigem bürstenhaltigem Plüsch überzogene Walzen laufen. Zum Ausschneiden der Durchbruchteile bedient man sich entweder der Unterwalzen aus Stahl oder einer Bleilegierung. Die Unterwalzen aus Stahl wendet man nur für Streifen aus Schirting und für Papierstreifen mit möglichst offenen Mustern, zum Beispiel Stickerei-Imitationen, an. Damit die Schneiden der gravierten Stahlwalzen nicht stumpf werden, sind sie zu härten. Handelt es sich um Papierspitzen mit Häkel- oder Durchbruchmustern, zieht man Walzen aus einem Blei-Antimon-Zinngemisch zum Ausschneiden vor. Sie lassen sich nach Benutzung durch Umgießen unter Zugabe frischer Legierung wieder verwenden. Das Gravieren der Hauptwalzen geschieht von Spezialfachleuten. Die Breite der Walzen richtet sich nach der Arbeitsbreite der Maschine. Sie ist aber wohl nur in seltenen Fällen breiter als 60 cm.

Torten- und Spitzenpapiere mit ringsherum abgegrenzten Mustern, die stückweise verkauft werden, fallen nicht einzeln aus der Maschine heraus, osndern werden durch Verbindungsstege zusammengehalten. Querschneider trennen dann diese Verbindungsstege durch, und die einzelnen Stücke werden von Hand genau nach Muster fest aufeinandergelegt.

Die Papier- und Matrizenwalzen bestehen aus hydraulisch zusammengepreßten, auf einen Eisenkern aufgeschobene Papierscheiben, die an den Stirnseiten der Walze durch angeschraubte runde Eisenplatten festgehalten werden. Nachdem man die Oberfläche dieser Papierwalzen glatt abgedreht wurde, läßt man die Papierwalze längere Zeit mit der gravierten Walze fest zusammenlaufen, wobei sich dann die Gravur der Stahlwalze in den Papiermantel eindrückt und die eigentliche Matrize bildet.

## Papierwolle

Unter Papierwolle ist im weiteren Sinne des Wortes das Zerschneiden vertraulicher Akten, Zeichnungen, Pläne, Karteikarten, entwertende Markenbogen, Wertpapiere, Schecks und sonstige Makulatur in schmalstreifige Papierwolle zu verstehen. Die hierzu erforderliche Maschine gewährt ein staubfreies, fast geräuschloses Arbeiten. Die Maschinenfabrik Krause-Biagosch G. m. b. H. in Bielefelde bezeichnet in ihrer Werbedrucksache den Papierwollschneider (Aktenvernichter) als die Maschine „Die Worte vernichten und Werte erhält".

Die Aktenvernichter schneiden das möglichst planliegend einzuführende Papier in Streifen, die jede mißbräuchliche Verwertung ausschließen. Die losen Streifen sind zusammengedrückt als Papierwolle anzusprechen.

Etwa 8 bis 10 Blatt Papier können je nach Stärke auf einmal angelegt werden.

Der Schneidemechanismus fördert die angelegten Bogen selbsttätig. Er besteht aus kräftigen, auf zwei Wellen angeordneten und nebeneinander arbeitenden zweiseitig geschliffenen Scheibenmessern aus gehärtetem Stahl für 1,9 mm Streifenbreite bei dem Modell F 23 I (0) und 3 mm beim Modell F 50 J. Heftklammern in den Papieren werden mit zerschnitten oder auch von den Messern abgeschoben. Sie können dann mit einem Haken entfernt werden. Büroklammern sind möglichst vorher aus dem Schneidgut zu entfernen. Die Messer des Schneidwerkes schärfen sich während des Ganges selbsttätig.

Im engeren, d. h. eigentlichen Sinne des Wortes versteht man branchenmäßig unter Papierwolle ein Handelsprodukt, das eigens hergestellt wird, um für Verpackungszwecke zu dienen.

Wir alle haben wohl schon in den verschiedensten Betrieben aus näherer oder weiterer Entfernung gesehen, daß die Zwischenräume in den Bahnkisten, die sich beim Verpacken der Ware ergeben, ausgestopft werden mit alten Zeitungen, Holzwolle, Abfallpapier u. a. m., um der Ware beim Transport einen festen Halt in dem Raum zwischen Boden, Deckel und Seitenteilen zu geben. Leicht zerbrechliche Handelsartikel, wie z. B. Porzellan u. a. müssen sehr fest verpackt werden, um beim Transport Bruch möglichst zu vermeiden. Dazu verwenden Glas-, Porzellan- und auch Süßstoffirmen die allbekannte Papierwolle. Bei letzterer wird besonders zu Weihnachten und zu Ostern die grüne Farbe bevorzugt (Ostergras). Papierwolle ist ein sogenannter Kiloartikel, d. h., er wird nach Gewicht verkauft. Die Herstellung dieses Erzeugnisses wird meist irgendeinem Luxuspapierbetrieb angegliedert als Nebenprodukt. Für die Herstellung von Papierwolle wird aus Billigkeitsgründen Abrißpapier aus Papierfabriken, Rollenreste, kurz solche Papiermengen verwendet, die eine lukrative Nutzung nicht möglich machen.

Ist der Abfall an Rohstoff vorhanden, so lohnt es sich, vorhandene Reste von Hand anlegen zu lassen, um sie durch die rotierenden Messerrollen hindurchlaufen zu lassen.

Natürlich ist es auch möglich — besonders bei der Verarbeitung größerer Mengen — das Papier von einer Rolle maschinell abziehen nud dann zwischen rotierende Messer durchlaufen zu lassen.

Eine Maschinenfabrik*) gab mir einige Hinweise für die Nutzung einer Präzisions-Hochleistungs-Papierwollschneidemaschine (Tafel XXXIII), die aus kräftigen, aus Formguß hergestellten Hauptgestellen mittels Traversen verbunden ist, wodurch ein unbedingt sicherer und ruhiger Lauf der Maschine gewährleistet ist. Sie besitzt je eine obere und untere Messerachse, genau geschliffen und mit Keilen versehen, zur Aufnahme der Schneidemesser. Die oberen und unteren Messer sind aus festem, ausprobiertem, hochwertigem Spezialstahl hergestellt, gehärtet und auf 1/100 mm Genauigkeit geschliffen (letzteres trifft auch für die Zwischenringe zu). Die Maschine besitzt einen Messerachsenantrieb, 1 Streifenabführvorrichtung in Spezialführung, 1 Einführblech für die zu schneidenden Materialien, 1 Fangblech mit verstellbarem Gewicht versehen, um die Kräuselung der Wolle nach Belieben

*) Erwin Kampf, Maschinenfabrik, Bielstein-Mühlen (Rhld.).

herstellen zu können, 1 Hauptantrieb vermittels Keilriemenantrieb, eingerichtet durch Keilriemenscheiben für direkten Motorantrieb. Einrichtung der Maschine mittels Kugellagerung.

## Über die Herstellung von Trinkhalmen

Bei dieser Beschreibung zur Herstellung von Trinkhalmen aus schmalen Papierrollen ist das Verfahren für spiralgewickelte Papiertrinkhalme zu Grunde gelegt, welche nachträglich im Paraffinbad imprägniert werden müssen, um gegen Außeneinflüsse möglichst widerstandsfähig gemacht zu werden.

Die von der Herstellerfirma gebaute Anlage setzt sich zusammen aus verschiedenen Einzelmaschinen bzw. Apparaten, nämlich der Vollautomatischen Trinkhalmwickelmaschine (in Ausführung ähnlich der Abbildung auf Tafel XXXVI), dem Schneideapparat und einem Paraffinierapparat.

Die Herstellung der spiralgewickelten Papiertrinkhalme erfolgt auf der Trinkhalmwickelmaschine in der Weise, daß der Trinkhalm selbst aus zwei meist 12 mm breiten Papierbahnen erzeugt wird. In den Abwickelstuhlungen sind, wie aus der Abbildung ersichtlich, zwei schmale Papierrollen eingesetzt. Die Papierbahn wird von der einen Papierrolle über Führungen der Wickelvorrichtung der Trinkhalmmaschine zugeleitet, ebenso auch die zweite Papierbahn, allerdings passiert diese auf ihrem Weg zu der Wickelmaschine eine Spezialleimvorrichtung, welche den notwendigen Klebstoff auf die eine Papierbahn aufträgt.

Falls gewünscht, kann die eine Abwickelstuhlung der Papierrolle mit einem Anilin-Druckwerk verbunden werden, welches gestattet, die von der Rolle ablaufende Papierbahn entweder ein- oder zweifarbig zu bedrucken. Dabei kann sowohl ein Streifenaufdruck als auch ein Aufdruck einzelner Worte, wie beispielsweise Firmennamen, bzw. eine kurze Reklameaufschrift erzielt werden.

Unter Beachtung verschiedener Punkte, insbesondere im Hinblick auf ein einwandfreies Gleiten der Papierbahnen auf der Wickelspindel werden diese beiden Bahnen mittels sogenannter Wickelriemen zum spiralförmig entwickelten Halm in endloser Länge gebildet. Sie werden sodann nach einem kürzeren Weg in kürzere Halmlängen von beispielsweise etwa 900 mm abgeschnitten, was etwa der 4fachen Einzelhalmlänge entspricht.

Anschließend werden diese Halme auf dem Schneidapparat auf die eigentliche Gebrauchslänge von ca. 250 mm geschnitten. Die Halme werden dann für kurze Zeit in den mit Heißluft beheizten Paraffinbehälter getaucht; anschließend wird durch eine Sondervorrichtung etwa überflüssiges Paraffin von den Halmen entfernt solange diese sich noch in größerer Anzahl in dem siebartigen Behälter befinden. Das überschüssige Paraffin fließt wieder in den eigentlichen Paraffinbehälter zum Neugebrauch zurück. Durch diese besondere Paraffinierung wird nicht nur ein erstklassiger, von überflüssigem Paraffin freier Trinkhalm erzeugt, sondern es ist gleichzeitig die Gewähr für eine wirklich appetitliche Paraffinierung bei sparsamem Paraffinverbrauch garantiert.

## Fliegenfänger*)

Es soll ein billiger Massenartikel in seinen Eigenschaften und in seiner Herstellung beschrieben werden und es wird gezeigt, welche Verdienstmöglichkeit darin liegt.

Unscheinbare, spottbillige Papierwaren und Kartonagen sind es, die wir als Fliegenpapiere oder Fliegenfänger belächeln; aber nur wenigen ist es bekannt, welche ungeheuren Mengen davon jährlich verbraucht werden. Wenn man z. B. erfährt, daß von dem weltberühmten kanadischen „Tangle-foot", dem giftigen Fliegenpapier, welches 21 × 36 cm groß in den Handel kommt, 1924 viele Hunderte Waggonladungen in alle Teile des britischen Imperiums versandt wurden, oder daß die Schweiz mit ihrer hochentwickelten Fremdenindustrie viele Millionen Stück Band- und Tütenfänger aus Deutschland, Österreich und Italien einführt, so kommt einem die Sache schon weniger spaßhaft vor. Die Fliegenfänger sind ein Jahreszeiten-Massenartikel geworden, welche in China und auf Hawai ebenso gerne gekauft werden wie in Hamburg, im Provinznest oder sonstwo, vorausgesetzt, daß sie ein gutes Fabrikat darstellen, das seinen Zweck durchaus erfüllt. Leider wird mit diesem Welt-Massenartikel noch immer viel Schwindel getrieben, wenngleich durch erwachsenden Wettbewerb darin gegen die früheren Jahre schon eine merkliche Besserung eingetreten ist.

Abgesehen von den elektrisch betriebenen Fliegenfängern und solchen aus Glas, Draht usw. erfreut sich der billige Papier- oder Kartongegenstand, den wir allgemein als Fliegenfänger bezeichnen, ständig steigender Beliebtheit und Ausbreitung. Welches sind nun die Eigenschaften, die man von einem guten Fliegenfänger fordern muß?

1. Das Papier, welches zur Herstellung verwendet wird, muß den Charakter und die Festigkeitseigenschaften eines guten Zellstoff-Papiers vom Typ der lichten Packpapiere (Superior) haben.
2. Seine Farbe wird allgemein als diejenige des ungebleichten Zellstoffes gewählt, wenngleich die Amerikaner halbgebleichte Zellstoffe für ihre „Tangle-foot" benutzen.
3. Da die Papiere mit Fliegenleim bestrichen werden, sind sie ganz geleimt zu beziehen, sonst saugen sie zuviel von dem teueren Klebstoff ein.
4. Bei Fliegenpapieren, welche ohne Fliegenleim-Auftrag verwendet werden, ist gutes Löschpapier erforderlich. Dies deshalb, weil diese Papiere mit Lösungen getränkt werden. Je mehr nun ein solches Papier davon aufsaugen kann, desto wirksamer ist es.
5. Die Farbe dieser Fliegenpapiere ist heute zumeist ein sattes Blau-Violett und derjenigen gewisser blau-violetten Lippenblütler zu vergleichen. (Man machte sich hierin die Resultate der Insektenforschung zunutze, welche angab, daß die meisten Fliegen solche Blumen bevorzugen, deren Blüten ein sattes Blau-Violett oder ein prächtiges Rot aufweisen).

*) Von Direktor Ingenieur E. Belani, Villach (Österr.).

7. Er muß aber auch praktisch und einfach in seiner Erzeugung, Aufbewahrung, Versand und Verwendung sein.
8. Er muß möglichst billig sein und damit einer Hauptforderung eines Massenartikels entsprechen.

Welche Fliegenfänger-Bauart ist zu bevorzugen? Theoretisch ist es diejenige der größten Fangfläche. Dieser Forderung kommen die flachliegenden Fliegenpapiere, wie z. B. „Tangle-foot", am nächsten. 21 × 36 cm ist ein praktisches Format sowohl für die Aufbewahrung, den Versand und die schließliche Verwendung. Er ist millionenmal in der ganzen Welt als zweckmäßig erprobt. Aber kaum eine deutsche Fliegenpapierfabrik bequemt sich heute zu dieser Norm. Jede geht in den Formaten ihre eigenen, oftmals merkwürdigen Wege. Auch hier empfehle ich übrigens die Normalisierung nach DIN-Formaten.

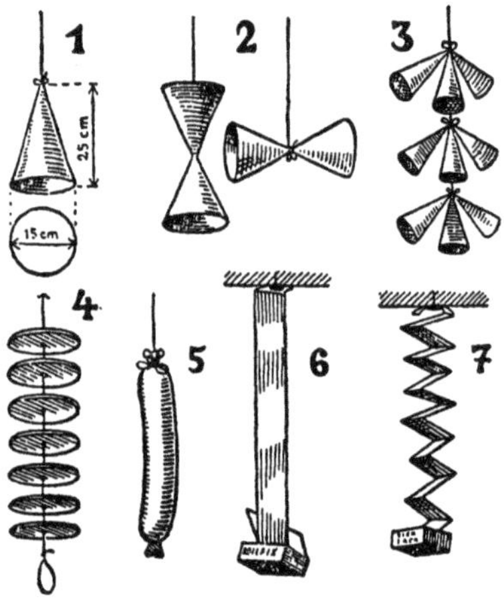


Abb. 34

Nach den Fliegenpapieren sind es die „Tütenfänger", welche in puncto Oberfläche am besten abschneiden Diese Form ist in Berlin sehr beliebt und bildet dort der Tütenfänger im Frühjahr und Sommer einen Gegenstand lebhaften Straßenhandels und eine gute Einnahmequelle. Ich will den Tütenfänger hier skizzieren, siehe Bildtafel 34 (Abb. 1), da ja nicht alle Menschen nach Berlin kommen. Er ist zum Stehen oder Hängen eingerichtet. Es gibt auch die sogenannten „Diabolo" oder Doppeltütenfänger (Abb. 2) in senkrechter und horizontaler Form.

In der Gegend von Trautenau in Böhmen und auch in Kottbus sah ich die „Tütentraube" (Abb. 3), welche aus den unbrauchbaren Spinnhülsen (Papier) gefertigt wird.

In Dresden bot man mir „Etagen" (Abb. 4) zum Kauf, welche aus den Scheiben beschädigter, elektrischer Schalterklappen (Preßspan) hergestellt werden. Sie lassen sich Scheibe auf Scheibe zusammenlegen. Zieht man kräftig an der Schnur, so trennen sich die Scheiben.

Eine originelle Sache sah ich in Ellwangen-Jagst (Württemberg). Dort verwenden fixe Jungens die Abfälle einer Kunstdarm-Fabrik zu Fliegenfängern in Form von Würsten (Abb. 5). Auch diese „Fliegenwurst" bietet eine große Fangfläche.

Im Großhandel hat sich jedoch der Bandfänger „Roll - Fix" erfolgreich durchgesetzt. In einem kleinen Karton befindet sich eine Rolle mit beleimten Fliegenpapier mit Reißnagel, zieht das Papier ab und befestigt das Ganze nach Abb. 6 an der Zimmerdecke oder sonstwo.

Sehr praktisch, billig und einfach ist auch „Zick-Zack" (Abb. 7). Er besteht aus einem schmalen, dünnen, gut geleimten Kartonstreifen, welcher geritzt, gerillt oder genutet in einem kleinen Falt - Pappschächtelchen zusammenlegbar Platz findet. Ein Reißnagel dient auch hier zur Befestigung des Streifens an der Zimmerdecke.

Von größter Wichtigkeit sind für Fliegenfänger die Tränkungsmittel und der Leim-Auftrag. Es gibt giftige und giftfreie Lösungen und Fliegenleime.

Zu den besonders von kanadischen Fliegenpapierfabriken bevorzugten hochgiftigen Tränkungsmitteln und Zusätzen gehört vor allem der arsensaure Kali. Da dieses starke Gift auch dem Menschen gefährlich werden kann, ist das „Tanglefoot" Kindern nicht zugänglich zu machen.

Die deutschen Fliegenpapierfabriken verwenden zumeist giftfreie Quassiaholz-Extrakte, welche jedoch den Fliegen sehr schlecht bekommen. Die Rezepte für die Erzeugung des Leim-Auftrages sind sehr mannigfaltig und zumeist ängstlich gehütete Fabrikgeheimnisse, wenn es sich um wirklich erstklassige Leime handelt. Billigere aber auch weniger gute Leime werden durch Verdünnung von im Handel erhältlichen „Vogelleimen" gewonnen. Der Nachteil der billigen Leime ist das rasche Nachlassen ihrer Klebkraft infolge verschiedener Otydationsprozesse. Gute Fliegenleime müssen sich auch in den Tropen jahrelang fangfähig erhalten, ohne zu verderben. Dies wird durch bestimmte Zusätze von Tymol erreicht.

Ein guter Fliegenleim muß mit speziellen Riechstoffen versetzt sein, denn außer den Farben wirken auch noch spezifische Gerüche anlockend auf die Insekten.

Aber auch für Heimarbeit ist der Fliegenfänger ein recht einträgliches Geschäft, sobald es sich um eine Stadt von 100 000 Einwohnern aufwärts handelt. Amerikanische Firmen stellten fest, daß annähernd 15% der Einwohner als Käufer für Fliegenfänger in Betracht kommen.

Der Heimarbeiter hat bei einiger Findigkeit gegen eine Fabrik den Vorteil, daß ihm weitaus billigere Rohmaterialien in den verschiedenen Abfällen der Städte zur Verfügung steht, wogegen die Fabrik nur erstklassiges, fabrikneues Material benutzen muß, sofern sie dem Auslande gegenüber konkurrenzfähig sein will.

## Neuzeitliche Automaten zur Herstellung von Toilettenpapierrollen und Gesichtshandtüchern

### I.

### Die vollautomatische Toilettenpapiermaschine

In dem ersten Teil meines Fachbuches „Die Papierverarbeitung" wurde auch die Herstellung von Toilettenpapier beschrieben mit dem Hinweis darauf, daß ein neuer Automat in Vorbereitung sei. Dieser ist inzwischen seitens der Herstellerfirma auf den Markt gebracht worden und wurde auf der DRUPA 1958 gezeigt. Die Maschine ist eine Neuentwicklung der Hobema, Maschinenfabrik in Düsseldorf, und weicht von dem bisherigen Toilettenpapierrollenschneider grundlegend ab, was die hohe Leistung von ca. 35 bis 40 000 verpackungsfertigen banderollierten Einzelrollen erhöht. Besondere Vorteile sind die Vollautomatik (zwei Automaten können von einem Mann bedient werden) und der Wegfall der Hülsenwickelmaschine und Banderoliermaschine mit allem Zubehör (Tafel XXXIV / 1).

Im Anschluß an diese Maschine, deren ausführliche Beschreibung nachstehend Aufnahme gefunden hat, wird die vollautomatische Maschine zur Herstellung von Gesichtstüchern, Taschentüchern u. ä. aus Papier bzw. Zellstoffwatte besprochen, ebenfalls eine Neukonstruktion, die in den letzten Jahren von der Hobema Maschinenfabrik entwickelt wurde. Durch eine neuartige Falzeinrichtung erreicht diese Maschine bei einen 6bahnigem Tagesbetrieb eine Leistung von ca. 1 Million Taschentüchern (Tafel XXXIV / 2).

Tafel XXXV / 1 zeigt das gleiche Modell im Baukastenprinzip derart erweitert, daß großformatige, bedruckte Gesichtstücher und Servietten auf ihm hergestellt werden können. Eine Trockenbrücke, die auf Wunsch mit umfangreichen Trockeneinrichtungen versehen werden kann, ermöglicht das Verarbeiten von Pigmentfarben bei höchster Laufgeschwindigkeit. Es sei noch auf die Distributeur-Falz-und-Schneidemaschine zur Herstellung von Papierhandtüchern und der besonders im Ausland verwendeten ineinandergefalzten Toilettenpapiere (Tafel XXXV / 2) hingewiesen.

Es ist bekannt, daß die Verarbeiter immer rationellere Maschinen bevorzugen, um ihren Betrieben ein Maximum an Rentabilität zu sichern. Es sei erwähnt, im Nachgang zu der im 1. Band dieses Werkes besprochenen Maschine zur Herstellung von Damenbinden aus Zellstoffwatte, daß im Jahre 1957 von der Hobema-Maschinenfabrik in Düsseldorf ein Vollautomat auf den Markt gebracht wurde, dessen Leistung 50 000 Damenbinden in acht Arbeitsstunden ermöglicht.

### Vollautomatische Maschine zur Herstellung von Toilettenpapierrollen, Modell 33

Die Anlage dient zur vollautomatischen Herstellung von Toilettenpapierrollen. Sie arbeitet von der abzuwickelnden Mutterrolle bis zum verpackungsfertigen Röllchen. Es kann gekrepptes und glattes Papier zur Verarbeitung kommen.

Diese moderne, übersichtliche und einfach zu bedienende Konstruktion ist von ganz besonderer Leistungsfähigkeit. Sie wird geliefert in den Arbeitsbreiten 1,2, 1,6, 1,8, 2,0 und 2,4 m, auf Wunsch auch in anderen Breiten. Je nach Bedarfsfall wird die Maschine für eine bestimmte Blattlänge, Blattbreite und Blattanzahl eingerichtet. Die Röllchen können mit oder ohne Hülse hergestellt werden. Die abzuwickelnde Bahn gelangt zunächst in die Perforierstation, die auf Grund jahrzehntelanger Erfahrungen so ausgebildet ist, daß bei jeder Papiersorte und Kreppart eine einwandfreie Perforation gewährleistet ist. Hinter der Perforierstation befindet sich eine Leimeinrichtung, deren Auftragwalze über die ganze Bahnbreite nach Ablauf der festgelegten Rollenblattzahl jedes Wickelende zum Verschluß der Rollen mit Leim versieht. Die Papierbahn wird zwischen Gurten zur Aufwickelstation geführt. Unterhalb dieser Wickelstation ist die Abrollvorrichtung für das Hülsenpapier angeordnet. Nach Beendigung der jeweiligen Rollenwicklung wird das Hülsenpapier durch eine eigene Leimstation in einer bestimmten Länge streifenförmig mit Klebstoff versehen. Dann trennt eine Schneidstation das zur Bildung der nächsten Hülse erforderliche Stück ab, welches der Wickelstation zugeführt wird. Hier entsteht zunächst die Hülse in der ganzen Maschinenbreite. Sobald dies geschehen ist, legt sich die Toilettenpapierbahn an, und es erfolgt die Wicklung der Rolle. Wenn sich die gewünschte Blattzahl aufgerollt hat, sorgt der Zählmechanismus in Verbindung mit der ersten Leimstation für die Trennung der Toilettenpapierbahn. Neuerdings wird eine eingebaute Banderoliereinrichtung mitgeliefert, die gleichfalls vollautomatisch arbeitet, derart, daß separat im Anilindruckverfahren bedrucktes Banderolierrollenpapier über die gesamte Länge der gewickelten Rolle gelegt wird. Die fertige Rolle wird von der Wickelstation ausgestoßen und über einen Tisch der anschließenden Bandmesser-Schneidemaschine zugeführt. An der Schneidemaschine, deren Arbeitstempo mit der Wickelzeit abgestimmt ist, befinden sich Rollenaufnahmen, die laufend die von der Wickelstation kommenden Rollen übernehmen und an die Bandmesser bringen. Vor Beginn des Schnittes werden Rollen durch eine Leitvorrichtung in eine bestimmte feste Lage gedrückt. Dadurch ist gewährleistet, daß die Bandmesser die Rolle exakt und glatt auf die festgelegte Röllchenbreite trennen. Die Bandmesser lassen sich durch eine eingebaute Schleifvorrichtung wieder schärfen. Die fertigen Röllchen gelangen auf einen Auslegetisch, von wo sie zwecks weiterer Verpackung abgenommen oder weiterbefördert werden können.

Für den Antrieb sind 1 Motor für die Wickelmaschine und 2 Motoren für die Schneidemaschine erforderlich.

Die Anlage besitzt ein Simplabelt-Getriebe, damit die Möglichkeit besteht, stets die zweckmäßgste Arbeitsgeschwindigkeit einzustellen. Außerdem ist eine elastische Schaltkupplung vorhanden, um die Maschine weich ein- und ausschalten zu können.

### Toilettenpapier-Falz- und Schneidemaschine, Modell Distributeur Nr. 43

Eine Maschine zur rationellen Herstellung von zickzackförmig ineinandergefalzten Papierhandtüchern und Toilettenpapier in schwerer, moderner Präzisionsausführung.

Die Maschine besteht im wesentlichen aus der Abwickelvorrichtung mit 2 Abwickelachsen und 2 Paar Konen zum Festhalten der Originalpapierrollen, mit Bremse und seitlicher Regulierung, den Führungs- und Leitwalzen zum faltenfreien Vortransport der 2 Papierbahnen, Falzwalzen zum Vorwalzen der Papierbahn, doppelte Querschneidevorrichtung, Obermesserwellen mit feingezahnten Messern für Zackenschnitt, Untermesserwellen mit Schneidnuten, doppelte Längsschneidevorrichtung, Obermesserwellen mit seitlich federnden Tellermessern, eingestellt für die entsprechenden Schnittbreiten, Distributeur-Falzvorrichtung mit doppelten Nadelwalzen zum wechselseitigen Ineinanderfalzen der 2 Papierbahnen, 2 Tupferwellen mit der entsprechenden Anzahl Abstreifer, die die zickzackförmig ineinandergefalzten Blättchen von den Nadelwalzen abstreifen und automatisch auf den horizontalen Ablegetisch in endloser und ununterbrochener Folge sauber gestapelt auslegen, der automatischen Zähl- und Markiervorrichtung, die variabel ist und für jede gewünschte Blattzahl geliefert werden kann. Sobald die gewünschte Blattzahl erreicht ist, wird das entsprechende Blatt automatisch mit einem Farbstreifen deutlich markiert. Bei der Herstellung von Papierhandtüchern ist das normale Blattformat 250×275 mm. Die Arbeitsbreite der Maschine beträgt dann 550 mm, wobei 2 Pakete nebeneinander ausgestoßen werden.

Die Leistung beträgt 700—800 Pakete à 200 Blatt in der Stunde.

## II.

### Rotations-Druck-, Präge-, Falz- und Schneidemaschine, Modell 14,

vollautomatisch arbeitend, von erfahrenen Spezialisten konstruiert und gebaut, besonders kräftig nach den neuesten technischen Gesichtspunkten ausgeführt, für höchste Dauerleistungen und zuverlässige Arbeitsweise ausgebildet, einfach in Bedienung und Wartung.

Die Maschinenanlage ist bestimmt für die rationelle Herstellung von geprägten Gesichtstüchern, Servietten, Taschentüchern und ähnlichen Artikeln aus Seidenpapier oder Zellstoffwatte. Auf Wunsch kann die Anlage durch ein Anilindruckwerk ergänzt werden, wenn auch bedruckte Artikel hergestellt werden sollen. Bei Fabrikation der genannten Artikel in den gängigsten Formaten wird von 3 Rollen bzw. dreibahnig gearbeitet. Dabei werden die Servietten usw. in einem Durchgang geprägt, bedruckt, längs- und quergefalzt, geschnitten und gezählt. In

Doppelstapeln fallen die Servietten kontinuierlich auf dem Ablegetisch verpackungsfertig an. Soll Prägung oder Druck fortfallen, sind lediglich die Bahnen entsprechend anders zu führen. Die Maschine wird für ein gewünschtes Format eingerichtet. Der Formatbereich umfaßt die Maße 22—50 cm. Für jedes weitere Format innerhalb der genannten Grenzen wird ein besonderes Falzzylinderpaar, welches in einem separaten Montagerahmen lagert, mitgeliefert. Dieser Rahmen kann einfach und schnell ausgetauscht werden. Die Maschine ist vorgesehen für die allgemein übliche Kreuzfalzung, die ein Verpackungsformat von 11—25 cm ergibt. Werden andere Falzarten bzw. Verpackungsformate gewünscht, läßt sich dies meist durch Erweiterung der Längsfalzstation erreichen. Für die Prägung der Bahnen wird ein Kalander mitgeliefert, der bis zu 6 Präge- und Satinierwalzensätze aufnehmen kann.

Die Maschine kann mit bis zu 4 Anilindruckwerken ausgerüstet werden. Die Anilindruckwerke haben besonders starke Konsolen; die Farbwalzen und die Druckwalze haben eigene Schlittenführungen mit Vorrichtungen für Schnellverstellung und Mikrometerspindeln zur Feinregulierung. Durch besondere Klemmeinrichtungen sind die Farbwerke nach erfolgter Feinregulierung feststellbar. Die Farbwerke sind ausgestattet mit Zentral-Momentabstellvorrichtung, die bei Betätigung eines Hebels die Klischeewalzen sämtlicher Farbwerke von der Papierbahn und den Auftragwalzen gleichzeitig abhebt. Die Abhebung erfolgt mechanisch über exentrische Kurven, die in der Lage sind, die Aufnahmelager der angestellten Klischeewalzen gegen jede Erschütterung während des Laufes der Maschine zu sichern. Für die Verarbeitung von Pigmentfarben ist ein besonderer Antrieb vorhanden, der bei Stillstand der Maschine die Farbwalzen mit niedriger Geschwindigkeit weiterlaufen läßt, nachdem die Klischeewalzen abgehoben worden sind. Die Farbübertragwalzen sind zur Erzielung eines gleichmäßigen Farbübertrages als hartverchromte Rasterwalzen ausgeführt. Jedes Farbwerk kann zentral von der Bedienungsseite aus in bezug auf Farbgebung und Druck reguliert werden.

Die Maschine wird angetrieben durch einen Elektromotor mit Stern-Dreieckschalter zum separaten Betrieb der schnellaufenden Bandmesser und durch einen über Fernsteuerung stufenlos regelbaren Elektromotor, der es ermöglicht, jeweils die optimale Arbeitsgeschwindigkeit einzustellen.

## III.

Die Zahl der Spezialfabriken, die Maschinen bauen zur Zellstoff- und Zellwatteverarbeitung ist nur klein. Zwei Firmen von Bedeutung referieren über diese Maschinen in dem vorliegenden Fachbuch im X. Kapitel.

Bei der Bedeutung des Themas „Das Papier in der Hygiene“ (Vgl. Kap. VIII in meinem Handbuch „Die Papierverarbeitung“) hatte ich den hygienischen Massenerzeugnissen in diesem Buch einen entsprechenden Raum eingeräumt (Servietten, Taschentücher, Damenbinden). Das Thema „Gesichtshandtücher" fehlte in dieser Ausgabe.

Ein sehr interessantes Modell einer Gesichtstücher-Maschine bringt die Sepezialmaschinenfabrik J. Heinrich SPOERL in Düsseldorf mit dem Modell GT 3 auf den Markt.

Diese Maschine arbeitet von der Papierrolle. Die Bahn wird in ununterbrochenem Lauf abgewickelt und in „C"- oder „U"-Falz längsgefaltet. Die so gefaltete Bahn läuft dann auf eine Trommel auf und wird in 50, 100 oder 200 Lagen übereinander aufgewickelt. Wenn die gewünschte Zahl erreicht ist, stoppt die Maschine automatisch. Die aufgewickelte Bahn wird aufgeschnitten und dann beim langsamen Lauf der Maschine automatisch quergeteilt, so daß haargenau geschnittene Päckchen in der gewünschten Größe die Maschine verlassen. Diese Päckchen laufen dann über ein Band in die auf die Enden der Führungsschienen aufgeschobenen Verpackungskartons ein.

Gesichtstücher in dieser Form finden auch in Deutschland mehr und mehr Verbreitung. Sie kommen ausschließlch in Pappkartons in den Handel, die einen bequemen Aufnahmeschlitz haben, so daß die Tücher immer geschützt im Karton liegen und bequem entnommen werden können. Eine solche Maschine wird auf Tafel XXXVII / 1 gezeigt.

## IV.

## Maschinen für Briefhüllen und vollautomatische Maschine zum Falzen kleinformatiger Gebrauchsanweisungen

Als Abschluß des Kapitels „Papierspezialitäten" möchte ich zu dem Thema „Die Herstellung von Briefhüllen" noch eine Ergänzung über neuzeitliche Maschinen für dieses Sondergebiet bringen, da die Entwicklung der Maschinenbautechnik für diese Sparte der Papierverarbeitung keineswegs als abgeschlossen betrachtet werden kann.

Die Firma Bruno Pahlitzsch, Berlin, baut seit über 60 Jahren Briefumschlag- und Beutelmaschinen und gehört damit zu den ältesten Firmen in dieser Branche.

Die Firma beschäftigt sich hauptsächlich mit dem Bau von Briefumschlagmaschinen. Die Briefumschlagmaschine TENAX-HE-2 arbeitet von der Rolle und ist mit drei Anilindruckwerken versehen, mit deren Hilfe Luftpostumschläge in einem Arbeitsgang hergestellt werden können. Außerdem kann die Maschine auch noch mit einem Fensterausschneid- und Einklebeapparat versehen werden, so daß man in einem Arbeitsgang Briefumschläge mit Fenstern herstellen kann. Die Briefumschläge werden von der Rolle mit Schlußklappengummierung angefertigt. Die

Briefumschlagmaschine TENAX HE-3 arbeitet vom Blatt mit Schlußklappengummiervorrichtung, zudem ist auch diese Maschine mit Anilindruckwerken ausgerüstet, die die Anfertigung von Luftpostumschlägen in einem Arbeitsgang erlauben. Die Briefumschlagmaschine TENAX HE-4 arbeitet vom Blatt mit Schlußklappengummiervorrichtung, jedoch ohne Druckwerke. Die Leistung dieser Maschinen betragen ca. 200—300 Stück pro Minute (TENAX HE-3 Tafel XXXXVIII / 1).

Sämtliche Maschinen sind auf das modernste ausgerüstet. Neben einer kompletten Druckknopfsteuerung, die es ermöglicht, die Maschinen an jedem Hauptaggregat ein- und auszuschalten, haben alle Maschinen Zentralschmierung. Außerdem erhalten alle Maschinen neuerdings eine elektronische Steuerungs- und Zählvorrichtung. Mit Hilfe dieser Vorrichtung kann man entweder die Tagesproduktion zählen oder aber die Maschinen nach dem Durchlaufen einer bestimmten Anzahl von Briefumschlägen stillsetzen. Außerdem arbeitet diese Einrichtung in der Weise, daß sie die Maschine stillsetzt, sobald Störungen innerhalb der Maschine eintreten. Hierdurch wird das Arbeiten mit den Maschinen kolossal vereinfacht und für das Bedienungspersonal erleichtert.

Außerdem wird von der Firma eine kleine vom Blatt arbeitende Flachbeutelmaschine gebaut, die Beutel mit pulverdichter Bodenklebung herstellt. Diese Maschine ist universal verstellbar, die Leistung beträgt ca. 140 Stück pro Minute.

Ein besonderer Produktionszweig der gleichen Firma ist der Bau von vollautomatischen Falzmaschinen. Die Falzmaschne TENAX S 1 eignet sich besonders zum Falzen kleinformatiger Gebrauchsanweisungen, wie sie in der chemischen Industrie benötigt werden. Die Maschine verarbeitet Papiere aller Art, besonders Florpost, einwandfrei. Bekanntlich lassen sich Dünndruck- und Florpostpapiere schwer von der Hand anlegen. Da die Maschine mit einer selbsttätigen Anlage ausgerüstet ist, wird diese Schwierigkeit ausgeschaltet. Die kleinste Falzbreite beträgt 1,2 cm. Die Maschine ist mit 4 Falztaschen für Parallelbrüche und mit einem Kreuzbruch ausgerüstet. Die Ablage ist so konstruiert, daß die gefalteten Prospekte geordnet abgelegt werden können. Es besteht auch die Möglichkeit, die Falzlinge in Magazinen zu sammeln, so daß man sie auf Lager legen kann. Sie können mit Hilfe des Magazins den Verpackungsmaschinen auch direkt zugeführt werden. Die Maschine ist mit einer elektronschen Kontrollvorrichtung ausgerüstet, die dieselbe bei Störungen stillsetzt, ferner die durchlaufenden Prospekte zählt und die Maschine nach Wunsch bei einer bestimmten durchgelaufenen Anzahl abschaltet. Die vollautomatische Falzmaschine TENAX S 1 hat sich bereits in vielen chemischen Fabriken des In- und Auslandes bewährt.

---

In meinem mehrfach in Fußnoten erwähnten Fachbuch „Die Papierverarbeitung" finden Interessenten im X. Kapitel einen instruktiven Beitrag über das Thema „Die Herstellung von Briefhüllen". (Seite 146 bis 151).

## Kapselmaschine mit Drehtisch

Es ist ein Beweis für den niemals rastenden, sondern immer Neues schaffenden Geist unserer Fachingenieure, die bestehenden Konstruktionen der Maschinenproduktion nicht als der Weisheit letzten Schluß zu betrachten, sondern immer wieder Verbesserungen zu erdenken, um auf Grund der in der Praxis gesammelten Erfahrungen die Leistungsfähigkeit der Lieferwerke hinsichtlich der Güte des Materials und exakter Arbeitsweise der fertiggestellten Erzeugnisse für den Fabrikanten auf den denkbar höchsten Stand zu bringen.

Über Papierkapseln und ihre Fertigung habe ich in meinem praktischen Handbuch „Die Papierverarbeitung“ auf den Seiten 85 bis 88 berichtet. Darin ist in der Hauptsache die Kapselmaschine mit Fußbetrieb berücksichtigt worden, inzwischen hat der Hersteller seine Kapselmaschine mit Drehtisch in neuer, moderner Konstruktion auf den Markt gebracht.

Die Kapselmaschine ist bestens geeignet zur rationellen Herstellung von Pralinen- und Gebäckkapseln aus Papier. Es können mit jedem Arbeitshub bis zu 25 Blatt Papier verarbeitet werden, so daß eine tägliche Leistung bis über 200 000 Kapseln zu erzielen ist.

Der größte zu verarbeitende Zuschnitt beträgt 130 mm Durchmesser, mithin kann die größte Kapsel bei einer Randhöhe von 32,5 mm, einen Bodendurchmesser von 65 mm haben. Ebenso lassen sich alle kleineren Kapseln mit der Maschine herstellen, indem in die Öffnungen des Revolvertisches besondere Ringe eingelegt werden, die den kleineren Zuschnittgrößen entsprechen.

Eine Abbildung dieser Maschine finden die Leser auf Tafel XXXXVIII/2.

---

Über „Papierkapseln und ihre Fertigung“ finden Interessenten eine ausführliche Abhandlung in der „Papierverarbeitung“ auf den Seiten 85—88.

11. Kapitel

# Neuzeitliche maschinelle Verpackungsmöglichkeiten

## Maschinelles Verpacken flüssiger Produkte in Papierbehältern

Von Wolfgang Steinwedel, Düsseldorf

Die Deutsche Industrieausstellung Berlin 1956 hatte neben den an Ausbildung und Gewicht gigantischen Ausstellungsstücken der deutschen Eisen- und Stahlindustrie auch in verpackungstechnischer Hinsicht einen besonderen Anziehungspunkt gebracht. Zum ersten Male wurde auf dieser Ausstellung die Abfüllung von Milch in Papierbehältern vorgeführt und der Verkauf auf dem Ausstellungsgelände vorgenommen.

Es handelte sich um die deutsche Papierpackung für Milch, um die Perga-Packung der Jagenberg-Werke A. G., Düsseldorf *).

Die Begeisterung der Besucher an dieser für Berlin neuartigen, im Bundesgebiet und in außerdeutschen Ländern seit Jahren eingeführten Verpackungsart für Milch und andere Flüssigkeitsen war ungewöhnlich groß.

So wie in Berlin hatte sich vor Jahren eine ähnliche Reaktion gezeigt, als zum ersten Male an Stelle der bisher üblichen Flaschen Papierbehälter für Milch und andere Flüssigkeiten auf dem Markt auftauchten. Es ginge über den Rahmen dieser Abhandlung hinaus, die Entwicklung des Papierbehälters für Flüssigkeiten im einzelnen mit Zahlenangaben zu verfolgen, dennoch erscheint es zweckmäßig, zum besseren Verständlnis der späteren Ausführungen eine kurze Übersicht über Entstehung und Verbreitung dieses Behälters zu geben. Erste Anfänge der Papierpackung für Flüssigkeiten gehen auf die zwanziger Jahre unseres Jahrhunderts zurück. Während das für einen heute in den USA sehr verbreiteten Milchkartonbehälter bekannt gewordene Warenzeichen „Pure-Pak" Ende 1930 für die American Bottle Company of Toledo/Ohio eingetragen wurde, kann als die Geburtsstunde der deutschen Papierverpackung der Jagenberg-Werke Akt.-Ges., Düsseldorf, die erste erteilte Patentschrift aus dem Jahre 1929 angesehen werden.

*) Im VIII. Kapitel des 1. Teils der „Papierverarbeitung" wurde unter der Kapitelüberschrift „Das Papier im Dienste der Hygiene" ein aufschlußreicher Beitrag veröffentlicht mit dem Titel „Überwachung der Perga-Packung während der Herstellung" (vgl. S. 125—132).

Dabei kann unberücksichtigt bleiben, daß im Jahre 1906 Papierpackungen für flüssige Füllgüter in Kalifornien auf dem Markt erschienen, aber wegen Mängel an ihrer Standfestigkeit nach kurzer Zeit wieder verschwanden. Von dem sogenannten Zeitpunkt ab wird der Papierbehälter für Flüssigkeiten, namentlich für Milch und andere flüssige Milchprodukte, Wirklichkeit. Von jetzt ab durchläuft er eine Entwicklung, die durch das Aufkommen zahlreicher Papierbehälterhersteller, das Erscheinen mannigfaltiger Packungsformen und immer steigender Produktionszahlen gekennzeichnet ist. 1933 setzt der bedeutende US-Konzern, die America Can Company, mit der Lieferung seiner Papierbehälter auf dem Papiersektor ein. Die Rechte des „Pure-Pak"-Behälters gingen auf die Ex-Cello Aircraft & Tool Company, Detroit, über. Als weitere Hersteller sind zu nennen:

1. Continental Can Company, New York bzw. Toronto/Canada,
2. Sealright Corporation, Fulton/USA,
3. Akerlund u. Rausing, Lund/Schweden,
4. Satona Ltd., Leeds/England,
5. Griswold & Co. Ltd., Montreal/Canada.

Und hier einige Zahlen, die Ihnen die Entwicklung in USA demonstrieren mögen:

| | | |
|---|---|---|
| 1934 | 84 000 000 | Papierbehälter für Molkereiprodukte |
| 1938 | 260 000 000 | „ „ „ |
| 1940 | 750 000 000 | „ „ „ |
| 1941 | 1 110 000 000 | „ „ „ |
| 1947 | 3 932 000 000 | „ „ „ |
| 1950 | 6 550 000 000 | „ „ „ |
| 1953 | 9 812 000 000 | „ „ „ |
| 1954 | 10 990 000 000 | „ „ „ |
| 1955 | 12 000 000 000 | „ „ „ |

In USA werden zur Zeit 52% der insgesamt verpackten Milch in Papierbehältern verkauft. Bei uns sind es bereits 15% innerhalb einer Zeit von 3 Jahren. Amerikanische Verpackungsspezialisten prophezeien, daß in etwa 10 Jahren die Milchflasche auf dem amerikanischen Markt ohne Bedeutung sein wird. Auch bei uns wird die Papierpackung weiterhin an Boden gewinnen, allerdings werden wir vorerst wegen besonderer Milchmarktverhältnisse nicht die extremen Werte Amerikas erreichen.

Wenn in dieser Abhandlung die Papierpackung für milchwirtschaftliche Füllgüter hervorgehoben wird, so deshalb, weil gerade hier an dem Papierbehälter hohe Anforderungen in mechanischer und hygienischer Hinsicht gestellt werden, und weil hier auf Grund des Absatzes die größten Erfahrungen gesammelt werden konnten. In der Fruchtsaftindustrie hat bisher noch kein „Einbruch" mit der Papierpackung in diesem Maße stattgefunden. Der Grund ist darin zu suchen, daß die bisher verwandten Imprägnier- und Beschichtungsstoffe noch nicht restlos geeignet sind, die von der Fruchtsaftindustrie geforderte Lagerzeit von 2—3 Monaten zu überstehen; für den schnellen Umschlag der Obstsäfte innerhalb von 8 Tagen haben sich bereits eine ganze Reihe Papierpackungen bewährt.

Ehe die Leser mit technischen und fabrikatorischen Einzelheiten der Papierpackung und den zu ihrem Füllen und Verschließen erforderlichen Maschinensystemen vertraut gemacht werden, soll einmal die Frage der Notwendigkeit eines Papierbehälters für Flüssigkeit erörtert werden. Selbstverständlich besteht auch heute noch die Ansicht, daß dieses Problem für flüssige Füllgüter durch die Verbindung herkömmlicher fester Verpackungsmittel hinreichend gelöst ist. Träfe es zu, so wäre heute, wo keine Notwendigkeit besteht, auf andere Materialien auszuweichen, dem Papierbehälter für flüssige Füllgüter kaum so viel Bedeutung beigemessen. Viel mehr als der Unbeteiligte wahrscheinlich annimmt — wenn auch die Beispiele der Praxis immer mehr in das Blickfeld des Einzelnen treten — ist der Papierbehälter schon zur Stunde bekannt und in praktischer Anwendung. Die vermittelten Zahlenbeispiele verdeutlichen es. Der Grund für die ständig wachsende Verbreitung des Papierbehälters gegenüber den bisher verwandten herkömmlichen Verpackungsarten ist darin zu suchen, daß ersterer eine ganze Reihe bedeutender Vorteile aufweist. Die Vorzüge des Papierbehälters sind aus der Eigenschaft seiner zur Fabrikation verwendeten Ausgangsprodukte zu erklären: Karton und die zur Erreichung einer Reihe von Dichtigkeitsansprüchen benutzten Wachsimprägnierungen bzw. Kunststoffaufträge; beide lassen sie einen Behälter mit einem sehr geringen Gewicht entstehen, dessen hervorstechendes Merkmal in seinem e i n m a l i g e n  G e b r a u c h siegt. Diese Tatsache hat ihm die typische Bezeichnung „Einmal-Packung“ eingebracht, die durch die zusätzliche Bezeichnung „ein persönliches Gefäß“ unterstrichen wird. Die besondere Eigenschaft seiner einmaligen Verwendung hat naturgemäß solche Wirtschaftszweige aufmerksam gemacht, die mit der bisher üblichen Leihverpackung, also einer Verpackung, die wiederholt zwischen Produzent und Verbraucher zirkuliert, eine Reihe unangenehmer und zeitraubender Arbeiten zu erfüllen hatten, die bei der Verwendung des neuen Papierbehälters restlos in Fortfall geraten. Hier ist mit der Grund zu suchen, warum gerade die Nahrungsmittelindustrie mit ihren Unsummen von Verbrauchsgütern eine willkommene Verpackungsart witterte, die ihr späterhin tatsächlich die großen Erleichterungen in betrieblicher Hinsicht brachten. Mit einem Schlage entfällt nun im Füllbetrieb die lästige Überwachung und Rechnungskontrolle für den Hin- und Rücktransport der sonst üblichen Flaschen, Gläser und Gebinde. Es entfallen Pfandkonto und die Verluste, die durch Zurückhalten, Bruch oder Beschädigung, vor allem bei der Reinigung, entstehen. Das geringe Gewicht der Einmalpackung hat bei den Füllbetrieben, beim Händler und auch beim Verbraucher ein besonders günstiges Echo gefunden. Ein Beispiel möge zeigen, wie sich diese Gewichtserleichterung auf die Vertriebsorganisation auswirkt:

Gegenüberstellung der Gewichte von

| | Normal-Glasflasche | Leicht-Glasflasche | Papierpackungen |
|---|---|---|---|
| 1/1 | 677 g | 550 g | 17 bis 31 g |
| 1/2 | 480 g | 325 g | 11 bis 18 g |
| 1/4 | 348 g | 220 g | 6 bis 12 g |

Ein 4,5-t-LKW gestattet den Transport von 1600 l Milch in Flaschen und 2830 l in PERGA-Packungen. Bei der Verwendung von Papierpackungen ist eine Steigerung des Transportvermögens zwischen 77—88% festgestellt, eine Gewichtserleichterung zwischen Flasche und Papierbehälter, in ungefülltem Zustand, bis zu 90%.

Selbstverständlich wird durch die Möglichkeit einer raumsparenden Stapelung, besonders in Molkereien, einem alten Übel des immer zu kleinen Kühlraumes abgeholfen. In gleichem Maße empfindet die Hausfrau die anspruchslose Papierverpackung als willkommene Verpackungsart in ihrem immer durch Raumnot gekennzeichneten Kühlschrank. Nicht in jedem Falle haben die Bestrebungen zur Verringerung des Totraumes zwischen den Packungen zu einer allgemein befriedigenden Packungsform geführt. Es sind Fälle bekannt, wo diese Bestrebungen zu ausgesprochen technischen Packungsformen geführt haben, die in keinem Falle einen Schluß auf den Inhalt zulassen und deshalb vom Verbraucher kritisch betrachtet und auch abgelehnt werden. In diesem Zusammenhang sei bemerkt, daß auch vom Verbraucherstandpunkt aus erhebliche Anforderungen an die Packung gestellt werden. Dabei ist zu bedenken, daß die Packung nicht um ihrer selbst willen hergestellt wird oder um ein verpackungstechnisches Verlangen zu befriedigen, sondern sie soll sich, und darin liegt mit ihre besondere Aufgabe, leichter verkaufen als jede andere Packung. Die Grundforderungen sind:

1. Sie muß dem verpackten Stoff angepaßt sein, also inhaltstreu sein,
2. es muß eine Stapelung auf geringstem Raum möglich sein,
3. sie muß ein gefälliges Äußere haben,
4. sie muß billig sein.

Neben diesen Produzenten- und Verbraucheransprüchen stellt der Gesetzgeber, besonders dann, wenn es sich um Lebensmittelverpackungen handelt, zusätzliche Forderungen.

Es hat sich gezeigt, daß der Papierbehälter einmal zu einer wesentlichen Produktionserhöhung beiträgt, und daß zum anderen die zu seiner Füllung und seinem Verschließen erforderlichen technischen Vorgänge in der Regel so einfach sind, daß sie die in den Molkereien seit langem gewünschten betrieblichen Erleichterungen erfüllen. In unmittelbarem Zusammenhang dazu steht weiterhin die durch die Einführung des Papierbehälters sich entspannende Personallage in den Molkereibetrieben, die durch Beschäftigungsart und -dauer sowie Entlohnung der in der Milchwirtschaft Angestellten bisher sehr oft zu Abwanderungen in andere Wirtschaftszweige geführt hat. So führt die Papierpackung neben einer Reihe betrieblicher Vorteile, wozu auch der geringe Platzbedarf ihrer Füllmaschinen, Wegfall von Reinigungsmittel, Einsparung von Energie, die leichte Bauweise des Untergrundes für die Füllmaschinen gehören, zu einer innerbetrieblichen Befriedigung und zur Schaffung besserer menschlicher Beziehungen zwischen Molkereileitung, Molkereiangestellten und Milchhandel, wobei bei letzterem gerade die Begleiterscheinungen der Entrichtung des Flaschenpfandes und der Rückgabe des Leergutes sehr oft zu Unannehmlichkeiten geführt haben. Mit der Verwendung der Papierpackung in den Molkereibetrieben ist im Hinblick auf beabsichtigte Rationalisierungsmaßnahmen der erste Schritt getan, der besonders bei einer Reinrassigkeit an Verpackungsarten, d. h. also bei der Verwendung von ausschließlich Papierbehältern einen Idealzustand herbeizuführen imstande ist. Durch die einmalige Verwendung der Papierpackung sind die bisher noch nicht restlos erfüllten verpackungshygienischen Forderungen schlagartig gelöst. Mit dieser Packung ist eine gehobene Hygiene verbunden, d. h., Papier, Imprägniermittel und Kunststoffaufträge bilden eine bakteriologische Reinheit, wie sie bei den herkömmlichen Verpackungsarten teilweise nur durch größte Anstrengungen erzielt wird. Es ist daher nicht verwunderlich, daß speziell der Molkereileiter diese Verpackungsart herbeiwünscht, weil er durch sie von seinem ständigen Alptraum, etwa wegen ungenügender Reinigung der Flaschen mit dem Gesetz in Konflikt zu geraten, befreit wird. Auch die Gefahr der Absplitterung von Glasteilchen beim Verschluß der Flaschen auf dem Transport oder bei unvorsichtiger Handhabung ist vorbei; unangenehme Auseinandersetzungen zwischen Produzenten und Verbrauchern haben aufgehört.

Zur Hygiene: Die erwähnten Ausgangsstoffe, Papier und Imprägniermittel, ohne Eiweiß, Zucker und Fett, die meistens nur für eine ganz geringe Zeit oder gar nicht während des Herstellungsprozesses angefeuchtet sind, lassen kein bakterielles Leben entstehen. Damit sind die bei einer ungenügenden Reinigung entstehenden Abbauvorgänge, wie Sauerwerden und Geschmacksbeeinträchtigung der Milch, ausgeschlossen. In der Papierpackung hält sich die Milch länger, denn der Karton ist ein geringerer Wärmespeicher als die Flasche und kann dementsprechend weniger Wärme an die gekühlte Milch abgeben. Das Kartonmaterial hat neben seiner bakterienhemmenden Beschaffenheit, den schädlichen Anteil des Lichtes abzuschirmen und damit der Zerstörung der Milchvitamine entgegenzuarbeiten. Milch in der Papierpackung kennt nicht den Geschmacksfehler „Lichtgeschmack“. Die Milch in der Papierpackung behält ihren ursprünglichen nußartigen, erfrischenden Geschmack.

Werbung: Besondere Erwähnung verdient der Papierbehälter als Werbeträger besonderer Art; die großflächigen unter ihnen sind zur „Anschlagsäule im kleinen“ geworden, die ihre Werbeabsichten täglich unmittelbar bis an den Verbraucher herantragen; sie ersparen dadurch erhebliche Ausgaben für andere Werbemittel.

Wie ist nun die Entwicklung von der technischen Seite möglich gemacht worden? Das Ziel ist, einen Papierbehälter herzustellen, der den hohen Anforderungen der Nahrungsmittelindustrie entspricht und rationell hergestellt werden kann. Es ist verständlich, daß die Hersteller von einander abweichende Wege beschritten und sich dadurch verschiedene Systeme entwickelt haben, die sich nach mancherlei Gesichtspunkten ordnen lassen.

Gruppe I — Die Fabrikation der Zuschnitte erfolgt an zentraler Stelle — Formen der Packung unmittelbar vor der Füllung.
1. Pure-Pak
2. Sealright
3. Tetra-Pak (Vorbehandlung der Kartonrollen durch Druck und Kunststoffbeschichtung)

Gruppe II — Die Fabrikation der füllartigen Packungen erfolgt an zentraler Stelle — Versand der Packung an getrennt gelegenen Füllort.
1. PERGA
2. Canco
3. Satona
4. Griswold

Eine weitere Möglichkeit ihrer Einordnung ist die Art ihrer Imprägnierung. Mit Paraffin sind behandelt: Canco, Pure-Pak, Satona, Griswold, PERGA, also die Masse der Behälter.

Mit Kunststoff versehen sind: Tetra und Sealright.

Die bei der Herstellung der Papierbehälter verwandten Materialien wie Karton, Paraffin, Kunststoffe und Heißsiegelaufträge für das Verschließen zeigen verhältnismäßig große Ähnlichkeit.

Beim Karton findet nur reiner, holzfreier, vollgeleimter Zellulosekarton mit maschinenglatter bzw. leicht satinierter Oberfläche ohne Füllstoffe wie Titanweiß, Kaolin, Kreide Verwendung. Seine Gewichte belaufen sich bei Behältern zwischen zwischen 100 und 500 ccm Fassungsvermögen auf 180 g/qm, bei solchen zwischen 500 und 1000 ccm auf 300 g/qm. Vom Karton wird verlangt: geringste Aufnahme an Wasser im Rohzustand, geringe Aufnahme von Imprägniermittel. Entscheidend für die Dichte ist die Bildung eines Paraffinfilmes. Neben einbahnigen sogenannten durchgearbeiteten Kartonsorten finden kaschierte Sorten, d. h., mehrbahnige Anwendung, die mit Hilfe bestimmter Klebstoffe zusammengefügt werden. Diese Kleber bilden Barrieren durch Erhärtung. Sie sind auf der Basis von Pflanzenleimen aufgebaut.

Als Imprägniermittel dient vollraffiniertes, weißes, geruch- und geschmackloses Tafelparaffin; maßgebend für die Reinheit ist die Erfüllung der Forderungen nach DAB 6, d. h., kein Chlorgehalt, keine Schwefelsäure, keine Entfärbung von $KMnO_4$, beim Kochen mit Schwefelsäure keine braune Färbung.

H e i ß s i e g e l a u f t r a g in Form von Polyvinylacetaten unter gleichzeitiger Anwendung von Druck und Wärme.

F o r d e r u n g e n :

a) physiologisch einwandfrei, d. h., ohne Weichmacher wie
   Phthalste
   Phosphate
   Cebacate
   Adipate
   Citrate.

K u n s t s t o f f e verwandte Arten
1. Polyaethylien
2. PVC Polyvinylchlorid
3. Saran-ähnliche Produkte

F o r d e r u n g e n :
1. physiologisch einwandfrei,
2. beständig gegen die verschiedenen Füllgüter,
   a) wasserunlöslich
   b) fett- und ölbeständig
   c) geschmacksfrei
   d) geruchsfrei
   e) alterungsbeständig
   f) keine Versprödung.

Gleitmittel müssen ebenfalls den lebensmittelgesetzlichen Bestimmungen entsprechen. Die Beschichtung des Packstoffes erfolgt durch:
1. wässerige Dispersionen mittels Streichanlage, vornehmlich Luftbürstenstreichanlage;
2. durch Kaschieren einer Kunststoff-Folie, z. B. Polyaethylen;
3. mittels Extruder mit Breitschlitzdüse.

Es ist die Absicht des Verfassers, mit den bisherigen Ausführungen einen Überblick über Entstehung, Geschichte, Notwendigkeit, Vorzüge und Forderungen sowie Ausgangsprodukte des Papierbehälters aufzuzeigen. Die Leser sollen nunmehr mit dem Herstellungs-, Füll- und Verschließvorgang des Papierbehälters vertraut gemacht werden, wobei ein bzw. zwei der interessantesten Vertreter der erwähnten Systeme ausgewählt sind und wobei auch die maschinentechnische Seite nur gestreift werden kann mit Rücksicht auf den beschränkten Raum.

P u r e - P a k : Es handelt sich um einen quaderförmigen Behälter mit einem dachförmigen Oberteil, dessen Öffnung früher mittels einer Klappe am Dach, heute durch einfaches Aufreißen der Verschlußteile erfolgt. Die Zuschnitte werden im Herstellerbetrieb bedruckt, gestanzt und an der Längsseite wie eine Faltschachtel geklebt. Im Füllbetrieb erfolgt die Öffnung des flach zusammenliegenden Zuschnitts durch Aufziehen auf einen Dorn; die am Boden befindlichen Seitenlappen werden geleimt, umgelegt und in einzelnen Stationen angedruckt. In diesem Zustand werden die Packungsrohlinge vom Dorn abgeblasen und gelangen in ein Paraffinbad, in dem durch Lageveränderung des Paraffin am Ende des Imprägnierprozesses aus der Packung ausgegossen wird. Nach Erhärtung des Paraffins in einer Kühlstation werden in einem Vorbrecher die für den Verschließvorgang erforderlichen Vorarbeiten geleistet. Das Einfüllen des flüssigen Füllgutes besorgt ein Kolbenfüller mit 2 bis 4 Füllstellen, wo jeweils zur Verringerung der Schaumbildung nur etwa 1/4 Liter der Flüssigkeit in die Packung gelangt. Der verbleibende Schaum wird mit Hilfe von Dampf oder im Vakuum entfernt. Abweichend von anderen Behältertypen ist die Verschließart. Es erfolgt hier kein Heißsiegeln, sondern die Verschlußklappe wird durch eine beheizte Faltweiche geführt in der das Paraffin der Verschließklappen erweicht und durch Andrücken und Erstarren den gewünschten Verschluß der Packung herbeiführt. Als zusätzlicher mechanischer Verschluß dient eine Metallklammer nach Art der Büroklammer.

Die zum Füllen und Verschließen der Pure-Pak-Behälter im Handel befindlichen Maschinen weisen eine Kapazität von 20 bis 65 für die Größen half pint bis quart und eine solche von 50 für eine half gallon auf. Die Verwendung des Pure-Pak-Behälters ist an umfangreiche technische Einrichtungen gebunden. Zwar wird durch die Art der Zuschnitte und die Zweckmäßigkeit ihres Versandes viel Raum eingespart, aber im Füllbetrieb ist eine Technik erforderlich, die naturgemäß auch die Beschäftigung besonderer Maschinenspezialisten notwendig macht. Aus Gründen der Rendite ist die Aufstellung derartiger Maschinen an einen verhältnismäßig großen Ausstoß von Packungen gebunden, demzufolge werden sich nur Großstadtbetriebe oder solche mit dem notwendigen Ausstoß an verpackter Milch diese Anlage leisten können. Erfahrungsgemäß ist aber der relative Bedarf an verpackter Milch in der mittleren und Kleinstadt genau so hoch wie in der Großstadt. Wir wollen sehen, wie die Verpackungsindustrie dieses Problem gelöst hat. Zuvor noch zwei weitere Behältersysteme.

S e a l r i g h t : Ein für den Techniker interessantes, wenn auch für neuzeitliche Verpackungsansprüche etwas umständliches Verfahren: die gerillten Zuschnitte, es handelt sich in diesem Falle um kunststoffbeschichteten Karton, werden in flachem Zustand über lange Ketten geführt, an denen Gasflammen ein Aufweichen, d. h., ein Aktivieren des Kunststoffüberzuges an der Längsnaht vornehmen. Diese vorbereiteten Zuschnitte werden zu einem viereckigen Schlauch verschweißt. Der Boden, dessen Beschichtung ebenfalls aktiviert wird, wird herangeführt und eingesetzt, beide Teile miteinander verpreßt. Die Packung wird auf ein sich teilendes Band geschoben, auf dem kurz vor der Füllung an der Stelle der zukünftigen

Öffnung eine kleine Staniolfolie aufgelegt wird, um ein späteres, leichteres Öffnen an dieser Stelle zu ermöglichen. Die Füllung erfolgt an 4 Füllstellen, ebenfalls wieder in Teilfüllung zur Vermeidung größerer Schaumbildung, eine technisch nicht ganz einfache Aufgabe, da durch Anfeuchten des oberen Innenteils des Behälters das spätere Versiegeln mit dem Deckel zu Verschlußschwierigkeiten führen kann. Dieser Behälter hat in den USA nur 5% der Ausdehnung der übrigen Papierbehälter erreicht.

Tetra: Bei diesem schwedischen Verfahren handelt es sich um ein System, das von den bisher erwähnten abweicht. Es hat eine lange Entwicklungszeit hinter sich und ist seit etwa 1½ Jahren auch bei uns bekannt geworden. Für das Tetra-System gilt hinsichtlich der Verwendungsmöglichkeit das für die erwähnten Systeme Gesagte in gleichem Maße, d. h., die Rendite eines Tetra-Automaten ist an einen verhältnismäßig hohen Ausstoß von Packungen gebunden. Hinzu kommt, daß bis zum heutigen Tage die Umstellungsmöglichkeit auf verschiedene Formatgrößen innerhalb eines und desselben Automaten noch nicht möglich ist, während sie bei den bereits besprochenen und dem noch zu erwähnenden System in kürzester Zeit gegeben ist. Die Lösung der Verpackungsfrage für mittlere und kleinere Molkereien mit geringem Bedarf an verpackter Milch ist mit diesem System aus wirtschaftlichen Erwägungen nicht möglich. Insofern ist es auch erklärlich, daß die bisher im Bundesgebiet befindlichen Automaten nur in milchwirtschaftlichen Großbetrieben Aufstellung gefunden haben. So einfach das Verfahren, so einfach ist auch die Form der Packung, die vielleicht für Milch und ähnliche Flüssigkeiten zu nüchtern ist, und die große Masse der Verbraucher in ihrer Vorstellung von einer formschönen, inhaltstreuen und bequemen Packung für Milch und dergleichen unerfüllt läßt.

Herstellungsvorgang: Eine bedruckte, kunststoffbeschichtete Kartonrolle wird durch Nahtversiegelung zu einem runden Schlauch geformt. Durch das Zusammenpressen zweier Preßbacken wird der Schlauch unten versiegelt. Milch läuft in den Schlauch und durch zwei weitere Preßbacken, die zu den unteren im Winkel von 90 Grad stehen, wird die Packung oben verschlossen. Dieser Vorgang setzt sich kontinuierlich fort. Die zusammenhängenden mit Milch gefüllten Tetraeder werden durch Messer voneinander getrennt.

PERGA: Das bei etwa 1000 deutschen Molkereibetrieben und in 20 außerdeutschen Ländern eingeführte PERGA-System läßt das mehrfach aufgeworfene Problem der Produktion verpackter Milch auch für mittlere und kleinere Molkereien auf einfache Weise lösen. Die im Herstellungsbetrieb produzierte PERGA-Packung wird in füllfertigem Zustand in allen hygienischen Ansprüchen gerecht werdenden Kartons dem Molkereibetrieb zugesandt. Die konische Form der Packung gestattet eine raumsparende Verschickung — 1500 Packungen in einem normalen Karton. Je nach Größe des Molkereibetriebes und der täglich zu verpackenden Milch stehen zum Füllen und Verschließen der PERGA-Packung eine Serie von PERGA-Füllern zur Verfügung deren Kapazität von 450, 900, 1800 und 3600 Packungen in der Stunde allen Verpackungsansprüchen der Molkereibetriebe nachkommen.

Das Herstellungsverfahren: Aus Kartonrolle werden auf Rotationsdruck- und Stanzautomaten — Leistung bis 18 000 Stück pro Stunde — Zuschnitte gedruckt, gestanzt, mit einem thermoplastischen Auftrag versehen und in dem Formautomaten mit dem Boden unter Druck und Temperatur zum Packungsrohling geformt. Im Paraffinierautomaten erfolgt seine Imprägnierung, in der Abschwitzstation die gleichmäßige Verteilung und Entfernung überflüssigen Paraffins, in anschließender Kühlstation die Erhärtung des Imprägniermittels, später das Vorbrechen und die automatische Stapelung in Stangen.
Zum Füllen und Verschließen dienen PERGA-Füller. Ihre Beschreibung möge Ihnen die Entwicklung deutscher Füll- und Verschließeinrichtungen für Papierpackungen vermitteln.

PERGA-Füller 8: Hand-Füllgerät mit einer Leistung von 8 Packungen pro Minute. Dieser Füller ist vorzugsweise für Kleinstbetriebe gedacht, also hauptsächlich für Vorzugsmilchbetriebe. Er ist umstellbar auf die Größen: 1/1, 1/2, 1/4 und 1/5 Liter. Er besteht aus dem Magazin zur Aufnahme der Packung, dem Milchtank mit anhängendem Dosiergerät, einer auf einer Schiene beweglichen Zelle zur Aufnahme der Packung während des Arbeitsvorganges, einer Faltschiene und dem Siegelgerät.

Arbeitsvorgang: Die leere Packung wird von Hand aus dem Stapel abgezogen und in die Zelle eingesetzt, die je nach gewünschtem Volumen leicht auswechselbar gestaltet ist. Der Stapel ist durch Lösen mit Hilfe eines einzelnen Handgriffes auf jede gewünschte Packungsgröße einzustellen. Durch Ziehen eines Handgriffes am Füllgerät entleert dieses seinen dosierten Inhalt in die Packung und füllt sich nach Zurückschieben des Griffes während des übrigen Arbeitsvorganges wieder auf. Nun werden von Hand die beiden seitlich von den Zellen angebrachten Falter angeschlagen und in diesem Zustand die Zelle unter der Faltweiche her in die Siegelstation gebracht, die durch Niederdrücken eines weiteren Handgriffes in Preßstellung versetzt wird. Nach Lösen des Siegeldruckes wird die Zelle mit der fertigen Packung in die Ausgangsstellung unter dem Füller zurückgeführt und die Packung entnommen.

Funktion des Füllers: Bei dem Füller handelt es sich um einen Schwerkraftfüller, dessen Meßkammer durch verschiedene Verdrängungskörper für das gewünschte Volumen vergrößert oder verringert wird. Diese Kammer ist von unten durch zwei planparallele Flächen abgedichtet, deren untere drehbar ist und den Auslaufstutzen trägt. Ein Fallkanal führt im Füllerkörper vom Vorratsbehälter auf die untere Platte und wird durch einen Schlitz in derselben in der geschlossenen Stellung des Füllers mit dem Dosierraum verbunden, so daß dieser sich auffüllt. Durch die Drehung der Platte — zur Auslösung des Füllvorganges — wird dieser Fallkanal gesperrt, so daß genaue Dosierung gewährleistet ist. Das Falten der Packung erfolgt durch die Bewegung der Zelle in der Weiche automatisch. Im Heißsiegelgerät wird unter einer Hitze von ca. 140 Grad der Kunststoffverschluß der Packung unter Druck verschweißt.

Füller 15: Beim Füller 15 handelt es sich um das Gerät für die kleine Molkerei. Es handelt sich um einen Halbautomaten, bei dem die leeren Packungen von Hand eingesetzt und die fertigen Packungen von Hand entnommen werden. Alle übrigen Funktionen erfolgen automatisch. Die beim Füller 8 beschriebenen Arbeitsvorgänge sind kreisförmig angeordnet und die 3 Zellen der Maschine laufen die Stationen der Reihe nach an. Diese Füllmaschine ist mit einem Kolbenfüller ausgerüstet. Sie ist auf die Größen 1/1, 1/2, 1/4 und 1/5 Liter einstellbar. Das Heißsiegelgerät entspricht in seinem wesentlichen Aufbau dem des Füllers 8, ebenso das Verpackungsmagazin. Die Packung wird von Hand in die stillstehende Zelle eingesetzt, durch Drücken einer Taste die Maschine eingeschaltet. Nun wandert die Packung automatisch unter den Füller, wird dort gefüllt und erst nach restlosem Ausstoßen des Füllgutes weitergeschaltet. Hierbei durchläuft sie, wie beim Füller 8, eine Faltweiche, die den Verschluß zufaltet, und bleibt unter der Siegelstation stehen. Beim nächsten Arbeitsakt löst sich die Siegelstation und die fertige Packung erscheint wieder vor der Bedienungsperson. Sie wird von Hand der Zelle entnommen und die Zelle mit der neuen leeren Packung beschickt. Die Maschine füllt alle in der Molkerei anfallenden flüssigen Füllgüter von Joghourt bis zur sauren Sahne.

Als Auswechselteile sind lediglich für jedes Format 3 Zellen erforderlich. Umstellung des Füllvolumens erfolgt durch Umstellung eines Rasthebels.

Füller 30: Ein Vollautomat mit Ein-Mann-Bedienung und einer Leistung von 30 Packungen pro Minute; Formate 1/2, 1/4 und 1/5 Liter. Wie beim Füller 15 sind die einzelnen Arbeitsstationen kreisförmig angeordnet; die Packungen werden in geschlossenen Zellen, von denen der Füller für jedes Format 12 besitzt, unter den einzelnen Stationen hergeführt. Die Arbeitsvorgänge sind die gleichen wie beim Füller 15 mit dem Unterschied, daß die Zuführung der leeren Packung und das Herausnehmen der gefüllten Packung automatisch erfolgt. Die Maschine besteht im wesentlichen aus dem Rundläufer mit den Zellen, dem automatischen Packungsstapel, auch mit Magazin für 100 Packungen, dem Kolbenfüller, zwei Faltstationen, einer Stempelstation, sowie einem Teller, auf dem die fertigen Packungen gesammelt werden.

Das Einsetzen der Packungen in den Stapel erfolgt in Stangen von 40 bis 80 Stück je nach Größe ineinandergesteckter Packungen. Der Stapel faßt diese Stangen mit zwei Kämmen an der zweituntersten Packung und bläst die unterste Preßluft in die unter ihm vorbeilaufende Zelle. Umstellung auf ein anderes Format erfolgt durch zwei Handhebel. Die Packung passiert im weiteren Arbeitsgang einen Fühler, der den Kolbenfüller steuert; Prinzip: keine Packung — keine Füllung. Der Aufbau des Kolbenfüllers ist der gleiche wie beim Füller 15, mit der Maßgabe, daß das Füllen durch ein mit der Packung mitschwenkendes Mundstück erfolgt. Das Falten der gefüllten Packungen erfolgt durch eine Kombination von zwei Faltbewegungen und einem Weichensystem. Für die Siegelstation gilt das für den Füller 15 Gesagte. Die Stempelstation ist aufklappbar, so daß sich der Tagesstempel leicht auswechseln läßt. Nach dem Stempeln der Packung öffnet sich die Zelle automatisch und setzt dieselbe auf dem rotierenden Sammeltisch ab. Bei Formatwechsel ist lediglich der Zellensatz auszuwechseln; alle anderen Verstellungen erfolgen durch einfache Handgriffe in feste Rasten.
Da die Bedienungsperson lediglich den Stapel zu beschicken hat, und die Milchzuführung automatisch erfolgt, bleibt ihr genügend Zeit, die Packungen in Kästen zu setzen und dieselben zu stapeln.

Füller 60: Es handelt sich beim Füller 60 um eine Kettenmaschine, d. h., die Transporthaken für die Packungen werden mit einer Kette um die Maschine herumgeführt. Der Füller 60 besteht, wie alle anderen Maschinen, aus Stapel, Füller mit Tank und automatischer Zuführung, Falteinrichtung, Preßstation und Abtransport.
Der Stapel hält die Packungen mit Kämmen fest, doch wird die unterste Packung nicht abgeblasen, sondern mit der Zange der Kette zugeführt. Der Füller ist ein Schwerkraftfüller mit 6 Füllstutzen die unter einem rotierenden Rundtank angeordnet sind. Die Meßkörper werden von unten und oben durch Kegelventile gedichtet. Ähnlich wie beim Flaschenfüller öffnet die durchlaufende Packung das untere Ventil und entleert den Füllraum, während das obere Ventil geschlossen bleibt. Beim Absetzen der Packung schließt sich das untere Ventil und das obere wird mechanisch geöffnet, so daß der Füllraum sich wieder auffüllen kann. Das Volumen wird durch auswechselbare Verdrängungskörper bestimmt. Die gefüllte Packung durchläuft auch hier ein System von Faltbewegungen und Weichen und wird von der Kette bis in die Preßstation geschoben. Durch die höhere Leistung bedingt, besitzt dieser Füller 3 Paar Heißsiegelbacken und 1 Paar Kühlbacken. Der Abtransport der fertigen Packungen erfolgt über Plattenkette in jede gewünschte Richtung.
In der vorstehenden Abhandlung wurden die Leser über Entwicklung und Stand des Papierbehälters für Flüssigkeiten unterrichtet. Zusammenfassend sei gesagt, daß trotz einer verhältnismäßig kurzen Entwicklungszeit, die durch den Krieg aufgehalten wurde, sich auf dem Verpackungssektor Leistungen zeigen, mit denen

Technik und Verbraucher zufrieden sind. Selbstverständlich sind noch einige Probleme zu lösen, so daß sich für den Verpackungstechniker ein dankbares Arbeitsfeld bietet und auch der Chemiker Gelegenheit findet, die Weiterentwicklung der verwendeten Imprägnier- und Kunststoffe, die zur Zeit im Zuge lebensmittelgesetzlicher Neuordnung von sich reden machen, zu fördern.

* *
*

Dieser Beitrag wurde dem Herausgeber bereits 1956 zum Abdruck überlassen. Er wurde s. Zt. zurückgestellt, weil das Thema „Perga - Packung“ (siehe Fußnote Seite 177) s. Zt. besser in den Rahmen des Buches „Die Papierverarbeitung“ paßte, in dem auch die Papierbecherfabrikation beschrieben wurde.

Der Herr Verfasser hat diesen Beitrag inzwischen in der Fachzeitschrift „Neue Verpackung“ Nr. 5 vom Mai 1958 veröffentlicht.

„Der Abend“ — Berlin bringt in Nr. 196 vom 25. 8. 1959 folgende Notiz, die ich auszugsweise wiedergebe:

„Bald gibt es Milch in Tüten — Neue Verpackung ist praktischer, aber teurer als die Flasche.

Die Hausfrau wird in Kürze Gelegenheit haben, ihre Milch wie bisher in Flaschen zu kaufen oder die sogenannte Tetra - Packung für Milch zu verlangen, die aus einer undurchlässigen Spezialpapierpackung besteht. Sie ist elektrisch zugeschweißt worden, so daß keinerlei Milch mehr auslaufen kann. Man nennt diese Milchtüten auch verlorene Packungen, da sie nach Gebrauch einfach weggeworfen werden. Infolgedessen wird auf diese moderne Milchverpackung kein Pfand mehr erhoben. Die Hausfrau hat auch noch den Vorteil, daß die Milchtüte wesentlich weniger wiegt als die Milchflasche . . .

Den Berliner Hausfrauen kann es nur recht sein: Der Preis für die verlorene Milchverpackung wird nach Mitteilung der Meiereien voraussichtlich — wie in Westdeutschland — nur um zwei Pfennig höher liegen als für die Halbliterflasche. Die Meiereien bieten für den höheren Preis aber auch den Hausfrauen einige Vorteile: Die Milch ist einmal haltbarer, und zum anderen wiegt die Milchtüte nur zehn Gramm gegenüber den bisher 400 Gramm einer Milchflasche.“ (D. A.)

## Verpackungsmaschinen

Einen großen Anteil an der Papierverarbeitung hat auch die Herstellung von Packungen aller Art.

Massenbedarfsgüter, wie beispielsweise Mehl, Zucker, Salz, Reis usw., müssen möglichst billig und rationell verpackt werden. Die Verpackung dieser Artikel erfolgt fast ausschließlich vollautomatisch, wobei die heutigen modernen Paketieranlagen die Packung auf der Maschine selbst herstellen, füllen und verschließen.

Beutelmaschinen, wie sie überwiegend für Massenverbrauchsgüter verwendet werden, bestehen in den meisten Fällen aus einem Innenbeutel und einem darum herumgelegten Außenbeutel, beide aus Papier. Der Innenbeutel wird von der Rolle verarbeitet, während der Außenumschlag entweder vom bedruckten Zuschnitt aus hergestellt wird, oder aber auch mit Hilfe von Anilin-Druckwerken, die dem Beutelherstellungsteil der Maschine vorgeschaltet sind, von der Rolle ausgehend 1—3farbig bedruckt werden kann.
Bei Doppelbeuteln wird meistens ein gutes Zellulose-Papier im Gewicht von 60 bis 70 g verwendet, während die Herstellung von Einfachbeuteln ein etwas schwereres Papier bedingt. Die Auswahl des verwendeten Papiers hängt von der Größe der Packung und dem Füllgut ab.
Zur Herstellung von Packungszuschnitten liefert die Verpackungsmaschinen-Industrie spezielle Druckautomaten, die für Papier mit Längs- und Querschneider ausgerüstet sind, während bei der Verarbeitung von Karton Hubstanzen angebaut werden.
Anilin-Druckwerke, welche direkt an der Paketieranlage angeschlossen sind, wurden bereits erwähnt. Diese werden nur für einfachere Druckbilder mit bis zu 3 Farben eingesetzt.
Für anspruchsvollere Druckbilder werden Maschinen verwendet, die nach dem sogenannten Trockenoffsetverfahren (indirekter Buchdruck) arbeiten. Hier wird das Druckbild, meistens in Form von Strichätzungen, vom Zylinder auf eine Gummiwalze und von dort auf den Druckträger übertragen. Mit diesen Maschinen lassen sich einwandfreie Drucke bis zu vier Farben erzielen.
Für höhere Ansprüche werden heute Tiefdruckmaschinen verwendet, die sehr nüancierte Druckvorlagen zulassen und hervorragende Druckergebnisse liefern. Hier kann auch ein Druckwerk zum Auftragen von Lack eingesetzt werden.
Druckautomaten für Verpackungsdruck erfordern hohe oder ständig wiederkehrende Auflagen, da die Druckzylinder — und bei der Verarbeitung von Karton auch die Stanzwerkzeuge — verhältnismäßig teuer sind, während bei der Verarbeitung von Papier die Umstellung der Längs- und Querschneider einfach bewerkstelligt werden kann.
Der Verpackungsdruck und die Herstellung von Verpackungszuschnitten wird von Großverbrauchern bereits vielfach in eigener Regie vorgenommen. Für das graphische Gewerbe bleibt aber noch ein weites Feld auf diesem Gebiet, und es dürfte in vielen Fällen angebracht sein, die Anschaffung von Spezialmaschinen hierfür zu überlegen.
In dem Tafelanhang dieses Werkes (Tafel XXXVIII—XXXX) werden 3 Maschinen gezeigt, und zwar eine Paketieranlage mit vorgebautem Zweifarben-Anilindruckwerk; diese Maschine stellt von der blanken Rolle ausgehend, eine Doppelbeutelpackung her, füllt und verschließt sie.
Es wird weiter gezeigt ein Trockenoffset-Druckautomat mit angebautem Längs- und Querschneider, zur Herstellung von Verpackungszuschnitten aus Papier.

Weiter finden die Leser eine Abbildung einer Tiefdruckmaschine mit 3 Farbwerken und einem Lackwerk, mit angebauter Hubstanze zum Rillen, Ritzen und Stanzen von Verpackungszuschnitten aus Karton.

## Neue Hochleistungs-Verpackungsmaschine für graphische Erzeugnisse

Der Ausstoß moderner Produktionsmaschinen im graphischen Gewerbe ist außerordentlich hoch, und oftmals entstehen in den Betrieben Schwierigkeiten, die vielfältigen Erzeugnisse rationell zu verpacken.

Die noch überwiegend angewendete manuelle oder halbautomatische Verpackungsweise kann den gewachsenen Anforderungen kaum noch nachkommen, abgesehen davon, daß Handarbeit teuer ist und auch für das Personal viel Platz benötigt wird.

Die bekannte FR. HESSER Maschinenfabrik - Aktiengesellschaft, Stuttgart - Bad Cannstatt, die auf den Bau von Verpackungsmaschinen spezialisiert ist, hat durch die Konstruktion einer vielseitig verwendbaren vollautomatischen Einwickelmaschine mit hoher Leistung eine Lücke auf diesem Gebiet geschlossen.

Die maximalen Formatgrenzen von 325 mm Länge, 225 mm Breite, 85 mm Höhe geben die Möglichkeit, mit dieser Maschine die Formate DIN A 4, DIN A 5, 2 × DIN A 5, Leporello, aber auch Zwischen- und von der DIN-Reihe abweichende Formate zu verarbeiten. Es können also die verschiedensten Produkte des graphischen Gewerbes einwandfrei und materialsparend verpackt werden. Wir denken hierbei besonders an Papierstapel (handelsübliche 500- oder 1000-Blatt-Packungen, Drucksachen, geheftete mehrseitige Prospekte, Bücher, Wochenvormerkbücher, Kartons- Kassetten usw.).

Am wirtschaftlichsten arbeitet die Maschine, wenn das Einschlagmaterial (Papier, Pergamin oder auch siegelfähige Materialien, wie wetterfestes Zellglas oder beschichtetes Papier) von der Rolle entnommen wird. Auf Wunsch wird ein Druckwerk für einfarbigen Anilin-Streudruck eingebaut. Gesiegelte Pakete können mit einem Aufreißstreifen versehen werden.

Die Maschine kann wahlweise Voll- oder Bandeinschlag herstellen und das Paket an einer oder an beiden Stirnseiten mit Etiketts versehen.

An der Längsnaht kommt die Maschine mit einer Überlappung von 25 mm aus, während bei der Handverpackung wesentlich mehr, teilweise bis über 90 mm gebraucht werden; allein hierdurch sind schon große Einsparungsmöglichkeiten gegeben.

Die Kapazität soll an einer kleinen Rechnung veranschaulicht werden:

Nehmen wir an, daß ein 70 g-Papier im Format DIN A 4 500blattweise zu verpacken ist.

Die Maschine stellt in der Minute etwa 50 Packungen her, d. h., es werden also etwa 25 000 Blatt verpackt; es ergibt sich somit eine Stundenleistung (die Stunde mit 50 Minuten gerechnet) von etwa 125 000 Blatt DIN A 4.

Durch die leichte Umstellbarkeit ist ein schneller Formatwechsel ohne weiteres gegeben.

Mit dieser Maschine wird dem Graphischen Gewerbe ein Hilfsmittel in die Hand gegeben, das vielseitig verwendbar ist und bei guter Ausnutzung schnell amortisiert werden kann.

12. Kapitel

# Die Herstellung von Zigarettenhülsen und Zigarettenbüchel

## Vorbemerkung

Ich bin als Herausgeber von Fachbüchern bestrebt, meinen Lesern ein möglichst abgeschlossenes Bild zu geben von den Sachgebieten, die ich unter einem Sammeltitel zusammengefaßt in Buchform publiziere.

Es lag daher nahe, auch einmal die Herstellung von Zigarettenhülsen sowie von Zigarettenpapierbücheln aus sachkundiger Feder beschreiben zu lassen.

Die Lerner Machine Co. Ltd. hatte die Freundlichkeit, meinem Wunsch nach einer solchen Beschreibung für dieses Buch zu erfüllen, wobei sie zu diesem Thema noch folgendes bemerkt:

„Es sind Hülsen in vielfacher Ausführung am Markt, die jede eine etwas verschiedene Art der Herstellung verlangen. In Deutschland werden Hülsen verlangt, d. s. Hülsen ohne Kartonmundstück, doch am Ende mit einem Filter versehen (z. B. Efka).

Erwähnen möchten wir auch, daß die Hülsen ohne Kartonmundstück, jedoch ganz mit Pergamin ausgefüttert, in Deutschland erzeugt und an die Schokoladenfabriken geliefert werden, wo flüssige Schokolade eingespritzt wird (z. B. Stollwerk).

Bezüglich der Büchel-Erzeugung hat sich der Verfasser nur auf solche beschränkt, die in Deutschland verkauft werden (z. B. Efka, Gizeh etc.), während auf die einfachen flachen Büchel die in Ländern des Ostens verwendet werden, nicht eingegangen ist."

Die Herren Autoren der nachstehenden technischen Abhandlung über die Herstellung von Zigarettenhülsen haben mir als Herausgeber dieses Buches auf meinen Wunsch noch einige interessante Angaben gemacht über das Bedrucken der Zigarettenhülsen sowie über den Belag (Gold oder Kork etc.).

Es ist mir wohl bekannt, daß hierüber wenige Ausführungen in Fachzeitungen gemacht wurden und somit eine gewisse Unkenntnis besteht über die immerhin interessanten technischen Vorgänge, die erforderlich sind, eine Zigarettenhülse so herzustellen, wie wir sie mit Tabak gefüllt täglich in die Hände bekommen.

Wie aus der folgenden Beschreibung hervorgeht wird die Hülse aus einem Band aus Zigarettenpapier gebildet, das von einer Bobine abgezogen wird. Man kann nunmehr das Band durch kleine Druckapparate laufen lassen, die in den verlangten Zwischenräumen — die Länge einer Hülse — einen Aufdruck erzeugen. Natürlich sind verstellbare Leitrollen vorgesehen, die eine Übereinstimmung von Druck und Hülsenschere einstellen lassen, so daß erreicht wird, daß der Druck immer auf der gleichen Stelle der Hülse erfolgt. Auch kann auf die Weise bronziert werden. Hier wird zunächst die Schrift, Monogramm etc. mit einer Unterdruckfarbe aufgedruckt und das Papierband durch den Bronzeapparat geschickt. Hier wird durch eine Plüschwalze Bronzepulver aufgetragen das dort haften bleibt wo sich die Unterdruckfarbe befindet. Bürsten beseitigen die überflüssige Bronze, die wieder in den Bronzebehälter zurückfällt.
Als Klischees werden meist gravierte oder geätzte Stahlwalzen benutzt.
Um einen Belag (Gold oder Kork etc.) zu bekommen, wird zunächst das Papierband mit Gummistreifen quer zum Band versehen. Der Belag wird von einer Bobine abgezogen und in die gewünschte Länge geschnitten. Das Blättchen wird durch Rollen oder Zangen etc. zum Papierband gebracht. Es ist ein Walzenpaar vorgesehen, die untere Walze hat die Form eines Klischees, d. h., vom Umfang ist nur ein Segment beibehalten, das genau der Länge des Belags entspricht. Das Papier läuft ständig um die obere Walze herum. Das Belagblättchen wird nun zwischen die Walzen geführt im Register mit dem Segment. Das Segment preßt nunmehr den Belag an das Papier an und da die Einstellung so erfolgt ist, daß der Gummi auf dem Papier mit dem Segment zusammenfällt, so bleibt der Belag am Papierband haften. Wenn also dann die Hülse rund geformt ist, erscheinen in Abständen, der Hülsenlänge entsprechend, Belagstreifen. Der Schnitt erfolgt nunmehr am Ende des Belags. Hierbei besteht aber die Gefahr, daß das Ende des Belags mit dem Schnitt nicht ganz genau zusammenfällt, so daß dann am Bandende der Hülse ein schmaler Belagstreifen sichtbar wird. Um dies zu verhindern, verwendet man Doppelscheren, d. h., zwei äußere Schenkel und ein innerer. Dadurch wird ein kleiner Abfall ausgeschnitten, ca. 2 mm und auf diese Weise das Bandende immer rein gehalten.

### LERNER Spezialmaschine für die Zigarettenhülsen-Erzeugung*)

Die Erzeugung der Zigarettenhülse, welche als eigentlicher Vorläufer der Zigarette angesehen werden kann, geht auf ungefähr 50 Jahre zurück.
Es gibt verschiedene Zigarettenhülsenarten, wobei wir besonders auf die Hülse mit Kartonmundstück hinweisen wollen, die hauptsächlich in Rußland gebräuchlich ist.

---

*) Auf den Tafeln XXXXII—XXXXVII werden die in vorstehender Abhandlung erwähnten Maschinen zur Fertigung von Zigarettenhülsen u. a. der Herstellerfirma The Lerner Machine Co., Ltd., Lea Valley Road, Ponders End, Middx. (England), gezeigt.

Bevor wir auf die Spezialmaschine zur Erzeugnug der verschiedenen Zigarettenhülsensorten eingehen, wollen wir eine kurze Übersicht über die gebräuchlichsten Zigarettenhülsen geben:

1. Zigarettenhülsen mit Kartonmundstück in runder oder ovaler Ausführung, mit Falz- oder Klebnaht, mit Kork-, Gold- oder farbigem Belag am Mundstück. Das Mundstück kann innen Zacken oder Watteeinlagen aufweisen.
2 Zigarettenhülsen mit Kartonmundstück und Tampon-Filtereinlage, ausgeführt mit Falz- oder Klebnaht, mit Kork-, Gold- oder farbigem Belag am Mundstück, Mundstück kann Watteeinlage und Tamponfiltereinlage (Doppelfilter) aufweisen.
3. Zigarettenhülsen mit Tamponfiltermundstück, Ausführung rund oder oval, mit Falz- oder Klebnaht, Kork- oder Goldbelag.
4. Zigarettenhülsen ohne Mundstück, ausgeführt mit Falz- oder Klebnaht, können mit oder ohne Belag gefertigt sein.
5. Zigarettenhülsen ohne Mundstück mit Pergamineinlage für Schokoladenzigaretten. Ausgeführt mit Falz- oder Klebnaht, Gold- oder Korkbelag.

Zur Herstellung dieser Zigarettenhülsen werden folgende Spezialmaschinen unserer Produktion verwendet:

1. Zigarettenhülse mit Kartonmundstück (LERNER Type H oder FL II)

Die Herstellung der Zigarettenhülse und des Kartonmundstückes erfolgt von der Bobine. Das Zigarettenpapeir läuft von der Bobine durch den Druckapparat, wo es je nach Bedarf mit 1—2 Farben oder einer Farbe und Unterdruck mit Puderbronze mittels Stahlklischees bedruckt wird. Wenn die Zigarettenhülse mit Belag ausgestattet sein soll, so wird das Zigarettenpapier nach Durchlaufen des Druckapparates durch den Belagapparat geführt. Auch der Belag wird von der Bobine weg verarbeitet, wobei im Belagapparat das Beleimen und Schneiden der Belagblättchen erfolgt und das Aufkleben derselben auf die endlose Zigarettenpapierbahn stattfindet.

Das Zigarettenpapier wird dann durch den Nahtapparat geführt, in dem es nach Wunsch mittels eines Falzstabes bei Agraffénaht oder Klebstabes bei Klebnaht zur Hülse geformt wird.

Nach der Formgebung wird vom Hülsenstrang die gewünschte Hülsenlänge abgeschnitten und gleichzeitig wird das im Mundstückapparat und Wickelmechanismus gerollte und mit Zacken oder eingestochener Watte versehene Kartonmundstück in die abgeschnittene Hülse eingeschoben, das sich nach dem Einschieben aufrollt und dadurch im Hülsendurchmesser festhält. Damit ist die Karton-Mund-

stückhülse fertig. Sie fällt auf ein Transportband und gelangt somit in den Auslaufkanal.
Die Leistung einer solchen Spezialmaschine beträgt 300—550 Stück Hülsen pro Minute je nach Maschinentype.

2. Zigarettenhülse mit Kartonmundstück und Tamponfiltereinlage (LERNER Type H u. H 11)
Die Herstellung von Hülse und Kartonmundstück ist die gleiche wie unter 1. beschrieben, doch wird an die Zigarettenhülsenmaschine ein Spezial-Tamponapparat angebaut, welcher aus mehreren Lagen Kreppapier und Zellstoffwatte von der Bobine weg Tampons formt und diese sodann in die bereits fertigen Zigarettenhülsen einschiebt (sog. Vollfilter-Hülsen).

3. Zigarettenhülsen mit Filtermundstück (LERNER Type H 15)
Die Hülse wird in gleicher Art hergestellt, wie unter 1. beschrieben. Das Tamponfiltermundstück wird von der Bobine aus mehrlagigem Filtermaterial, bestehend aus Kreppapier und Zellstoffwatte (5—9 Lagen) hergestellt.
Das von der Filterbobine abgezogene Filterband wird mittels rotierendem Messer auf eine dem Hülsendurchmesser entsprechende Länge geschnitten und in einem Preßformat entsprechend dem Hülsendurchmesser geformt. Sodann wird der fertige Tampon in eine Lochscheibe geschoben, wobei er an einer Seite durch ein Kreismesser beschnitten wird, um ein gleichmäßig sauberes Mundstück zu erhalten, um dann in die fertige Hülse eingeschoben zu werden.
Die nun von einer Trommel aufgenommene, fertige Filterhülse wird einem Transportband übergeben — oder — wenn ovale Filterhülsen gewünscht werden — in der Trommel oval geformt. Vom Transportband werden die Filterhülsen einem Auslaufkanal zugeführt. Leistung dieser Spezialmaschine: maximal 300 Filterhülsen/Minute.

4. Zigarettenhülse ohne Mundstück (LERNER Type H 3)
Diese werden wie in Punkt 1 geschildert, erzeugt, doch weisen sie weder Mundstück noch Filter auf, sie können jedoch mit Belag versehen werden. Je nach Wunsch kann die Hülse rund oder flachgepreßt der Maschine entnommen werden. Die Leistung dieser Maschine beträgt 300—350 Stück/Minute.

5. Zigarettenhülse ohne Mundstück mit Pergamineinlage, für Schokoladezigaretten (LERNER Type H 18)
Die Herstellung der Hülse ist die gleiche wie unter Punkt 1 beschrieben, da aber bei der Schokoladezigarettenhülse ein Durchdringen von Fett verhindert werden muß, wird sie mit einer Pergamineinlage versehen, die auf folgende Art hergestellt wird: Das Pergamin wird von der Bobine weg verarbeitet, und zwar

wird das Pergaminband mittels eines Transporteurs einem rotierenden Messer zugeführt, auf Länge geschnitten und einem Wickelmechanismus zugeführt. Sodann wird die Einlage in die in der Zwischenzeit geformte Hülse eingeschoben. Die somit fertige Hülse fällt auf ein Transportband und gelangt dadurch in den Auslaufkanal zur Entnahme.
Diese Spezialmaschine erzeugt trotz der breiten Wickellänge bis 280 Hülsen/Minute.

## Zigarettenpapier-Büchel

Für Zigarettenpapierbüchel wird meist Papier verwendet, das mit einem Gummistreifen am Rand versehen ist. Das Beleimen des Papiers wird auf speziellen Gummiermaschinen vorgenommen. Eine einfache Maschine arbeitet von den Bobinen weg. Eine solche „LERNER", Type GU, nimmt fünf Bobinen auf. Die Bahnen laufen über Leimdüsen und dann über eine Heiztrommel, worauf die Bahnen wieder aufgewickelt werden.
Für größeren Bedarf an solchen Bobinen ist es vorteilhafter von einer Rolle wegzuarbeiten, die auf der Type G 5 der angeführten Fabrik bis zu einer Breite von 1080 mm sein kann. Hier werden von speziellen Düsen parallele Leimstreifen aufgetragen, deren Distanz der doppelten Bobinenbreite entspricht. Die Leimstreifen sind doppelt breit. Die Bahn wird dann getrocknet, wobei besonders ausgeführte Heizkörper vorgesehen sind und hierauf in Bobinenbreite geschnitten, wobei die Messer einmal in der Mitte zwischen zwei Streifen und ebenso in der Mitte des Gummistreifens schneiden. Die Bobinen, die wieder aufgewickelt werden, haben den Streifen teilweise rechts, teilweise links, was für die Verwendung auf der nachfolgednen Zick-Zack-Maschine von Vorteil ist.
Das Schneiden und Ineinanderlegen der Blättchen erfolgt auf der Zick-Zack-Maschine Lerner BS.
Die auf der letztgenannten Maschine erzeugten Blättchen werden dann in einen Umschlag eingepackt.
Die „LERNER"-Packmaschine Type BE/C nimmt vorerst die flachen, schon bedruckten und ausgestanzten flachen Umschläge aus einem Stapelkasten und legt sie einzeln unterhalb einer kleinen Presse. Diese preßt sich in den Ausschnitt von Form-Platten ein, die auf einem Kettenband angebracht sind, das sich absatzweise bewegt. Die Form-Platten führen den Zuschnitt weiter, und in der nächsten Station werden die Büchel von einem andern Stapelkasten in die Höhlung der Formerplatte, in der der Zuschnitt vorgeformt liegt, eingelegt. Ein Kontrollapparat sichert, daß der Bücheleinschub nur erfolgt, wenn ein Zuschnitt in der Form-Platte liegt.
In einer weiteren Station werden die Ohren der Zuschnitte in der richtigen Weise aufgestellt.

Nun können die Büchel auf zwei Arten geschlossen werden, entweder indem der Deckel aufgeklebt, oder indem er in besonderer Weise in die Ohren eingeschoben wird. Je nach dieser Ausführung erfolgt der Verschluß, wobei für Klebung zuerst ein Gummistreifen aufgetragen wird.
Bevor die Büchel in den Abnahmekasten gelangen, wird das erste Blatt durch Saugluft durch den hierfür vorgesehenen Schlitz des Zuschnittes herausgesaugt.
Die Leistung einer solchen Packmaschine ist bis zu 140 Büchel in der Minute.
Die fertigen Büchel werden dann entweder in Schachteln von je 100 Büchel gelegt oder zu 25 Stück durch eine Schleife gesammelt.

### Lerner-Spezialmaschine für zickzackgelegtes Zigarettenpapier

Die Herstellung von zickzackgelegtem Zigarettenpapier erfolgt auf folgende Art: Die Maschine arbeitet zweiseitig, und zwar ist der linke und rechte Arbeitsablauf synchron geschaltet.
Das Zigarettenpapier wird von zwei getrennt geführten Bobinen abgezogen, läuft weiter durch einen Vorbugapparat, wo die Papierbahn genau in der Mitte einen Vorbug erhält, wird dann mittels luftgesteuertem Transporteur einem Messer zugeführt, mit dem die genaue Blattlänge geschnitten wird. Das abgeschnittene Zigarettenpapierblättchen, das bereits genau in der Blattmitte einen Vorbug aufweist, läuft weiter durch einen Faltapparat, von dem es in einen Legestern fällt und durch Luft so angesaugt wird, daß es sich öffnet und im Legestern in einem ca. 54°-Winkel zu liegen kommt. Wie angeführt, hat diese Maschine eine linke und eine rechte Arbeitsseite und somit auch einen linken und einen rechten Legestern. Diese beiden Legesterne drehen sich mit den angesaugten, geöffneten Zigarettenpapierblättchen zueinander, wodurch ein Ineinanderlegen der Blätter (zickzack) erfolgt. Die so zickzackgelegten Blättchen werden einem Stapel zugeführt, in dem sie zu einem sauberen, gleichmäßigen Stapel gleichgerichtet werden und gelangen von dort auf ein Transportband zur Entnahme.
Um jedoch die Zigarettenpapierblättchen in Päcken mit gleicher Anzahl zu erzeugen, wird die Maschine mit einem Kartoneinschußapparat ausgestattet, welcher nach einer bestimmten Blattanzahl einen Kartonstreifen einschiebt, um ein Päckchen vom andern zu trennen.
Weiter ist es bei Zigarettenpapierbücheln üblich, ein Avisoblatt in anderer Farbe einzulegen, damit der Verbraucher gewarnt wird, daß das Päckchen zu Ende geht. Bei Verwendung eines Avisoblattes wird die Maschine mit einem zusätzlichen Druck- und Avisoblattaparat eingerichtet. Das Avisoblatt wird von der Bobine verarbeitet, läuft durch einen Druckapparat, um dort nach Wunsch bedruckt zu werden, von dort läuft die Papierbahn zum Messer, wo der Abschnitt des Avisoblattes erfolgt. Dann gelangt das Blatt durch einen Faltapparat, in dem es genau in der Blattmitte gefaltet, dem Legestern zugeführt und je nach Wunsch bei einer bestimmten Blattzahl eingelegt wird.

Leistung dieser Spezial-Zigarettenpapier-Falz- und Schneidemaschine (Zickzack) 1600 Blatt pro Minute.

Abschließend wollen wir noch anführen, daß es bei dem zickzackgelegten Zigarettenpapier längs- und quergefaltete Blättchen gibt, die entweder als Lang- oder Kurzpatent-Zigarettenpapierbüchel auf den Markt kommen. Die Herstellung von längs- und quergefaltetem Zigarettenpapier ist im Prinzip gleich, doch ist für jede Art eine eigene Maschine erforderlich.

# Weitere Fachbücher von Walter Hess

## Aus der Betriebspraxis der Druck- und Papierverarbeitung

Mit zahlreichen als organisatorische Hilfsmittel erprobten Vordrucken aus der Praxis des Verfassers. 2., verbesserte und vermehrte Auflage. Oktav. 142 Seiten. 1954. Halbleinen DM 7,80

„Es vermittelt dem leitenden Angestellten sowie dem berufstätigen Fachmann wertvolle und nutzbringende Anregungen in verschiedenen Spezialgebieten der papierverarbeitenden Betriebe. Auch dem beruflichen Nachwuchs wird es viel zur Aneignung und Erweiterung solider Kenntnisse beitragen. Neben Abhandlungen betriebswirtschaftlicher und -technischer Art hat der Verfasser vor allem das Papier als Werkstoff zum Gegenstand mehrerer Kapitel gemacht." *Graphische Rundschau*

## Die Veredelung des Papiers

Ein praktisches Handbuch für die Papierverarbeitung. Unter Mitarbeit namenhafter Berufspraktiker. Oktav. Mit 10 Textabbildungen und 12 Tafeln. 153 Seiten. 1956. Halbleinen DM 9,80

„W a l t e r H e s s ist ein berufskundiger Praktiker . . . dem es durchaus gelungen ist, ein so weitausgreifendes Thema, über das man Bände schreiben könnte, auf einem so engen Raume klar und anschaulich darzustellen ... Es wird jedem, der sich rasch über die Papierveredelung unterrichten will, gute Dienste leisten und auch dem G r a p h i k e r manche wertvolle technische Anregungen und Hinweise vermitteln." *Gebrauchsgraphik*

## Die Papierverarbeitung

Ein praktisches Handbuch für die Veredelung des Papiers und das gesamte Gebiet der papierverarbeitenden Industrie. Unter Mitarbeit namhafter Berufspraktiker. Oktav. Mit 37 Textabbildungen und 22 Tafeln. XII, 199 Seiten. 1958. Halbleinen DM 12,80

„. . . gewährt der vielseitige Inhalt eine Fülle von Anregungen und die Möglichkeit, aus den 12 Kapiteln des Buches und dem in einem Anhang niedergelegten Wissen praktischen Nutzen zu ziehen . . . Alles in allem kann der neue Hess als Standardwerk für die Papierverarbeitung betrachtet werden." *Graphische Rundschau*

*Lassen Sie sich die Bücher in Ihrer Buchhandlung vorlegen.*

TECHNISCHER VERLAG HERBERT CRAM · BERLIN W 35

Klimatisierter Papier-Sortiersaal
Werkfoto: Wiessner, Raumluftgesellschaft, Bayreuth

Klimatisierter Papier-Sortiersaal
Werkfoto: Wiessner, Raumluftgesellschaft, Bayreuth

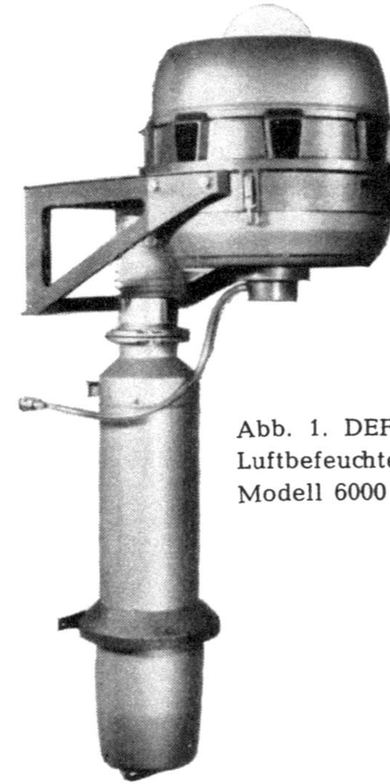

Abb. 1. DEFENSOR-Luftbefeuchter Modell 6000

Werkfoto der Firma Alfred Kaut & Co., Elektrizitäts-Gesellschaft, Wuppertal-Elberfeld

Abb. 2. Mit Luftbürste ausgerüstete Einwalzen-Streichmaschine für die Ausrüstung von Spezialpapieren mit Kunststoff-Dispersionen
(Bauart: Jagenberg-Werke AG., Düsseldorf)

Abb. 1. Kalibrierwalzwerk mit hydraulisch-pneumatischer Drucksteuerung und Druckölumlaufschmierung, Vorderansicht

Abb. 2. Auslaufseite des Kalibrierwalzwerkes mit Rollenschneidvorrichtung

Beide Bilder: Werkfotos Joh. Kleinewefers Söhne, Maschinenfabrik, Krefeld

Einlaufseite des Kalibrierwalzwerkes mit Präzisions-Kalibriervorrichtung

Werkfoto: Joh. Kleinewefers Söhne, Maschinenfabrik, Krefeld

Abb. 1. Hochglanz-Kalander „Gulaphan-Roto“

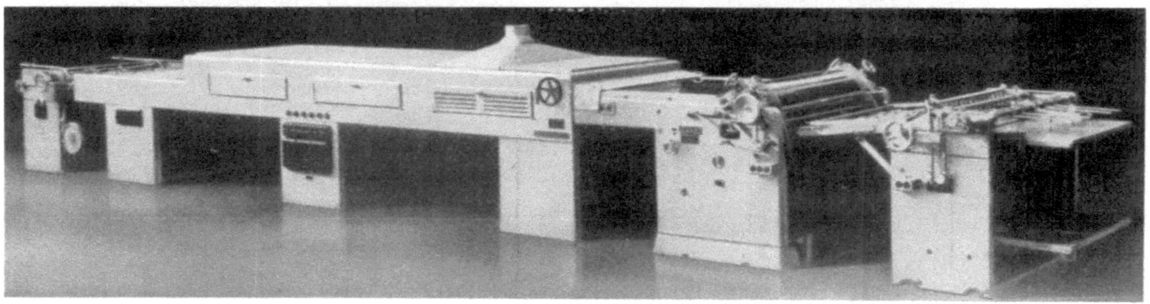

Lackierautomat Gula-Infrarapid mit Infrarottrocknung. Arbeitsbreite von 88 bis 140 cm

Beide Abbildungen: Werkfotos der Maschinenfabrik R. Billhöfer, Nürnberg

Die Igraf-Maschine in Berlin-Rudow

Werkfoto der Firma Viktor Bausch & Co., KG., Berlin-Rudow

Abb. 1. Rapid-d

Abb. 2. Rapid - d T

Werkfotos: Maschinenfabrik Goebel GmbH, Darmstadt

Tafel VIII

Abb. 1. Rapid - u

Abb. 2. Hochleistungsrollenschneidmaschine Super

Werkfotos: Maschinenfabrik Goebel GmbH, Darmstadt

Rapid-uT ergänzt mit Vierfarben-Anilindruckwerk für die Erzeugung von mit Längs- und Querlinien gekennzeichneten Kabel-Spinnpapierrollen

Werkfoto: Maschinenfabrik Goebel GmbH., Darmstadt

Tafel X

Abb. 1. Hochleistungsrollenschneidemaschine Practica

Abb. 2. Karton-Rollenschneidemaschine „II E"
Werkfotos: Maschinenfabrik Goebel GmbH., Darmstadt

Abb. 1. Rollenschneid- und Wickelmaschine „WR 1"

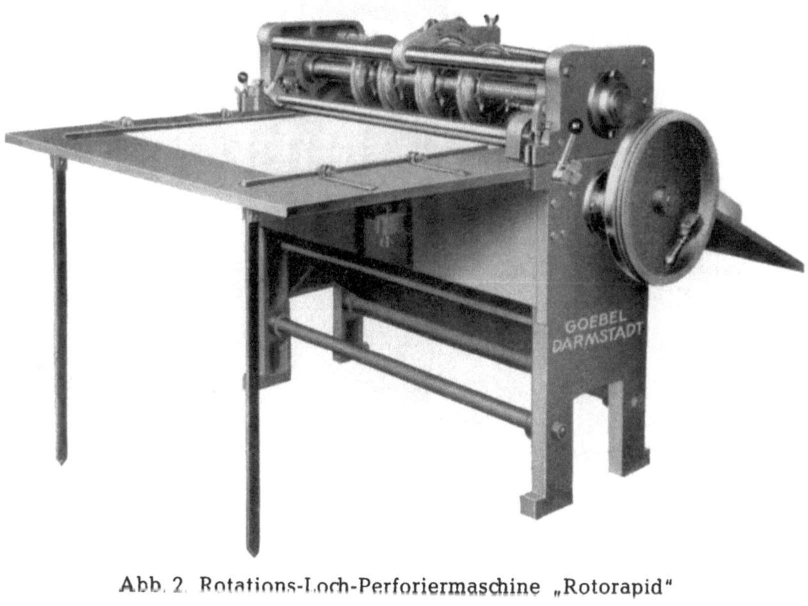


Abb. 2. Rotations-Loch-Perforiermaschine „Rotorapid"

Werkfotos: Maschinenfabrik Goebel GmbH., Darmstadt

Tafel XII

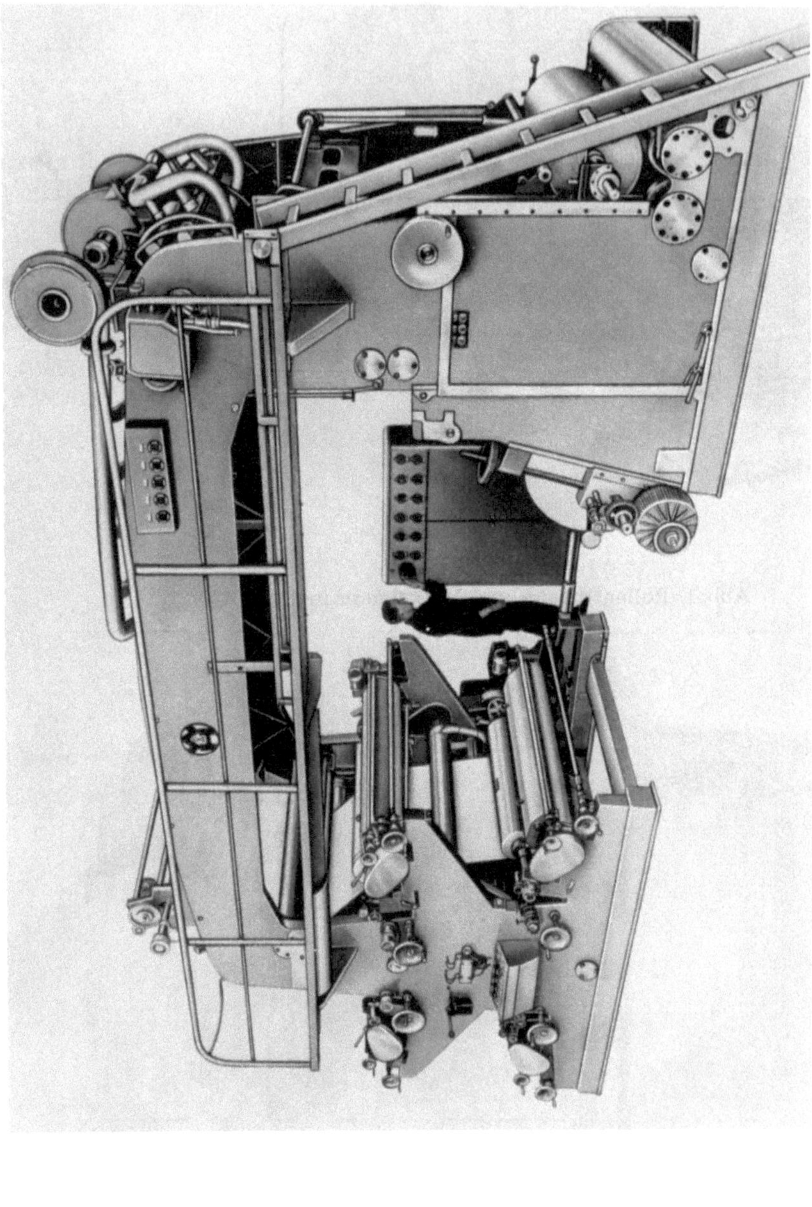

Vierfarben-Druckmaschine

Werkfoto: Windmöller & Hölscher, Maschinenfabrik, Lengerich (Westf.)

Mit einer Schlauchmaschine zu kuppelndes Vierfarben-Druckwerk

Werkfoto: Windmöller & Hölscher, Maschinenfabrik, Lengerich (Westf.)

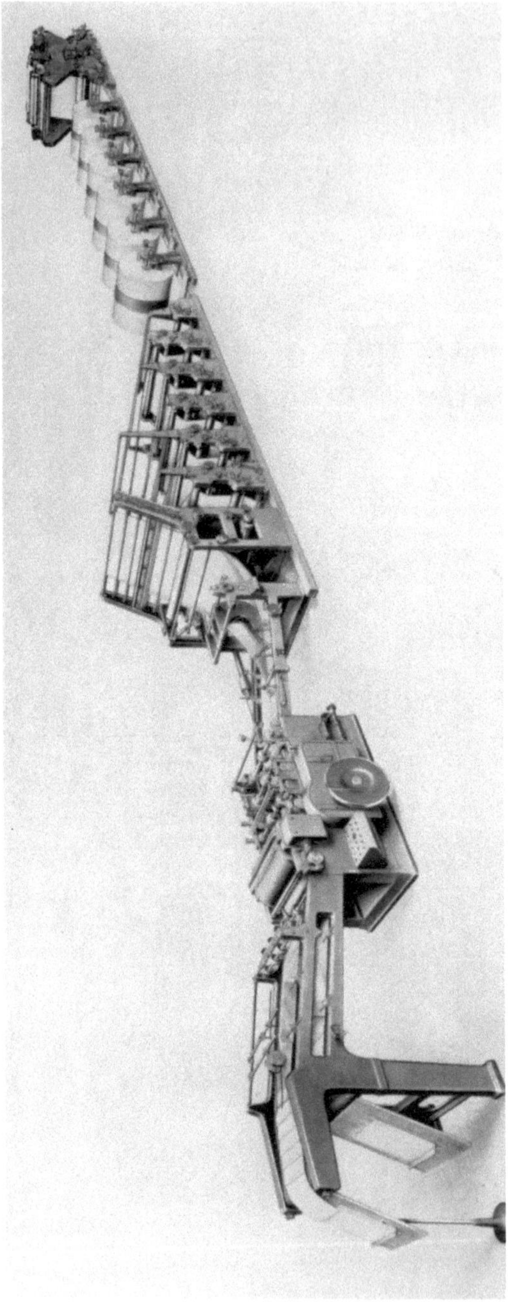

Staffelsack-Schlauchziehmaschine mit einem gekuppelten Vierfarben-Druckwerk

Werkfoto: Windmöller & Hölscher, Maschinenfabrik, Lengerich (Westf.)

Doppelbodenfalz- und Klebemaschine

Werkfoto: Windmöller & Hölscher, Maschinenfabrik, Lengerich (Westf.)

Tafel XVI

Kreuzbodenleger

Werkfoto: Windmöller & Hölscher, Maschinenfabrik, Lengerich (Westf.)

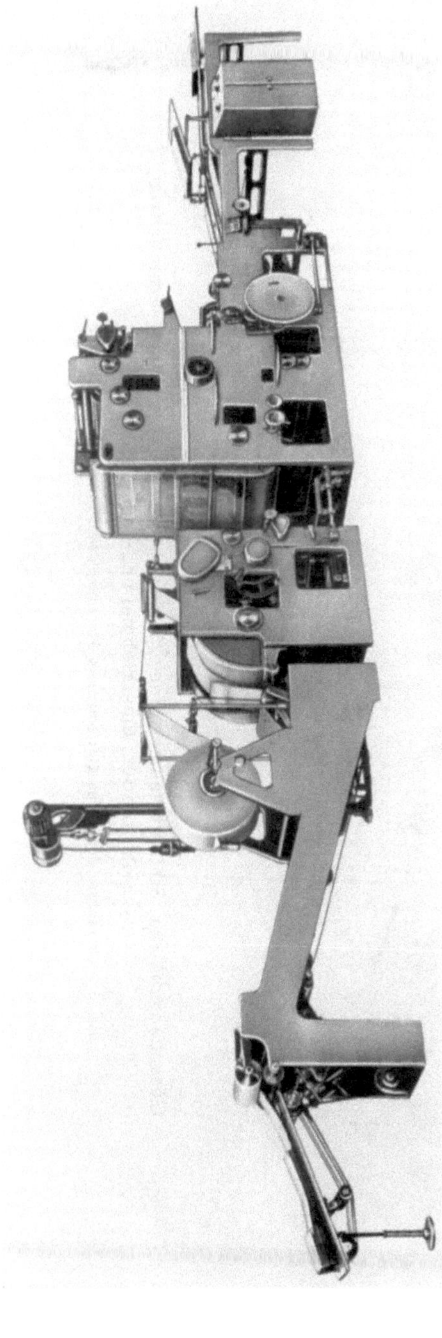

Klotzbodenleger

Werkfoto: Windmöller & Hölscher, Maschinenfabrik, Lengerich (Westf.)

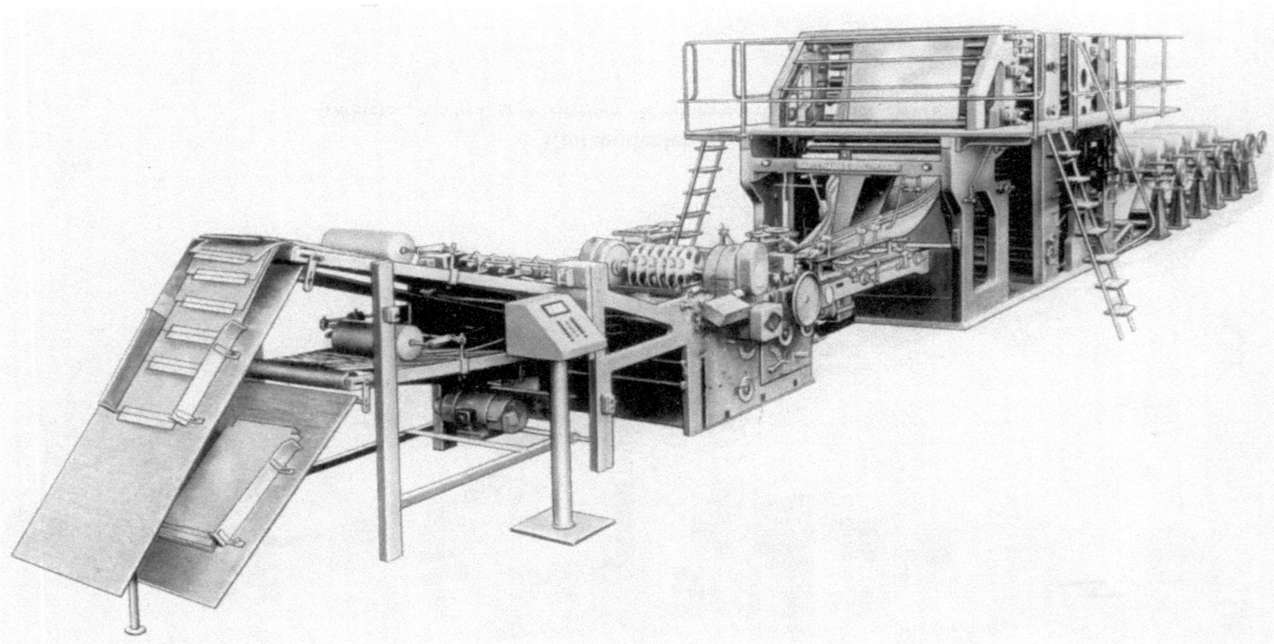

Gesamtansicht der Schlauchziehmaschine „501" mit 6-facher Abrollung, Schleifenzug, Perforation, Querklebung und Doppelablage

Werkfoto der Firma Gartemann & Hollmann Maschinenfabrik, Bielefeld

4-Farben-Anilin-Druckwerk zum Anschluß an eine Schlauchziehmaschine „501"
oder zum selbständigen Arbeiten (Vordrucken der Papierrollen)

Werkfoto der Firma Gartemann & Hollmann, Maschinenfabrik, Bielefeld

Kreuzboden-Legemaschine „Favorit 561", komplett von Bedienungsseite aus gesehen
Werkfoto der Firma Gartemann & Hollmann, Maschinenfabrik, Bielefeld

Ventilsack-Bodenlegemaschine mit automatischem Doppelanleger (2 Anlagestationen).

Werkfoto der Firma Gartemann & Hollmann, Maschinenfabrik, Bielefeld

Tafel XXII

Flach- und Seitenfaltenbeutelmaschine „Cello-Matador 1311"

Werkfoto: Windmöller & Hölscher, Maschinenfabrik, Lengerich (Westf.)

Abb. 1. Polyäthylenbeutel-Schweißmaschine „Poly-Matador"

Abb. 2. Fensterausstanz- und Einklebemaschine „ZL"

Werkfotos: Windmöller & Hölscher, Maschinenfabrik, Lengerich (Westf.)

Tafel XXIV

Flachbeutel-Heißsiegelmaschine „CS"

Werkfoto: Windmöller & Hölscher, Maschinenfabrik, Lengerich (Westf.)

Zweinaht-Tragtaschenmaschine „CX 1294“

Werkfoto: Windmöller & Hölscher, Maschinenfabrik, Lengerich (Westf.)

Tafel XXVI

Kreuzbodenbeutelmaschine „Record"

Werkfoto: Windmöller & Hölscher, Maschinenfabrik, Lengerich (Westf.)

Von der Rolle arbeitende Blockbodenbeutelmaschine Modell Combi, für pulverdichte Kaffee-, Tee-, Kakao-, Mehlbeutel und Frischhaltepackungen

Vorstehende Abbildung zeigt das Modell COMBI O mit 2 Fütterungseinrichtungen und Fotozellensteuerung

Werkfoto der Firma Fischer & Krecke, Maschinenfabrik, Bielefeld

Von der Rolle arbeitende Zellglas-Beutelmaschine Modell Ideal, zur Herstellung von Flach- und Seitenfaltenbeuteln mit Glattschnitt

Vorstehende Abbildung zeigt das Modell Ideal 26/50

Werkfoto der Firma Fischer & Krecke, Maschinenfabrik, Bielefeld

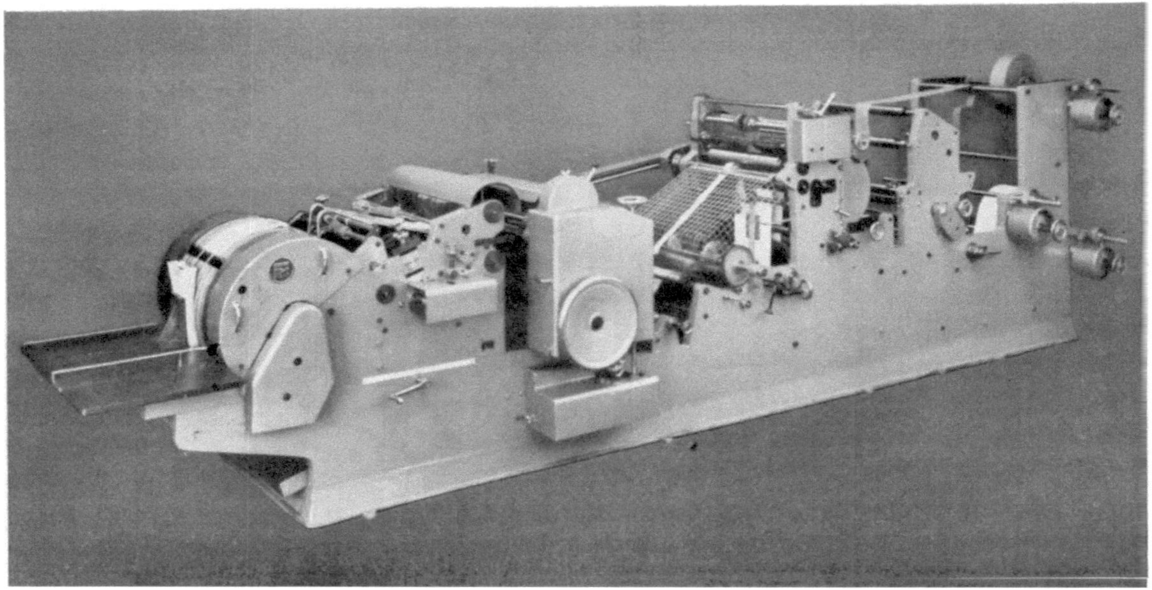

Von der Rolle arbeitende Flachbeutelmaschine, Modell Perfekt 3 zur Herstellung von Tragetaschen, Schallplattentaschen, Großkuverts usw., mit und ohne Seitenfalten
Vorstehende Abbildung zeigt die Maschine ohne Druckwerk

Werkfoto der Firma Fischer & Krecke, Maschinenfabrik, Bielefeld

Eine einbahnige Servietten-Maschine mit 5 Farben Anilin-Pigmentfarbendruck und Trocknungseinrichtung durch Infrarotstrahlen

Werkfoto: J. Heinrich Spoerl, Spezialmaschinenfabrik, Düsseldorf

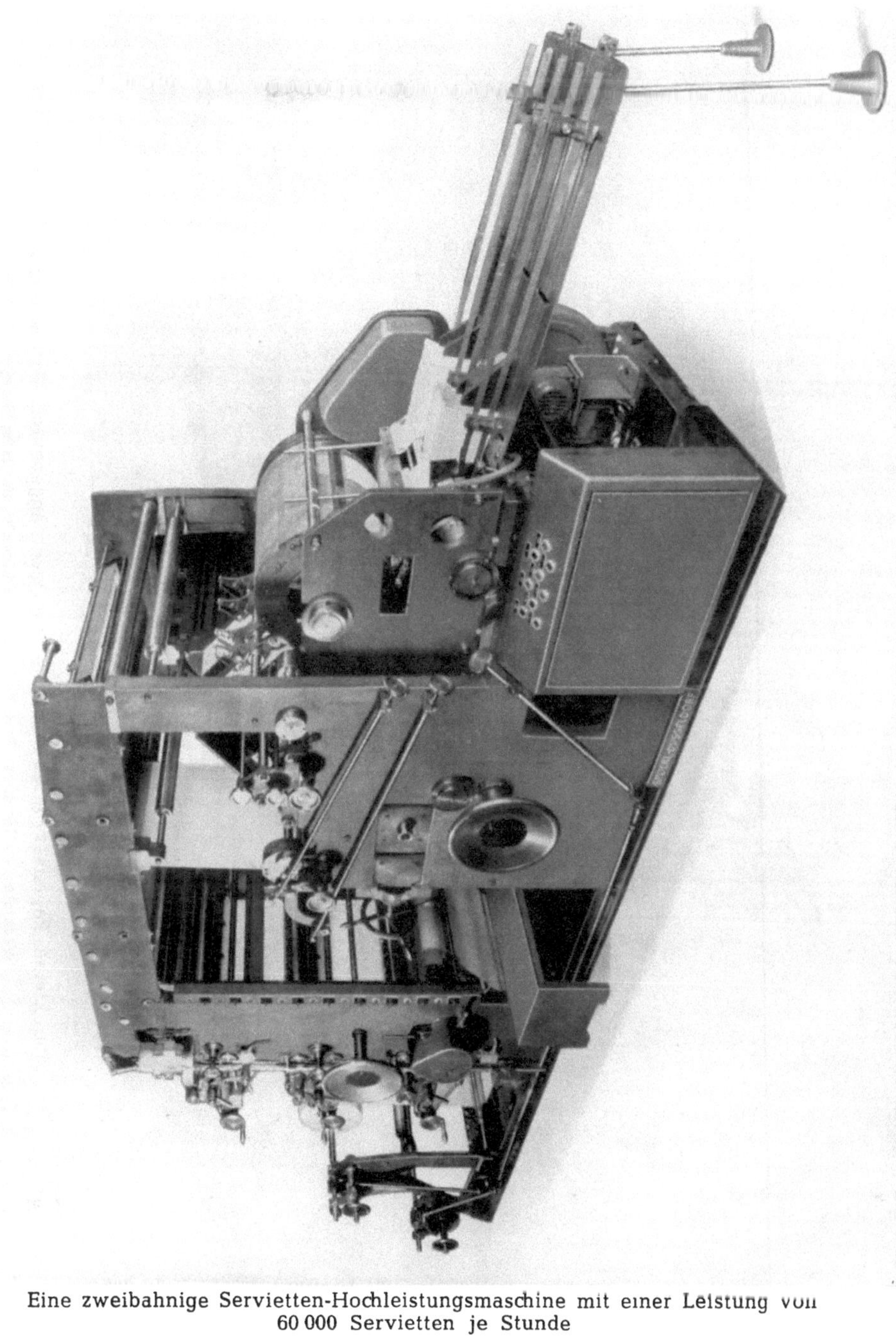

Eine zweibahnige Servietten-Hochleistungsmaschine mit einer Leistung von 60 000 Servietten je Stunde

Werkfoto: J. Heinrich Spoerl, Spezialmaschinenfabrik, Düsseldorf

Eine kleine Papierservietten-Maschine mit zwei angebauten Farbwerken

Werkfoto: J. Heinrich Spoerl, Spezialmaschinenfabrik, Düsseldorf

Abb. 1. Papierwolle-Schneidmaschine, Modell Nr. 80 g

Abb. 2. Hochleistungs-Papierwolle-Schneidmaschine mit Abrollständer, Modell P 2

Beide Abbildungen: Werkfotos Erwin Kampf, Maschinenfabrik, Bielstein-Mühlen (Rhld.)

Tafel XXXIV

Abb. 1. Vollautomat zur Herstellung von Toilettenpapierrollen

Abb. 2. Vollautomatische Maschine zur Herstellung von Gesichtstüchern, Taschentüchern, Servietten und ähnlichen Artikeln aus Papier bzw. Zellstoffwatte

Beide Bilder Werkfotos: Hobema, Maschinenfabrik, Düsseldorf

Abb. 1. Vollautomatische Maschine zur Herstellung von Gesichtstüchern im Baukastenprinzip u. ä. derart erweitert, daß großformatige, bedruckte Gesichtstücher auf dieser Maschine hergestellt werden können

Abb. 2. Distributeur-Falz- und Schneidemaschine zur Herstellung von Papierhandtüchern und ineinandergefalzten Toilettenpapieren

Trinkhalm-Maschine zur rationellen Erzeugung spiralgewickelter Papiertrinkhalme

Werkfoto der Firma Chr. Majer, KG., Maschinenfabrik, Tübingen

Spezialmaschine zur Herstellung von Gesichtstüchern,
Modell: GT 3

Werkfoto der Firma J. Heinrich Spoerl, Spezialmaschinenfabrik, Düsseldorf

Auftragmaschine mit Verreiberwalzen

Werkfoto der Firma Hofmann & Schwabe KG., Krefeld

Type PDHBR III, Paketieranlage mit vorgebautem Zweifarben-Anilindruckwerk. Diese Maschine stellt von der blanken Rolle ausgehend eine Doppelbeutelpackung her, füllt und verschließt sie

Werkfoto: Fr. Hesser, Maschinenfabrik-Aktiengesellschaft, Stuttgart - Bad Cannstatt

Type J III, Trockenoffset-Druckautomat mit angebautem rotierenden Längs- und Querschneider, zur Herstellung von Verpackungszuschnitten aus Papier
Werkfoto: Fr. Hesser, Maschinenfabrik-Aktiengesellschaft, Stuttgart - Bad Cannstatt

Type JTZ 55 s Tiefdruckmaschine mit 4 Farbwerken und einem Lackwerk, mit angebauter Hubstanze zum Rillen, Ritzen und Stanzen von Verpackungszuschnitten aus Karton

Werkfoto: Fr. Hesser, Maschinenfabrik-Aktiengesellschaft, Stuttgart - Bad Cannstatt

Abb. 1. Kerma-Stanztiegel Type TS. III

Werkfoto der WUPA-Maschinen AG, Düsseldorf (Kerma-Werk)

Abb. 2. Schwerer Stanztiegel Krause, Modell C 86 - 61 S

Werkfoto der Krause-Biagosch G.m.b.H., Bielefeld

Zigarettenhülsenmaschine Lerner Type H 3

Zigarettenhülsenmaschine Lerner Type H 18

Beide Abbildungen sind Werkfotos der The Lerner Maschine Co., Ltd.

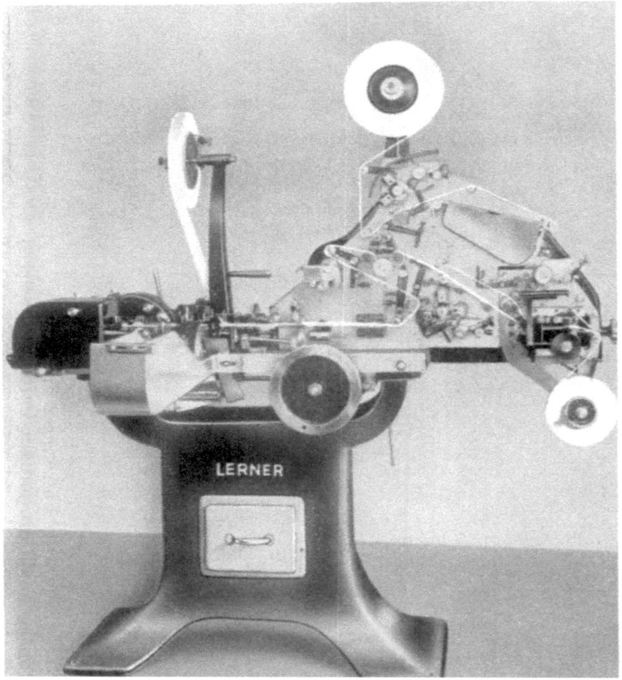


Filterhülsenmaschine Lerner Type H

Filterhülsenmaschine Lerner Type H 15

Beide Abbildungen sind Werkfotos der The Lerner Machine Co., Ltd.

Tafel XXXXIV

Zigarettenhülsenmaschine Lerner Type FL 11

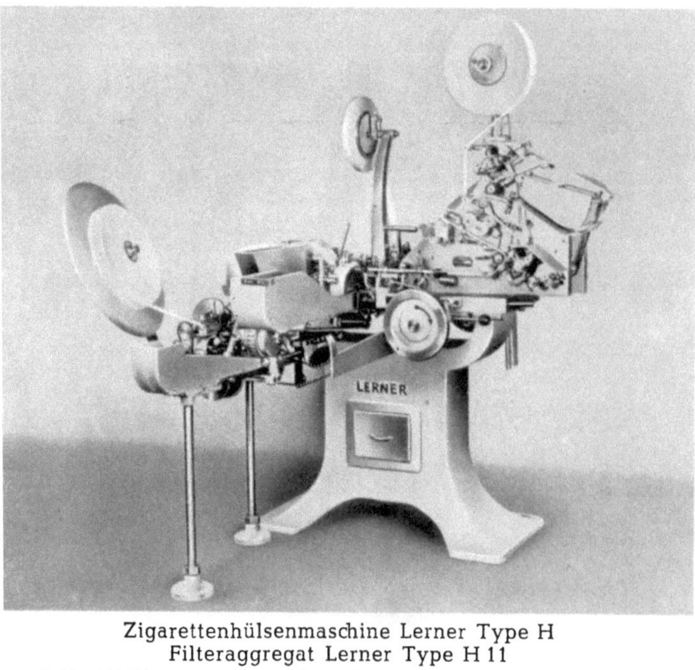


Zigarettenhülsenmaschine Lerner Type H
Filteraggregat Lerner Type H 11
Beide Abbildungen sind Werkfotos der The Lerner Machine Co., Ltd.

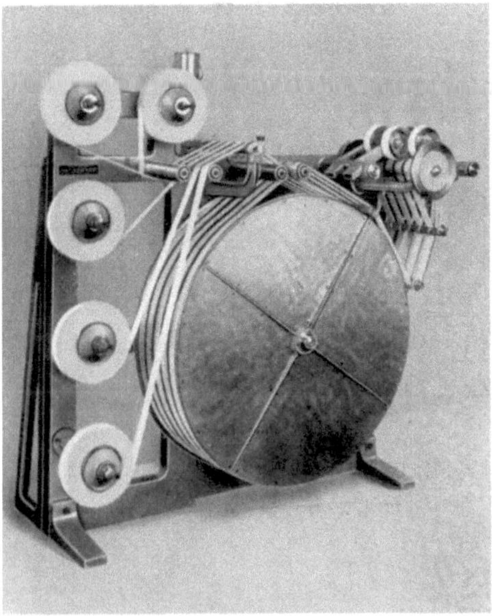

Gummiermaschine GU II

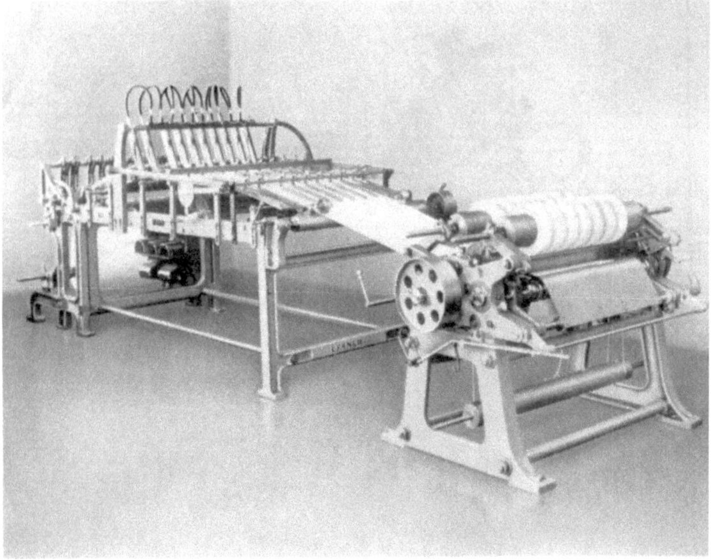

Gummiermaschine G 5

Beide Abbildungen sind Werkfotos der The Lerner Maschine Co., Ltd.

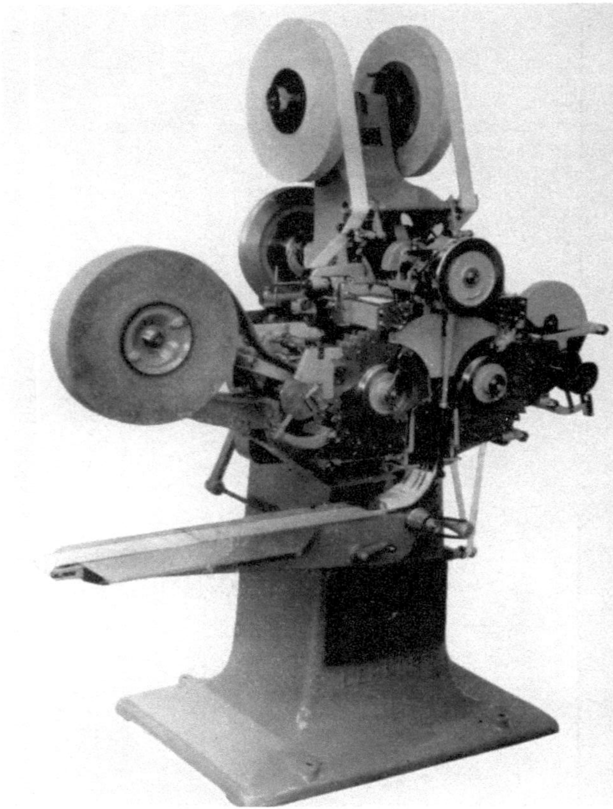

Zickzack-Maschine BS für normale Büchel
(Deutschland)

Zickzack-Maschine für quergefalzte Blättchen
(Spanische Type)

Beide Abbildungen sind Werkfotos der The Lerner Machine Co., Ltd.

Packmaschine BE/C
Werkfoto der The Lerner Machine Co., Ltd.

Abb. 1. Briefumschlagmaschine TENAX HE-3 vom Blatt arbeitend, mit einem Anilindruckwerk für Innendruck und zwei Anilindruckwerken für Außendruck

Werkfoto: Bruno Pahlitzsch, Berlin SW 61, Gneisenaustr. 67

Abb. 2. Kapselmaschine mit Drehtisch, Modell EGKR

Werkfoto: Kartonagen-Maschinen- und Werkzeugbau, Edmund Garzke, Trier

# ANZEIGEN

MAJER - Spezialmaschinen
für Papiergefäße - wie Trink-, Eiskrembecher, Papierflaschen, Rundpackungen für Lebensmittel-, chem.-pharm. Industrie usw., für Papiertrinkhalme, Käseschachteln
für Textilhülsen, Spulen, Konusse, Papierrohre usw. Fliegenfängerhülsen, Jagdpatronenhülsen, Trockenbatteriehülsen
CHR. MAJER KG · MASCHINENFABRIK
TÜBINGEN/WÜRTT.

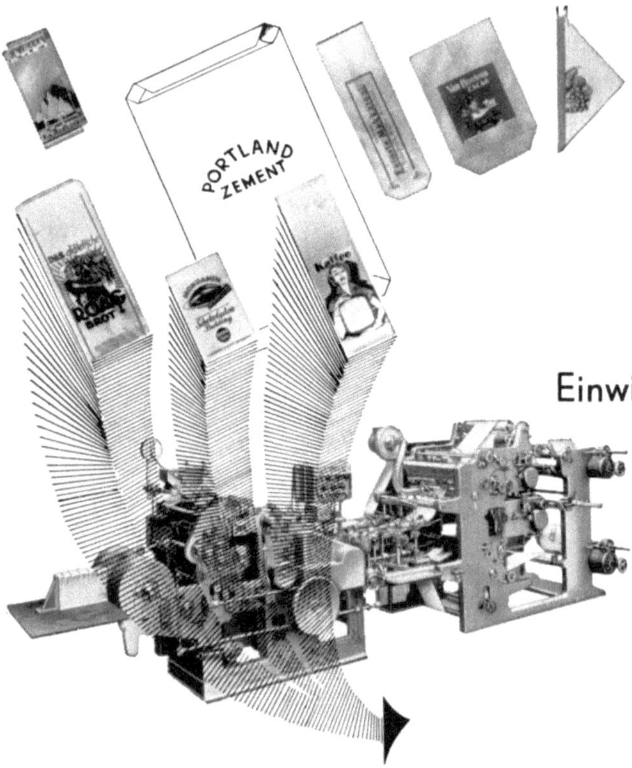
PORTLAND
ZEMENT

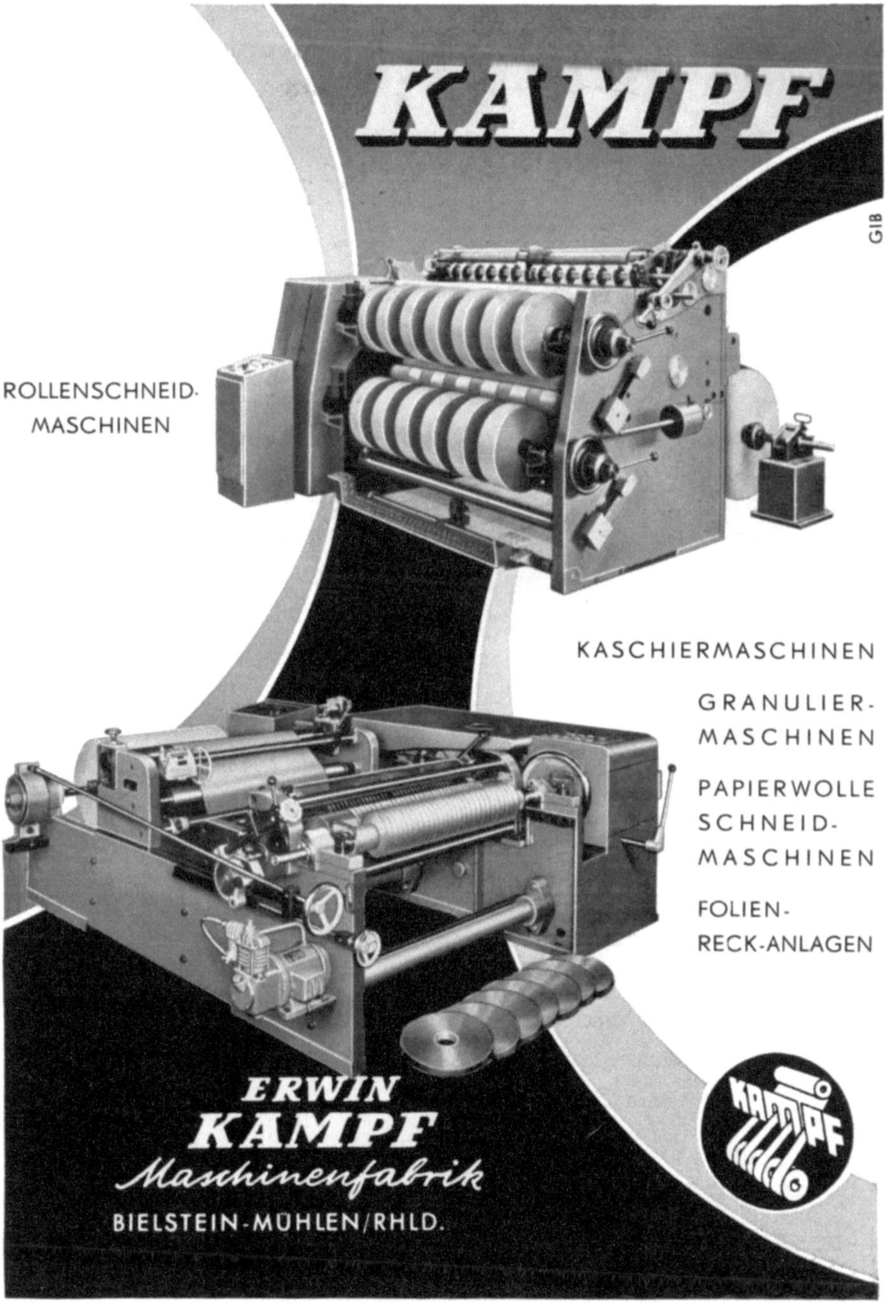
KAMPF
ROLLENSCHNEID-
MASCHINEN
KASCHIERMASCHINEN
GRANULIER-
MASCHINEN
PAPIERWOLLE
SCHNEID-
MASCHINEN
FOLIEN-
RECK-ANLAGEN
ERWIN
KAMPF
Maschinenfabrik
BIELSTEIN-MÜHLEN/RHLD.

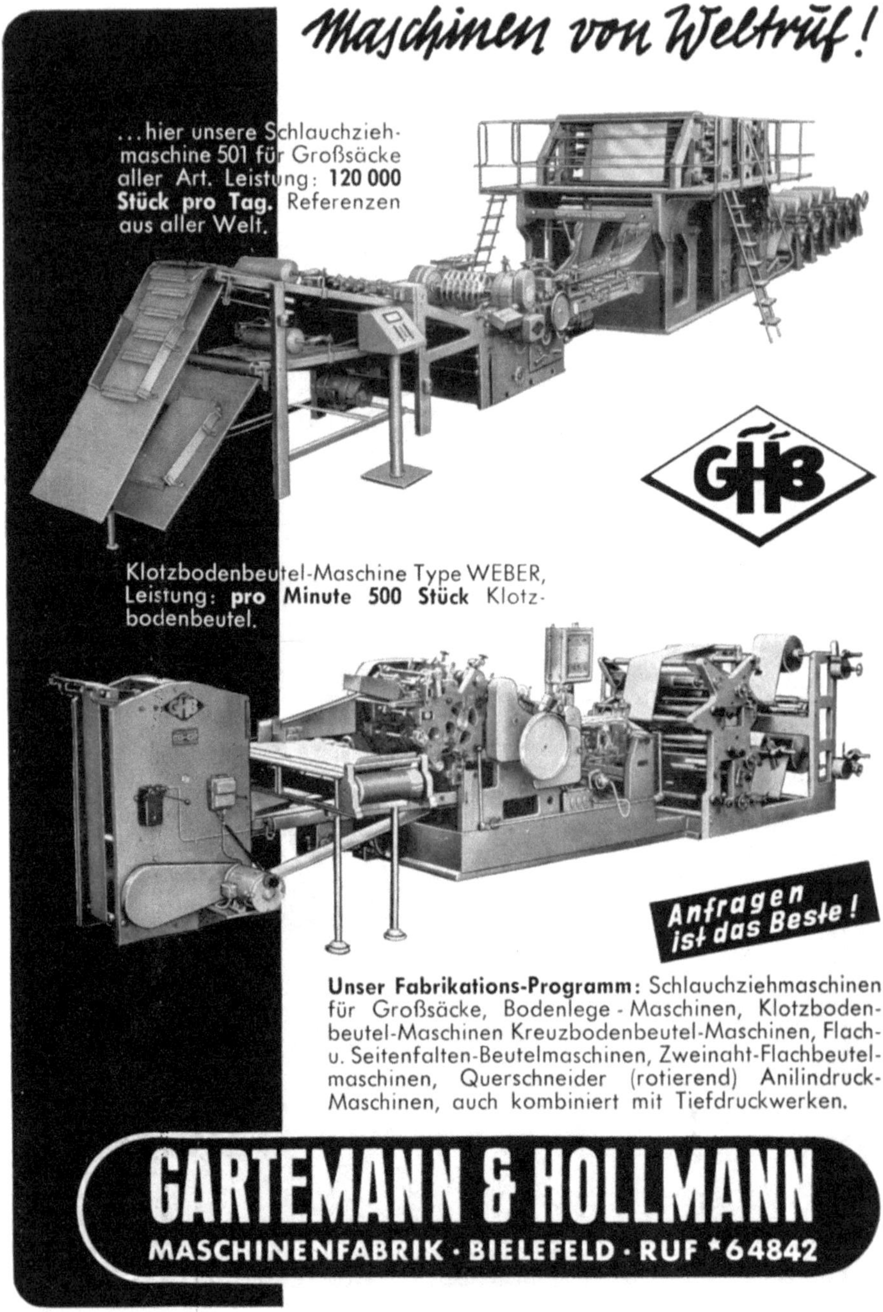
Maschinen von Weltruf!
...hier unsere Schlauchziehmaschine 501 für Großsäcke aller Art. Leistung: 120 000 Stück pro Tag. Referenzen aus aller Welt.
GHB
Klotzbodenbeutel-Maschine Type WEBER, Leistung: pro Minute 500 Stück Klotzbodenbeutel.
Anfragen ist das Beste!
Unser Fabrikations-Programm: Schlauchziehmaschinen für Großsäcke, Bodenlege-Maschinen, Klotzbodenbeutel-Maschinen Kreuzbodenbeutel-Maschinen, Flach- u. Seitenfalten-Beutelmaschinen, Zweinaht-Flachbeutelmaschinen, Querschneider (rotierend) Anilindruck-Maschinen, auch kombiniert mit Tiefdruckwerken.
GARTEMANN & HOLLMANN
MASCHINENFABRIK · BIELEFELD · RUF *64842

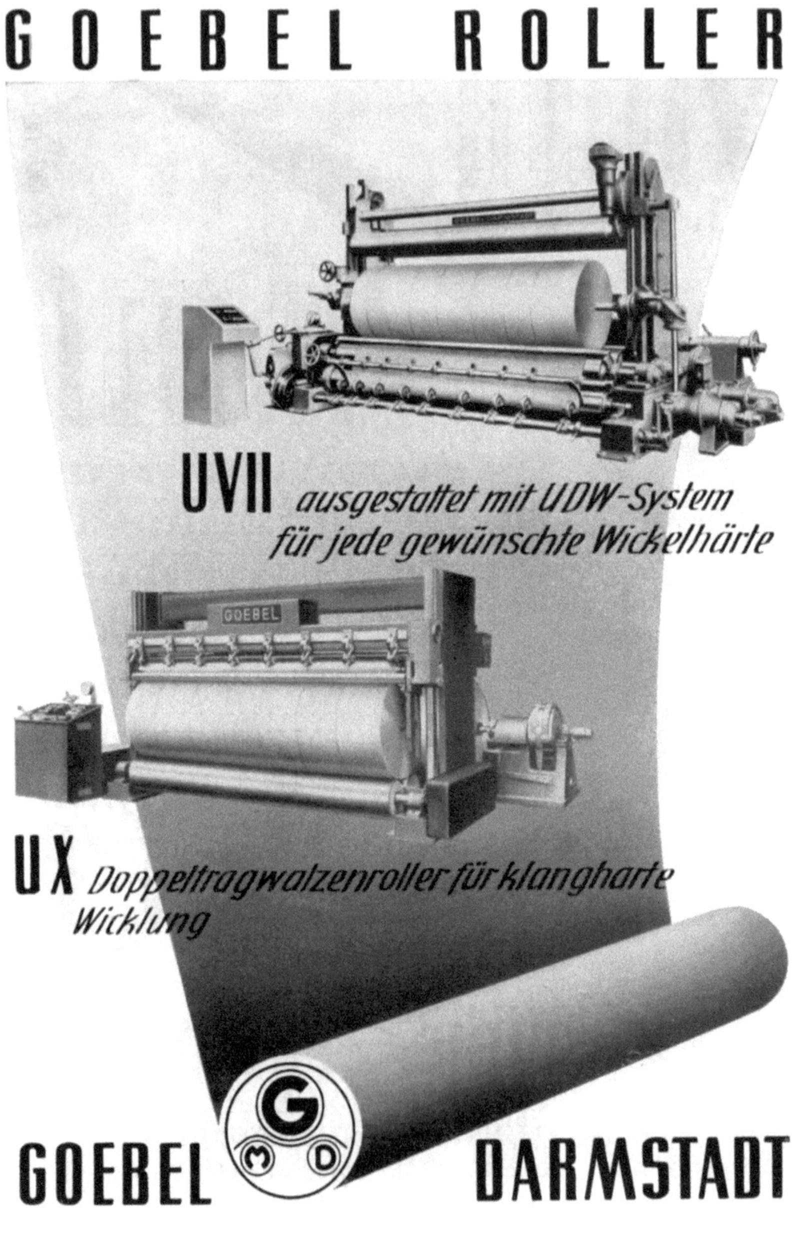
GOEBEL ROLLER
UVII ausgestattet mit UDW-System
für jede gewünschte Wickelhärte
GOEBEL
UX Doppeltragwalzenroller für klangharte
Wicklung
GOEBEL DARMSTADT

Bei Fragen zur Produktsicherheit wenden Sie sich bitte an:
If you have any questions regarding product safety,
please contact:

Walter de Gruyter GmbH
Genthiner Straße 13
10785 Berlin
productsafety@degruyterbrill.com